CB137189

6 ANO

DESENHO GEOMÉTRICO

Ideias e imagens

Sonia Maria Gonçalves Jorge

Licenciada em Desenho e Plástica pela Universidade Estadual Paulista "Júlio de Mesquita Filho" (Unesp-SP), em Educação Artística pela Faculdade de Belas Artes de São Paulo e em Pedagogia pela Universidade do Sagrado Coração (Bauru-SP).

Editora Saraiva

Editora Saraiva

Direção Presidência: Mario Ghio Júnior
Direção de Conteúdo e Operações: Wilson Troque
Direção editorial: Luiz Tonolli e Lidiane Vivaldini Olo
Gestão de projeto editorial: Mirian Senra
Gestão de área: Julio Cesar Augustus de Paula Santos
Coordenação: Marcela Maris
Edição: Enrico Briese Cosentini, Katia Takahashi e Thais Bueno de Moura
Planejamento e controle de produção: Patrícia Eiras e Adjane Queiroz
Revisão: Hélia de Jesus Gonsaga (ger.), Kátia Scaff Marques (coord.), Rosângela Muricy (coord.), Aline Cristina Vieira, Ana Maria Herrera, Ana Paula C. Malfa, Arali Gomes, Brenda T. M. Morais, Carlos Eduardo Sigrist, Cesar G. Sacramento, Daniela Lima, Diego Carbone, Gabriela M. Andrade, Heloísa Schiavo, Hires Heglan, Kátia Lopes Godoi, Lilian M. Kumai, Luciana B. Azevedo, Luiz Gustavo M. Bazana, Luís M. Boa Nova, Marília Lima, Maura Loria, Patricia Cordeiro, Paula T. de Jesus, Raquel A. Taveira, Ricardo Miyake, Sandra Fernandez, Vanessa P. Santos; Amanda T. Silva e Bárbara de M. Genereze (estagiárias)
Arte: Daniela Amaral (ger.), André Gomes Vitale (coord.), Renato Neves (edição de arte)
Diagramação: WYM DESIGN
Iconografia e tratamento de imagem: Sílvio Kligin (ger.), Roberto Silva (coord.), Tempo Composto Ltda. (pesquisa iconográfica); Cesar Wolf e Fernanda Crevin (tratamento)
Licenciamento de conteúdos de terceiros: Thiago Fontana (coord.), Flavia Zambon (licenciamento de textos); Erika Ramires, Luciana Pedrosa Bierbauer, Luciana Cardoso Sousa e Claudia Rodrigues (analistas adm.)
Ilustrações: Adilson Secco, Adolar, Alberto de Stefano, Alex Argozino, Alex Silva, Carlos Caminha, Estúdio Arena, Estúdio Criare, Felix Reiners, Ideário Lab, Ilustra Cartoon, Luiz Rubio, Marcos Guilherme e Mauro Nakata
Cartografia: Eric Fuzii (coord.), Alexandre Bueno (edit. arte)
Design: Gláucia Koller (ger.), Luis Vassallo (proj. gráfico e capa) e Erik Taketa (pós-produção).
Foto de capa: Science Photo Library/Getty Images

Todos os direitos reservados por Saraiva Educação S.A.
Avenida das Nações Unidas, 7221, 1º andar, Setor A – Espaço 2 – Pinheiros – SP – CEP 05425-902
SAC 0800 011 7875
www.editorasaraiva.com.br

Dados Internacionais de Catalogação na Publicação (CIP)

Jorge, Sonia
Desenho geométrico 6º ano / Sonia Jorge. - 6. ed. - São Paulo : Saraiva, 2019.

Suplementado pelo manual do professor.
Bibliografia.
ISBN: 978-85-472-3695-3 (aluno)
ISBN: 978-85-472-3696-0 (professor)

1. Desenho geométrico (Ensino fundamental). II. Título.

2019-0135 CDD: 372.7

Julia do Nascimento - Bibliotecária - CRB-8/010142

2024
OP: 247414
Código da obra CL 800946
CAE 649679 (AL) / 649680 (PR)
6ª edição
6ª impressão
De acordo com a BNCC.

Impressão e acabamento
Log&Print Gráfica, Dados Variáveis e Logística S.A.

Uma publicação SOMOS EDUCAÇÃO

Thinkstock/Getty Images

Caro estudante,

Este livro será seu guia na viagem de exploração ao mundo do Desenho Geométrico – uma linguagem cujo conhecimento o ajudará a compreender melhor o mundo em que vive e, por consequência, a se relacionar melhor com ele.

Proponho que você aprenda com a prática e que se divirta com as atividades. Observe, experimente, reflita, raciocine, construindo você mesmo seu conhecimento.

Coloque em sua bagagem muita curiosidade, disposição e alegria.

Boa viagem!

Sonia Jorge

Conheça seu livro

Você foi convidado a viajar pelo mundo do Desenho Geométrico tendo este livro como guia. Saiba o que ele oferece a você.

Abertura de capítulo

Imagens acompanhadas de um breve texto trazem ideias, situações e aplicações práticas do tema do capítulo.

Olhando ao redor

Relaciona as aplicações do Desenho Geométrico à vida cotidiana, abordando questões ambientais, de cidadania, trabalho, arte, cultura, etc. Como esse estudo pretende ser uma fonte de prazer, divirta-se com as atividades e socialize seus conhecimentos.

De olho na mídia

Notícias de jornais, revistas e internet originam propostas de atividades que o levam a pensar além do conteúdo do capítulo.

Você sabia que

Ampliando o tema, este boxe traz curiosidades e outras informações.

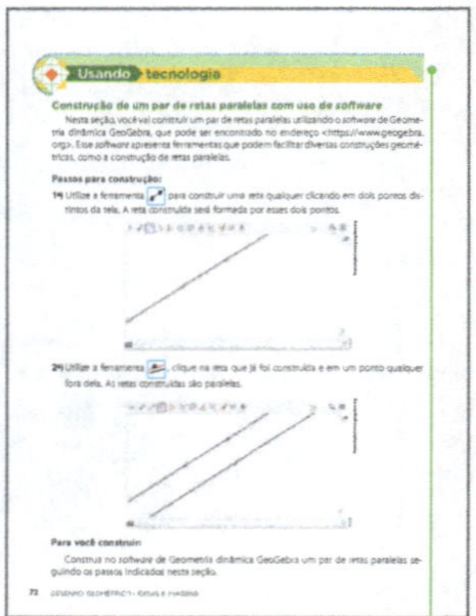

Compreendendo ideias

Esta seção é um convite para observar, experimentar, analisar, comparar, deduzir, enfim, para fazer as próprias descobertas e compreender as ideias que fundamentam as propriedades geométricas.

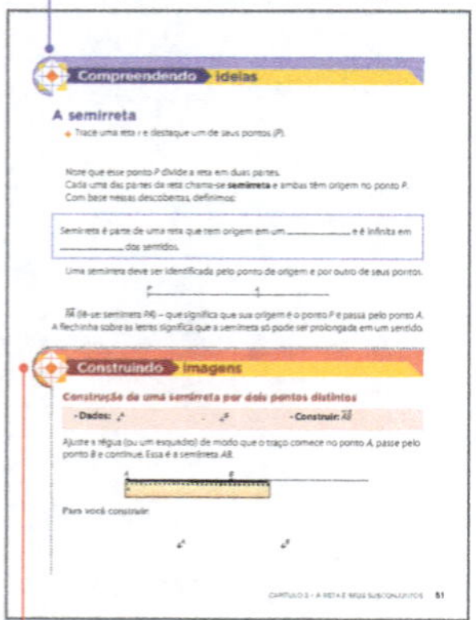

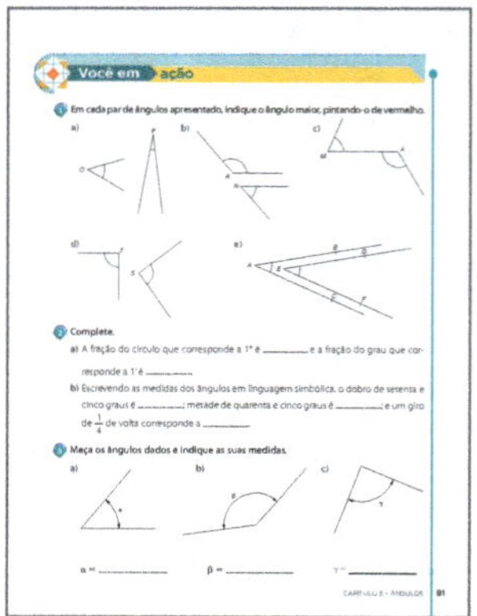

Construindo imagens

Você quer recordar como se desenha? Aqui você encontra o passo a passo de algumas construções. Use o campo "Para você construir" para desenhar, acompanhando a explicação do professor.

Você em ação

É fazendo que se aprende. Portanto, empenhe-se na resolução dos exercícios e dos problemas. Eles vão ajudá-lo a fixar e aprofundar o conteúdo, incorporando novos conhecimentos. Não deixe de fazer as atividades de revisão do final do livro.

Usando tecnologia

Propõe a utilização de ferramentas tecnológicas, como o *software* de Geometria dinâmica GeoGebra, em construções geométricas.

Glossário

Organiza os símbolos para que você encontre o significado deles com facilidade.

Atividades para revisão

Traz atividades que revisam os conceitos estudados.

Desafio

Apresenta atividades ou jogos que devem ser trabalhados em grupos.

Sumário

Adha Ghazali/Shutterstock

CStudio5/Shutterstock

Claudia Fernandes/Shutterstock

Alexandre Macieira/Tyba

Sumário

Coolakov_com/Shutterstock

Romulo Fialdini/Tempo Composto/Acervo particular

KAMONRAT/Shutterstock

Olena Tur/Shutterstock

CAPÍTULO 1

Primeiras ideias e imagens

Toda viagem começa com o primeiro passo e requer na bagagem uma boa preparação e o equipamento certo para que o novo caminho seja percorrido com certeza e confiança.

O primeiro capítulo do seu livro traz algumas informações úteis para a sua viagem: a origem do território que você vai percorrer, os instrumentos que serão seus companheiros nessa jornada e, para aquecer os motores, alguns exercícios para desenvolver suas habilidades manuais. Vamos nos preparar?

Adha Ghazali/Shutterstock

Compreendendo ideias

Novos caminhos no mundo do conhecimento

A história da Geometria começou com a história do ser humano, que observou as formas presentes na natureza.

Essas formas foram representadas em paredes de cavernas...

... e lhe serviram de inspiração para suas criações.

Os egípcios da Antiguidade adquiriram os conhecimentos de Geometria necessários para medir suas terras, reconstituir as marcações de terrenos apagadas pelas enchentes do rio Nilo...

... e para construir suas magníficas pirâmides.

Os gregos aprenderam esses conhecimentos com os egípcios e os chamaram de **Geometria**, palavra que significa "medida da terra", pois no idioma grego *geo* corresponde a "terra" e *metron* corresponde a "medida".

Foi na Grécia que a Geometria foi estruturada, ganhando o formato que estudamos atualmente. Euclides (330 a.C.-260 a.C.) reuniu e organizou os conhecimentos geométricos até então existentes em uma coleção de treze livros chamada *Os elementos*.

Reprodução/Acervo particular

Trecho da coleção *Os elementos*.

Essa obra foi referência para estudos por quase 1 500 anos.

Reprodução/Acervo particular

Gravura de Euclides.

Usando apenas uma régua não graduada e um compasso, Euclides fez as primeiras construções gráficas. Nascia o Desenho Geométrico.

No século XVII, o matemático francês René Descartes (1596-1650) introduziu uma verdadeira inovação na Geometria, relacionando figuras geométricas com cálculos numéricos.

Reprodução/Museu do Louvre, Paris, França.

Retrato de René Descartes.

A Geometria sempre foi uma ciência aplicada, isto é, empregada para resolver problemas práticos. As descobertas de Descartes possibilitaram o surgimento, bem mais tarde, de outras ciências, como a da computação. Hoje, com o auxílio de um computador, é possível representar imagens e dar-lhes movimento.

Svetlana Rumyantseva/Shutterstock

Fractal gerado por computador.

Tanto a Geometria quanto o Desenho Geométrico estudam as figuras geométricas, com seus conceitos, suas propriedades e aplicações.

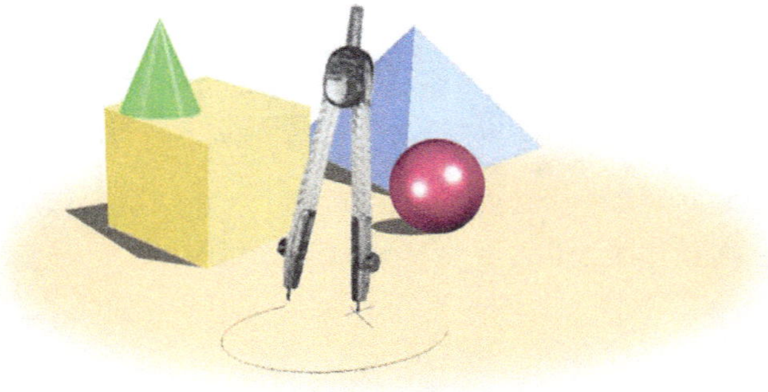

A Geometria relaciona as figuras com os números e soluciona os problemas por meio de cálculos. Os números são abstratos e pertencem ao campo das ideias.

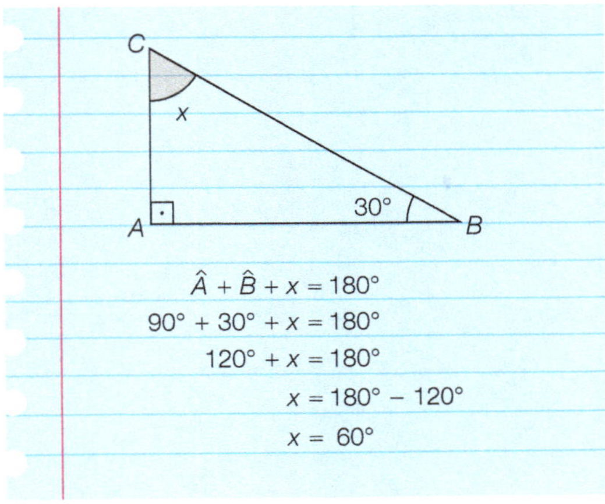

O Desenho Geométrico relaciona as figuras com suas representações gráficas (desenhos). Os desenhos são concretos e pertencem ao campo das imagens.

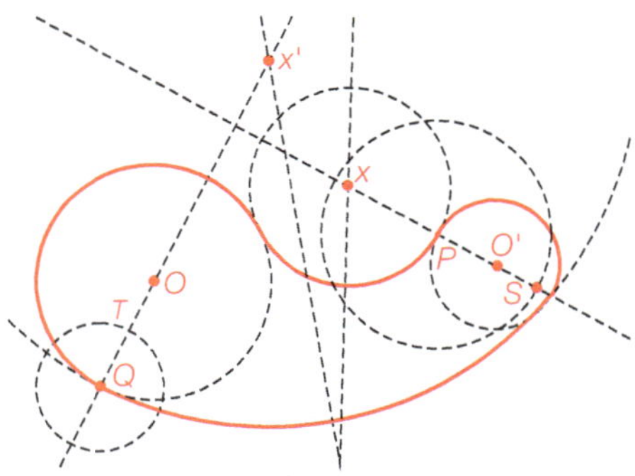

O mundo das imagens gráficas está intimamente relacionado com o mundo das ideias, pois é nele que está fundamentado.

Este livro o ajudará a conhecer essas **ideias** e **imagens**.

Desenhando à mão livre

Para ser um bom desenhista, você precisa dominar os movimentos de sua mão, para que ela execute os traços que você quer.

Os exercícios a seguir vão ajudá-lo a desenvolver essa habilidade motora. Execute-os no livro e repita-os periodicamente em papéis sem pauta.

- Continue cada traço iniciado observando a direção indicada pelas setas. Cuide para não sair dos limites nem modificar formas e tamanhos.

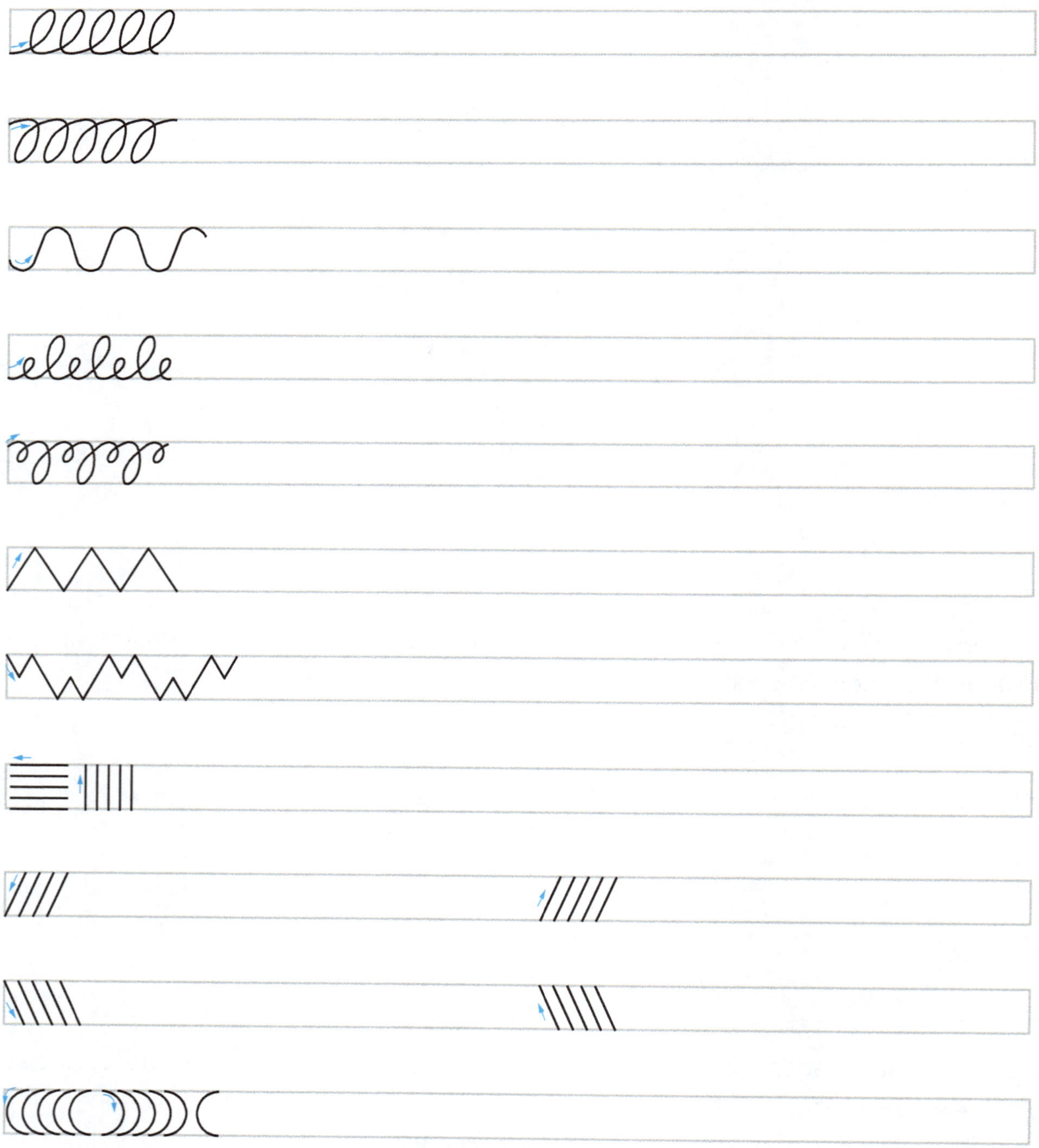

◆ Continue os traços mantendo o tamanho.

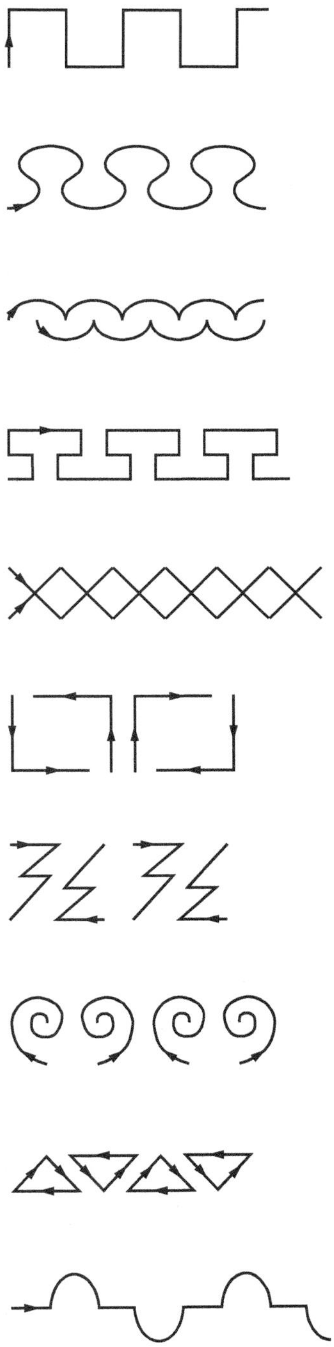

◆ Reproduza os desenhos seguindo a direção indicada.

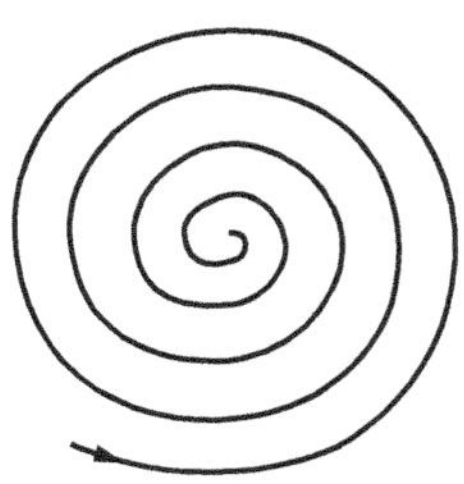

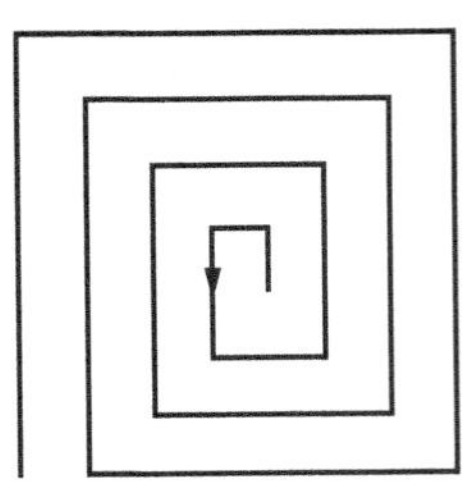

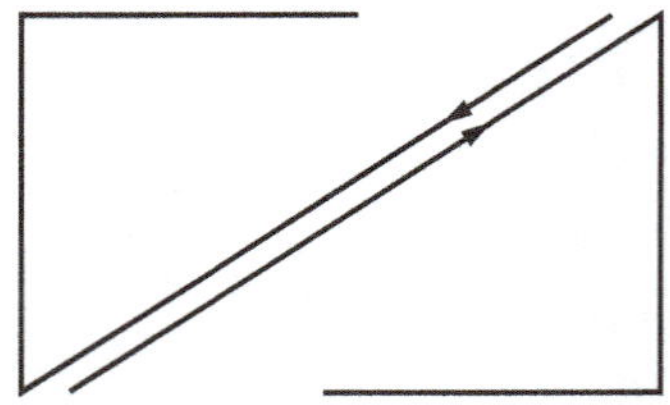

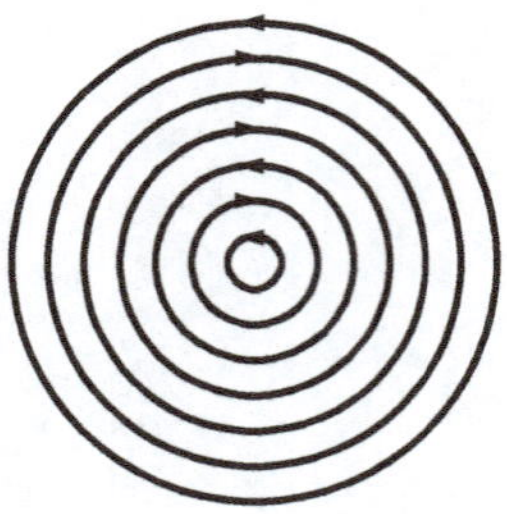

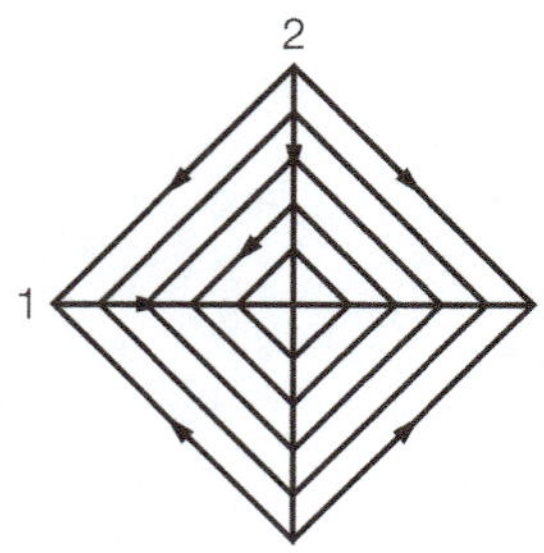

◆ Obtenha a figura final reproduzindo os passos indicados.

1º passo 2º passo 3º passo final

Escrever é desenhar

O Desenho Geométrico é uma linguagem e sua principal utilidade é a comunicação. Como linguagem universal, ele pode e deve ser compreendido em qualquer parte do planeta.

Muitas vezes, o Desenho Geométrico é acompanhado de textos, cuja escrita deve ser clara, limpa, precisa, de leitura fácil e agradável. Assim, quanto melhor for a caligrafia (do grego *kalli* = beleza; *grafia* = escrita), maior será a compreensão do que se pretende comunicar.

Por esse motivo, as **letras do tipo bastão** são usadas pelos desenhistas e adotadas como padrão oficial para projetos. Veja como elas são simples e legíveis.

ABCDEFGHIJKLMNOPQRSTUVWXYZ

a b c d e f g h i j k l m n o p q r s t u v w x y z

0 1 2 3 4 5 6 7 8 9

- Vamos fazer uma experiência? Escreva na primeira linha o seu nome completo como faz normalmente, utilize a segunda linha para escrevê-lo de modo bem caprichado e reserve a terceira linha para escrevê-lo com letra do tipo bastão. Só escreva a terceira linha após terminar a última atividade sobre letras. Observe as três escritas e verifique se houve mudança para melhor.

....

....

....

- Agora você vai desenhar as letras do tipo bastão. Siga a sequência e as direções indicadas pelas setas, observando com atenção as formas e os detalhes de cada uma. Experimente.

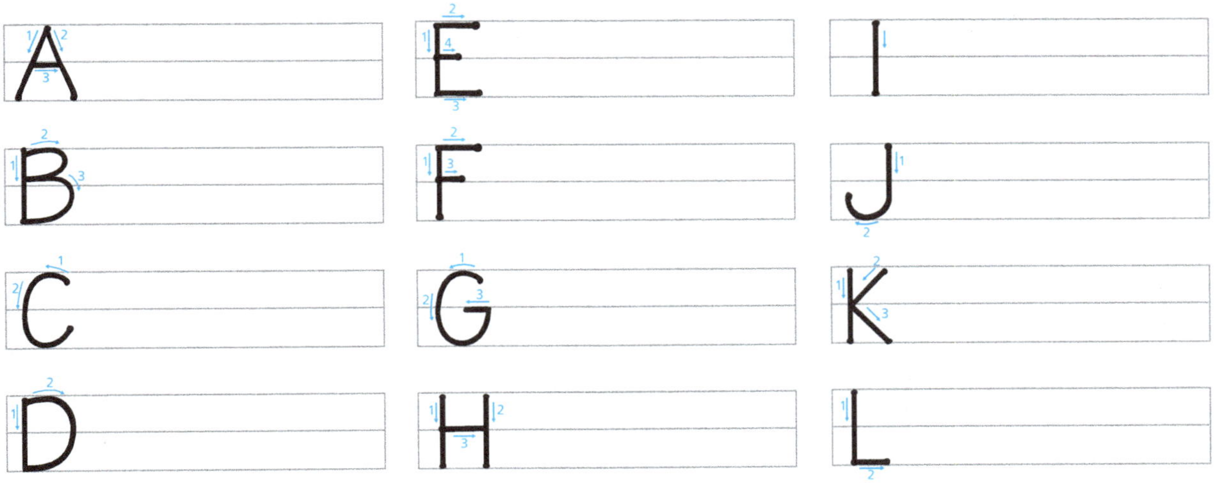

M

N

O

P

Q

R

S

T

U

V

W

X

Y

Z

a

b

c

d

e

f

g

h

i

j

k

l

m

n

o

p

q

r

s

t

u

v

w

x

y

z

1

2

3

4

5

6

7

8

9

0

◆ Complete os alfabetos e os algarismos, tomando cuidado para manter o tamanho e o alinhamento.

A B C D E F G H I J K L M

N O P Q R S T U V W X Y Z

H

R

a b c d e f g h i j k l m n o p q r s t u v w x y z

b k p

0 1 2 3 4 5 6 7 8 9

6

Ao escrever, tome cuidado para que:

- o tamanho das letras maiúsculas, minúsculas e dos algarismos seja proporcional.

A B I 2 5 a j b R e E 8 r s S y

- os espaços entre as letras ofereçam boa legibilidade. Esses espaços podem ser todos iguais (como na Figura 1) ou variados, de acordo com a forma das letras vizinhas (Figura 2).

BEM

Figura 1

VALOR

Figura 2

- os espaços entre as palavras sejam maiores que os espaços entre as letras.

É FÁCIL

- a acentuação e a pontuação sigam o mesmo padrão.

CRIAÇÃO

◆ Complete as frases escrevendo somente com letras do tipo bastão.

Meu nome é ....

Nasci no dia .... em ....

Eu sou uma pessoa ....

A minha escola se chama ....

Hoje é dia ....

◆ Escreva as frases usando letras do tipo bastão.

"Eu ouço e esqueço, eu vejo e me lembro, mas somente fazendo é que eu aprendo." (Confúcio)

....

....

....

"Quanto mais se observa, mais se aprende a observar e vice-versa." (Miguel Zabalza)

....

....

"O essencial é invisível para os olhos. Só se vê bem com o coração." (Antoine de Saint--Exupéry)

....

....

....

Abaixo o "TER", viva o "SER"!

....

◆ Escreva com letras do tipo bastão uma frase cujo significado seja bastante especial para você.

....

....

....

....

Material de desenho

Todo desenhista deve conhecer bem e manusear com muito cuidado o material com o qual trabalha.

Você, que está iniciando seus estudos em Desenho Geométrico, logo conhecerá as características do material e dos instrumentos utilizados nessa área, bem como a maneira correta de usá-los e conservá-los.

Você precisará de:

- papel sem pauta (sulfite A4);
- lápis ou lapiseira com grafite média (HB) e macia (2B);
- régua plástica transparente de 20 cm;
- par de esquadros transparentes e sem graduação;
- borracha macia;
- transferidor de 180°;
- compasso simples, de boa qualidade, com grafite 2B;
- lixa;
- apontador;
- flanela;
- estojo/sacolinha de pano.

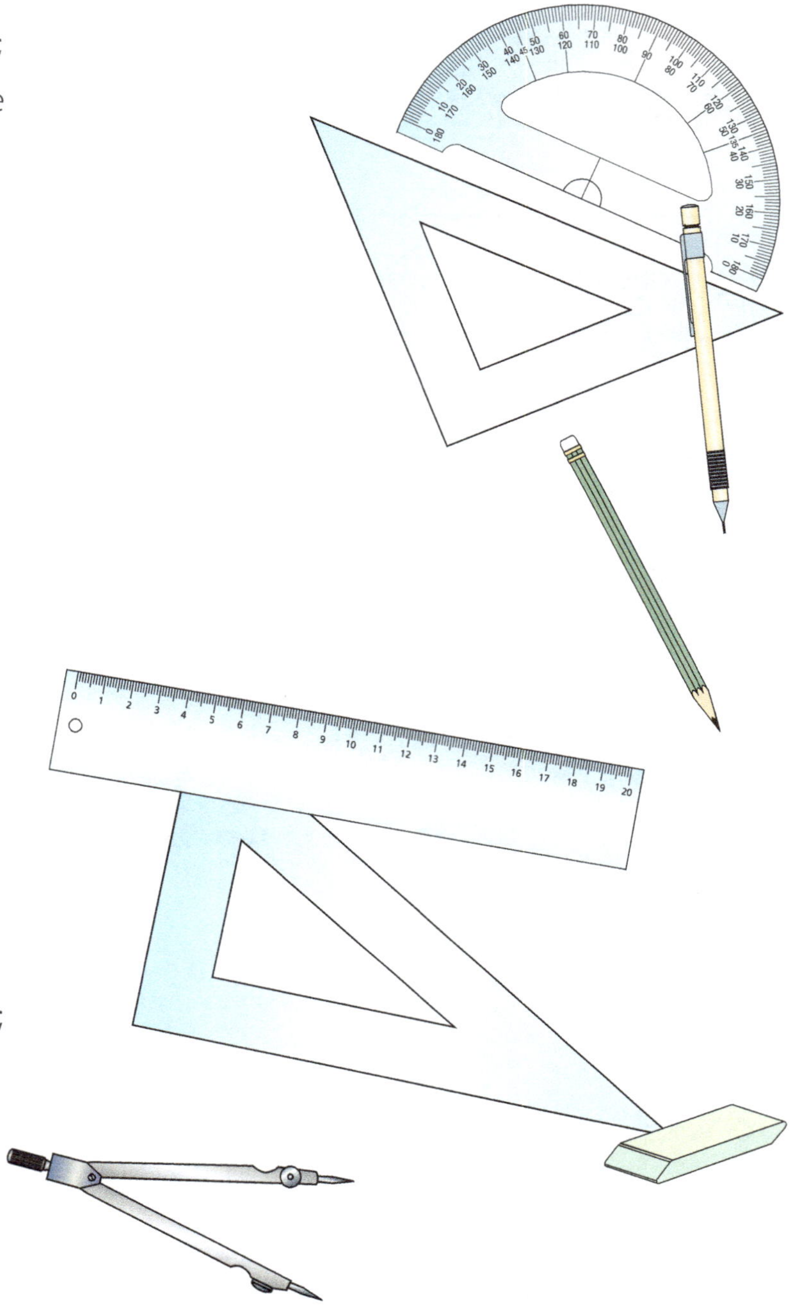

Para conservar seu material:

- limpe-o periodicamente;
- proteja-o para transportá-lo;
- use-o corretamente;
- mantenha-o bem acondicionado.

Lembre-se: instrumentos de desenho não são brinquedos. Cuidado com a ponta-seca do compasso e com os cantos dos esquadros.

Lápis e lapiseira

Lápis e lapiseira são usados para desenhar e escrever.
As lapiseiras dos tipos 0,7 mm e 0,5 mm são as mais comuns.
A **grafite**, ou **mina**, é classificada de acordo com o grau de dureza.
Observe:

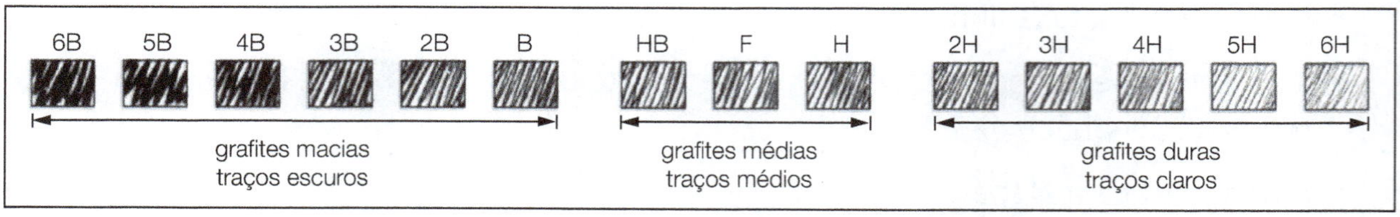

Para desenhar, utilize duas graduações de grafite:

- média (HB ou F), para traços de pouco realce, como as construções auxiliares;
- macia (2B), para destacar as respostas.

Para escrever, use grafite média (HB ou F) ou macia (B ou 2B), como preferir.
O lápis deve ser apontado, e sua grafite, lixada em forma de cone.

Régua

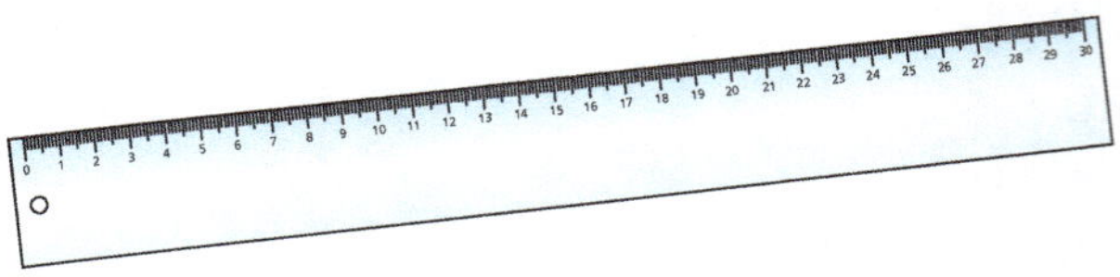

Usa-se a régua para executar traços retos e medir o comprimento de segmentos de reta.
A régua deve ser transparente para que você possa ver o que está desenhando.

Recomenda-se a régua de 20 cm. Mantenha-a limpa, lavando-a com água fria ou lustrando-a com uma flanela seca.

Prefira as réguas mais grossas, cuja graduação não se apaga facilmente.

Lápis, caneta e régua: use-os corretamente

Deslize a ponta do lápis pela borda baixa da régua.
Os movimentos mais seguros vão da esquerda para a direita e de cima para baixo.

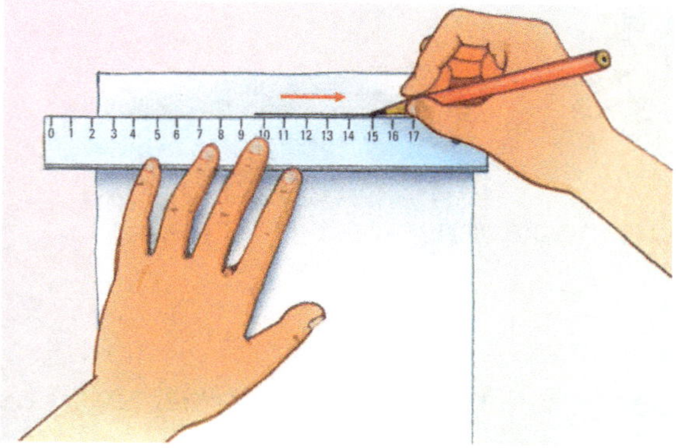

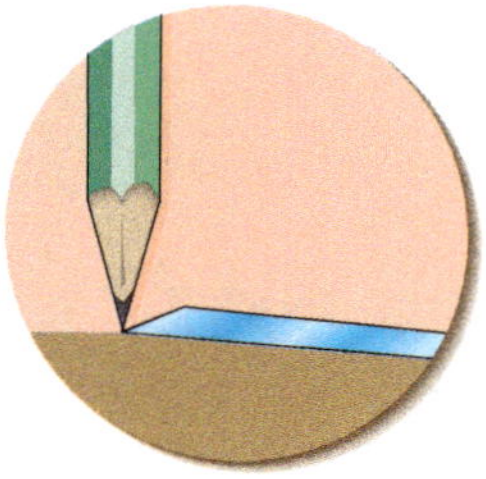

Traçados com lápis
Apoiar o lápis na borda baixa da régua (chanfro para cima).

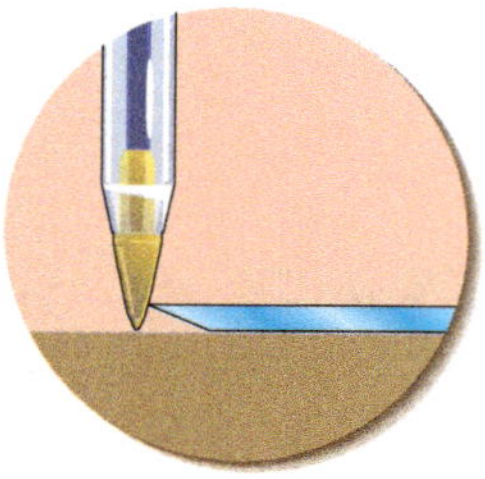

Traçados com caneta
Usar a régua com o chanfro para baixo e a caneta na vertical evita que o traço borre.

Somente para canhotos!

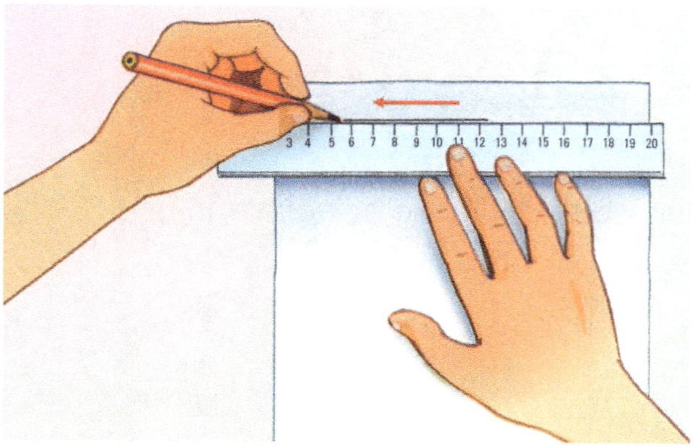

Traçar da direita para a esquerda é mais prático, pois permite a visualização do traço enquanto ele é feito.

Par de esquadros

O par de esquadros é usado para traçar retas paralelas ou perpendiculares.

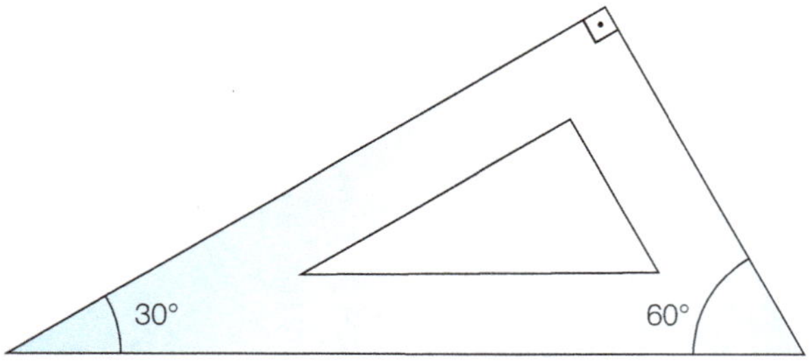

Esquadro de 60°

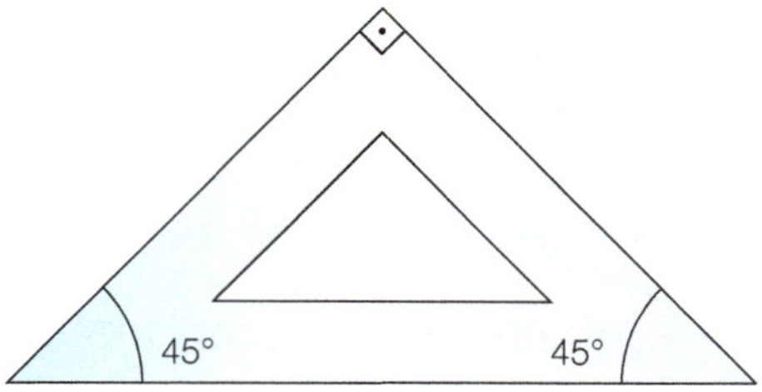

Esquadro de 45°

Os dois instrumentos devem ser usados juntos: um permanece fixo (apoio) e o outro se desloca apoiado nele.

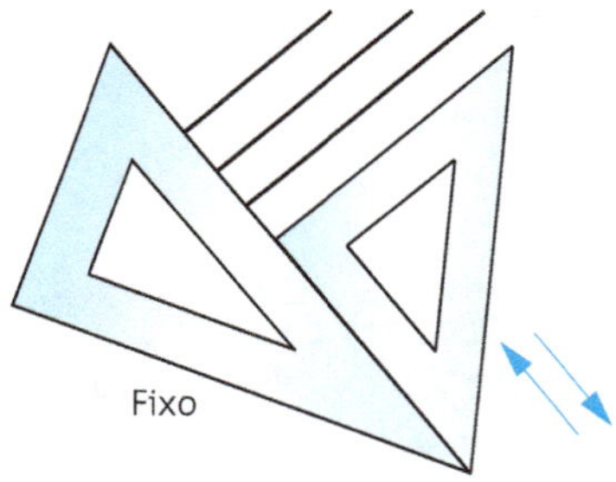

Posição das mãos em relação aos esquadros.

Os esquadros são laváveis. Mantenha-os limpos usando apenas água e sabão.

Borracha

As melhores borrachas para apagar erros de desenhos a lápis são as bem macias ou as sintéticas.

Para limpá-las, nunca as lave; basta esfregá-las em papel grosso ou tecido.

Transferidor

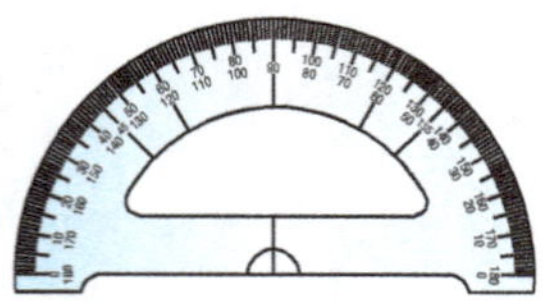

Esse instrumento é usado para medir ângulos.

Existem dois tipos de transferidor: o de meia-volta (180°) e o de volta inteira (360°). Seu manuseio será ensinado no capítulo sobre ângulos.

Compasso

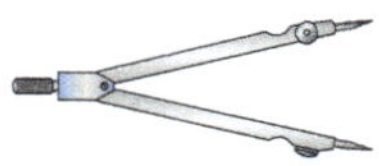

Usa-se o compasso para traçar circunferências e transportar medidas.

Para obter o melhor resultado nos traçados feitos com o compasso, devemos tomar os seguintes cuidados:

- as hastes devem estar firmes, com os parafusos ajustados;
- a grafite deve estar sempre no mesmo nível que a ponta-seca (de metal);
- a grafite deve ser apontada com lixa, ficando o chanfro (inclinação) para fora.

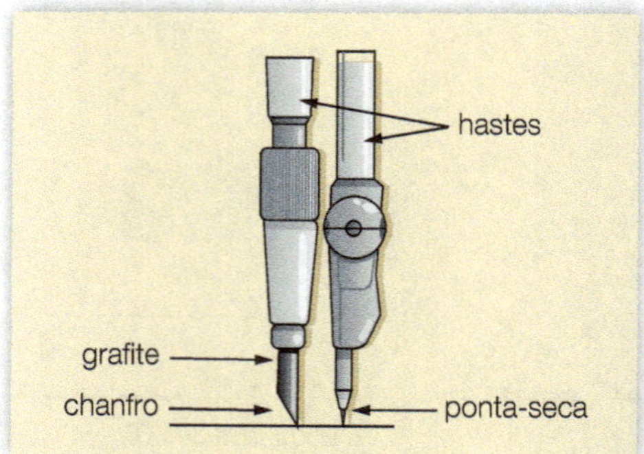

CAPÍTULO 2

Um mundo de múltiplas formas

Na superfície tranquila de um lago, na linha do horizonte e nos infinitos pontos luminosos formados pelas estrelas, reconhecemos os entes que são a base da Geometria e que dão origem a todas as outras formas que observamos neste nosso Universo tão especial.

ACStudio5/Shutterstock

Compreendendo ideias

As figuras geométricas

Vivemos em um mundo de múltiplas formas. Olhe ao seu redor, observe a natureza e as produções humanas. Repare no quanto o ser humano se inspirou na natureza para criar e construir. Veja alguns exemplos.

Robert Harding World Imagery/Getty Images

Jupiter Unlimited/Arquivo da editora

As imagens não estão representadas em proporção.

Thinkstock/Getty Images

Thinkstock/Getty Images

Thinkstock/Getty Images

Thinkstock/Getty Images

Essas imagens nos remetem a algumas figuras geométricas.

Cilindro

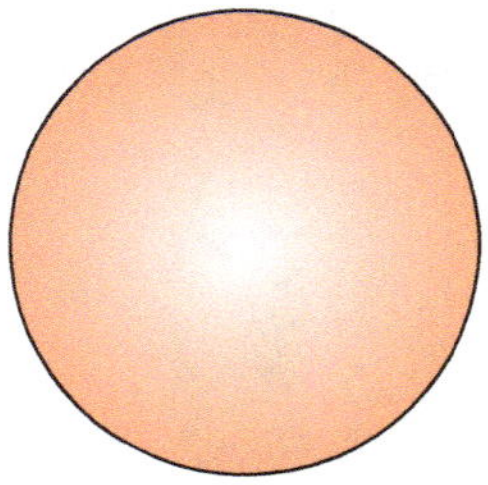

Esfera

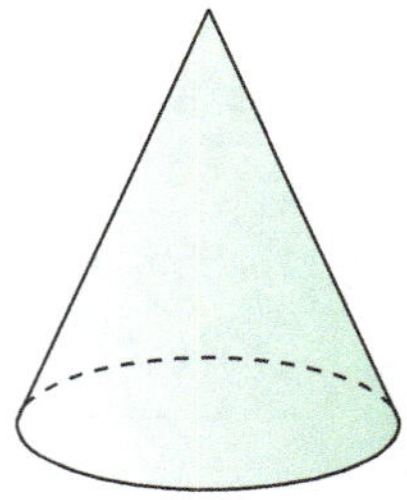

Cone

Como não podem ser contidas completamente em um plano, elas são chamadas de **figuras geométricas espaciais**.

Note que essas figuras têm volume e, com base nelas, podemos destacar figuras que não têm volume; são chamadas de **figuras geométricas planas**. Por exemplo:

Retângulo

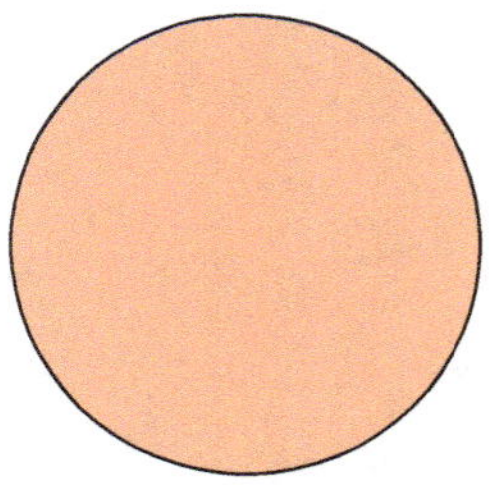

Círculo

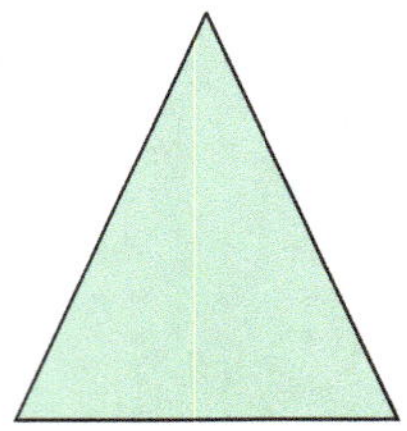

Triângulo

O bloco de pedra e o cubo mágico nas imagens abaixo têm o formato de uma figura geométrica (espacial) chamada .... Ela nos remete a outra figura geométrica (plana) chamada ....

Thinkstock/Getty Images

Thinkstock/Getty Images

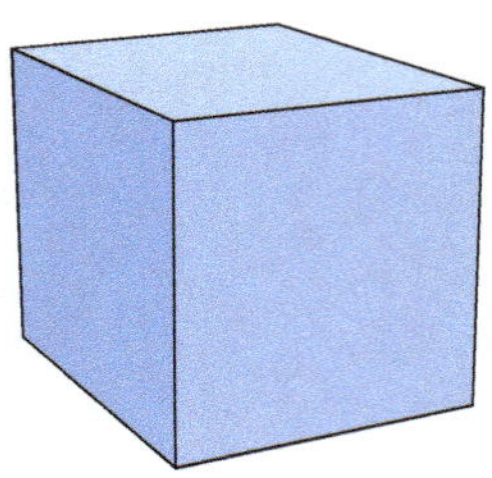

Agora, você vai conhecer diversas figuras geométricas planas. Aproveite a oportunidade, pois está à sua disposição um mundo de múltiplas formas a ser explorado.

As ideias de plano, linha e ponto

Pegue uma folha de papel sulfite. Imagine essa folha se estendendo em todas as direções, ampliando-se, passando dos limites de uma cartolina, do tampo de uma mesa, do piso de uma sala, do gramado de um campo de futebol... e assim crescendo infinitamente. Essa é a ideia de **plano**, uma superfície de extensão infinita.

"Numa folha qualquer
eu desenho um sol amarelo."

Pegue um lápis vermelho e movimente-o sobre o papel, produzindo um traço qualquer.

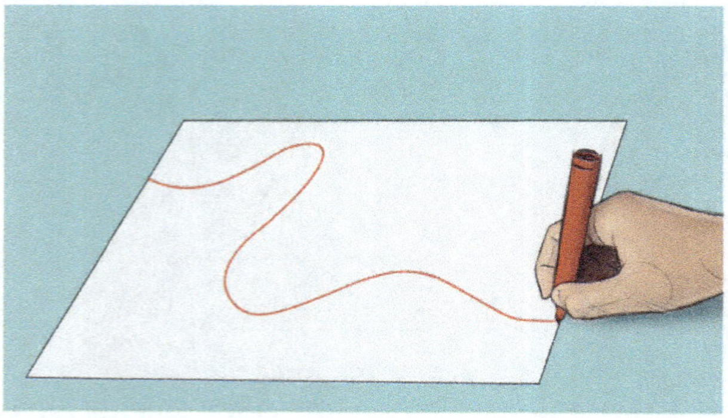

Este traço vermelho nos dá a ideia de uma **linha**.

Agora, faça um traço com um lápis azul, movimentando-o sempre na mesma direção.

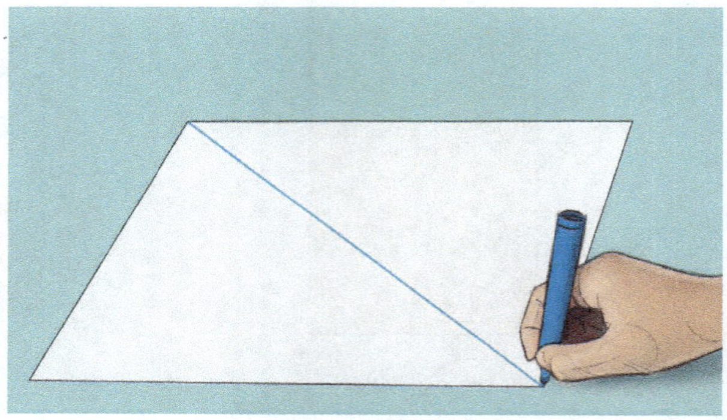

Este traço azul nos dá a ideia de uma **linha reta**.

Assim como a ideia de plano, os traços vermelho e azul também se prolongam indefinidamente. Isso nos dá a ideia de que **as linhas são infinitas**.

"E com cinco
ou seis retas é fácil
fazer um castelo."

Retomando as linhas traçadas em vermelho e azul no papel sulfite, observe o seu cruzamento. Esse encontro dá a ideia de **ponto**.

"Se um pinguinho de tinta
cai num pedacinho azul do papel,
Num instante imagino
uma linda gaivota a voar no céu."

Trechos de *Aquarela*. Toquinho, Vinícius de Morais, Maurizio Fabrizio e Guido Morra. CD Toquinho – Série Sem Limite. Universal Music, 2001.

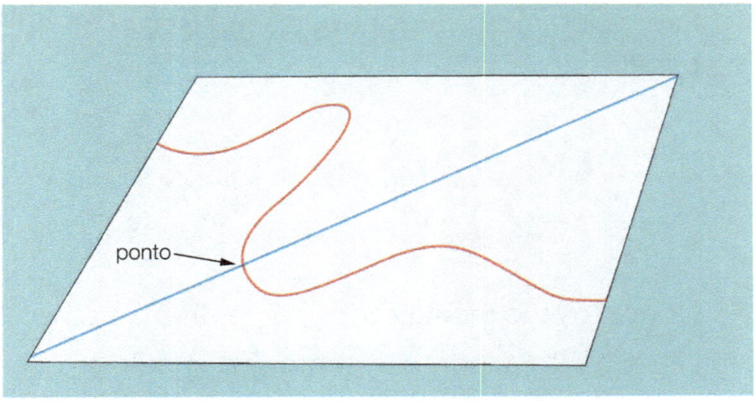

O plano, a linha e o ponto são **entes fundamentais** da Geometria. Nossa capacidade de imaginar permite-nos entendê-los e reconhecê-los no vasto **espaço** que nos rodeia.

◆ Observe a imagem e escreva os nomes dos entes fundamentais da Geometria indicados pelas setas.

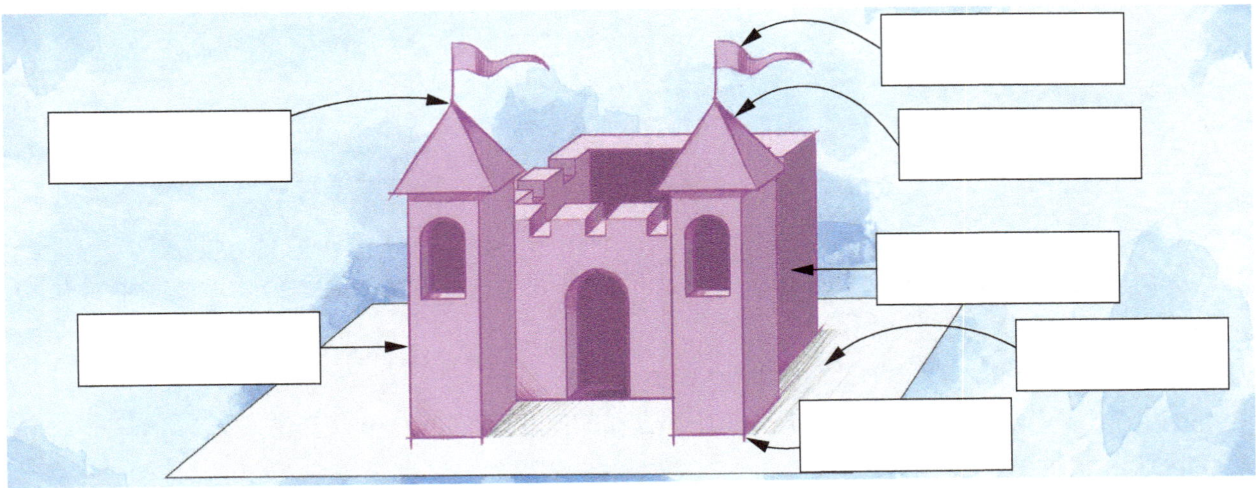

O ponto

O ponto é o elemento básico da Geometria.

Representamos um ponto pela interseção de dois traços ou por uma pequena marca no papel.

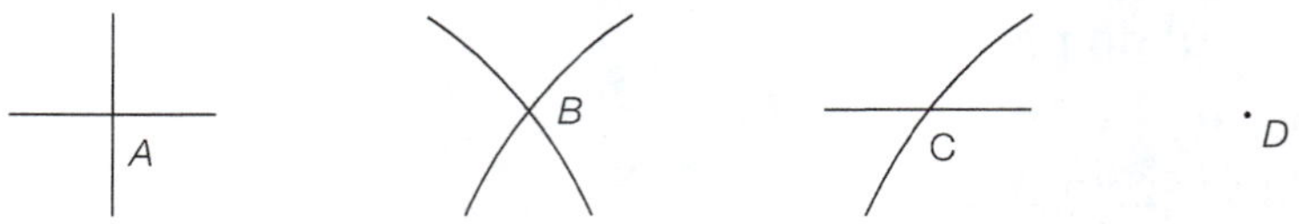

Os pontos são identificados por letras maiúsculas do nosso alfabeto.

Lê-se: ponto *A*, ponto *B*, ponto *C*, ponto *D*.

A linha

Representamos a ideia de linha por figuras como estas:

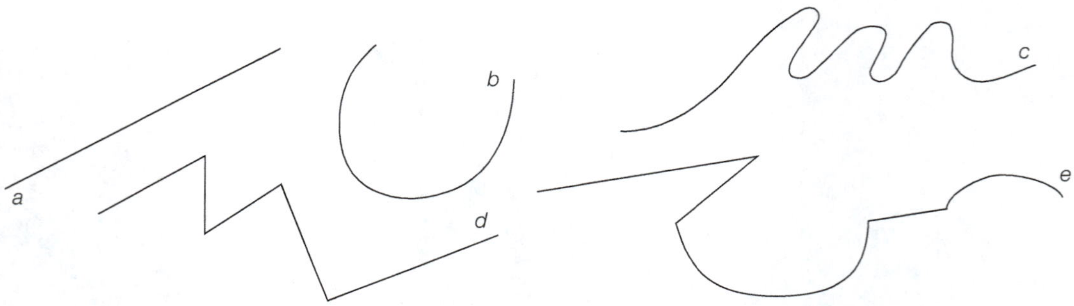

As linhas são identificadas por letras minúsculas do nosso alfabeto.

Lê-se: linha *a*, linha *b*, linha *c*, linha *d*, linha *e*.

O plano

Representamos a ideia de plano por meio de figuras como estas:

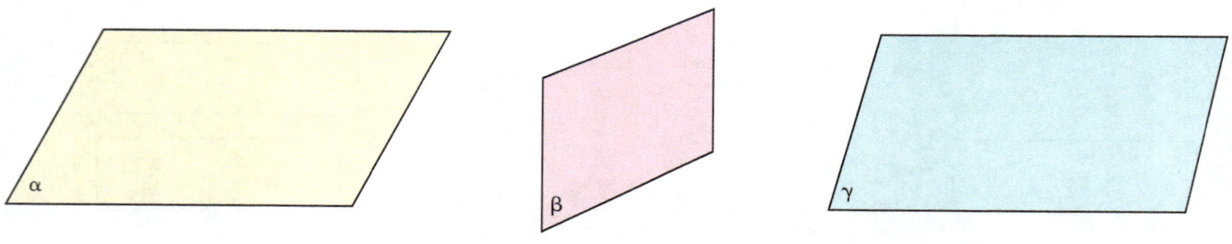

Os planos são identificados por letras minúsculas do alfabeto grego, tais como α (alfa), β (beta), γ (gama).

Lê-se: plano alfa, plano beta e plano gama.

Em uma linha há infinitos pontos. Já em um plano há infinitas linhas e, consequentemente, infinitos pontos.

◆ Imagine que você está em uma praia e vê algumas coisas que lembram os entes geométricos. O que lhe sugere(m):

a) o céu sem nuvens? ....

b) um grão de areia? ....

c) o rastro de uma bicicleta na areia? ....

d) o horizonte? ....

e) as gotículas de água que sobem quando estouram as ondas? ....

f) o fio de náilon de uma vara de pescar? ....

ESB Professional/Shutterstock

As dimensões

Pesquisando no *Novo Aurélio século XXI: o dicionário da Língua Portuguesa*, encontramos a seguinte definição:

"**Dimensão**: sentido em que se mede a extensão para avaliá-la; tamanho."

Vamos avaliar o tamanho de um objeto. Por exemplo, um livro.

Como podemos medi-lo?

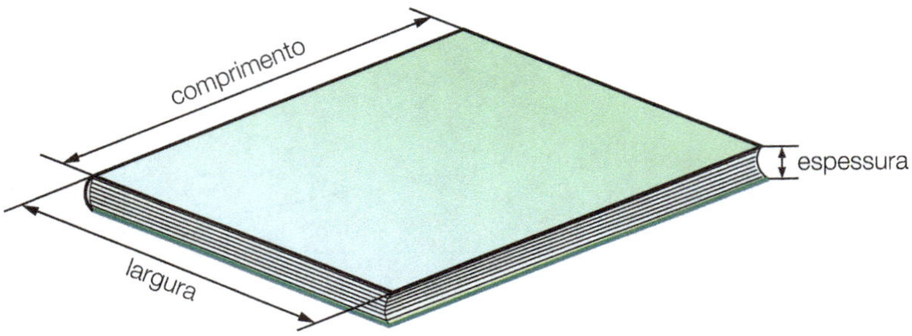

Um livro tem **três dimensões**: o comprimento, a largura e a espessura. Por essa razão, dizemos que ele é **tridimensional** (*tri* = três).

Para avaliar o tamanho de uma das folhas desse livro, medimos seu comprimento e sua largura (considerando uma folha bastante fina, desprezando a sua espessura):

A folha possui **duas dimensões**; por isso, dizemos que ela é **bidimensional** (*bi* = dois).

Dobrando uma folha de papel, o vinco dessa dobra nos dá a ideia de linha.

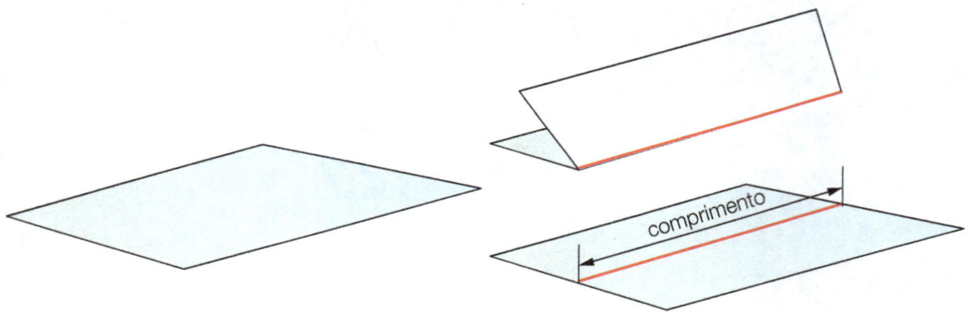

Para avaliar o tamanho da linha, medimos o seu comprimento (ela não tem largura nem espessura).

Como a linha possui apenas **uma dimensão**, dizemos que ela é **unidimensional** (*uni* = um).

Duas dobras na folha determinam duas linhas que, quando se cruzam, definem um ponto:

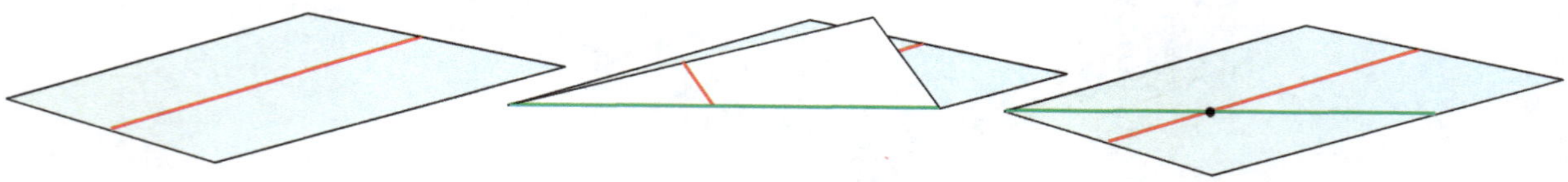

O ponto **não tem dimensão**.

Dizemos que ele é **adimensional** (sem dimensão).

Você em ação

1 Preencha os espaços da trilha com as palavras que completam corretamente as frases.

- A esfera é uma figura geométrica (1), enquanto o círculo é uma figura geométrica (2).
- Os entes fundamentais da Geometria são: o ponto, a linha e o (3).
- Usamos as letras maiúsculas do nosso alfabeto para identificar os (4) e as letras minúsculas para identificar as (5).
- Os planos são identificados por letras minúsculas do alfabeto (6).
- O ponto não tem (7), por isso o chamamos de adimensional.
- A figura geométrica plana que pode ser associada ao cone é o (8).
- Uma folha de papel possui comprimento e (9).
- O comprimento, a largura e a espessura são as (10) de um caderno.

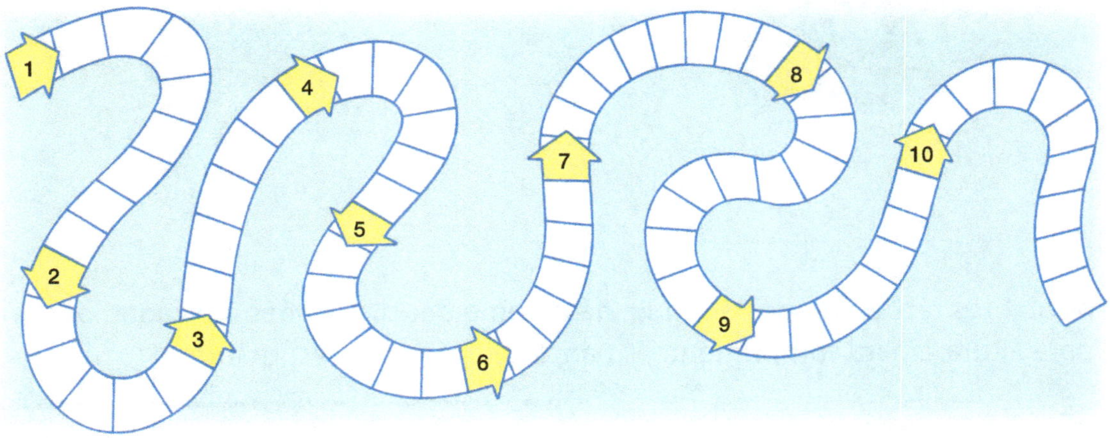

2 Represente e identifique um ponto, uma linha reta e um plano.

3 Classifique cada figura geométrica em **plana** ou **espacial** e também quanto ao número de dimensões que possuem.

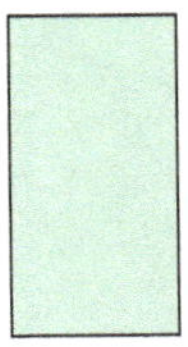 ....

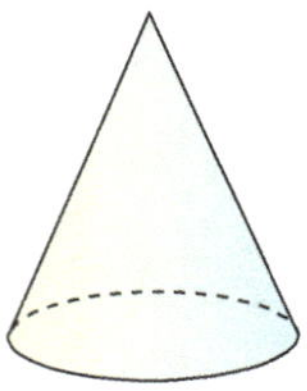 ....

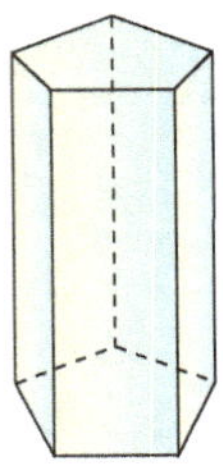 ....

4. Indique se os objetos dão a ideia de figuras planas ou espaciais e classifique-os quanto a sua dimensão.

kaykhoon/Shutterstock

....

....

As imagens não estão representadas em proporção.

Reprodução/Arquivo da editora

....

....

Thinkstock/Getty Images

....

....

Akugasahagy/Shutterstock

....

....

5. Nos objetos representados a seguir, dê o nome das dimensões indicadas, designando *a* para altura, *c* para comprimento, ℓ para largura e *e* para espessura.

a)

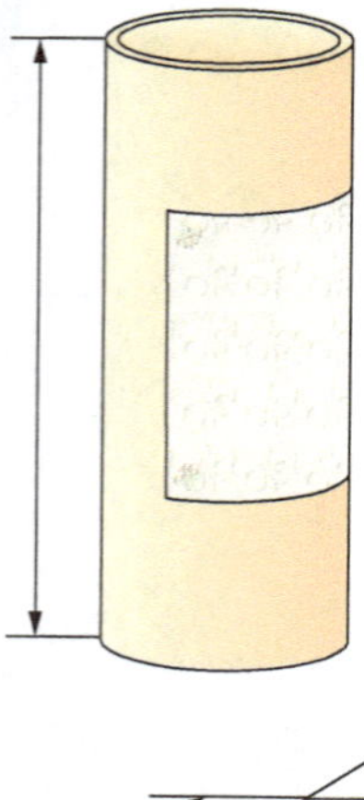

c)

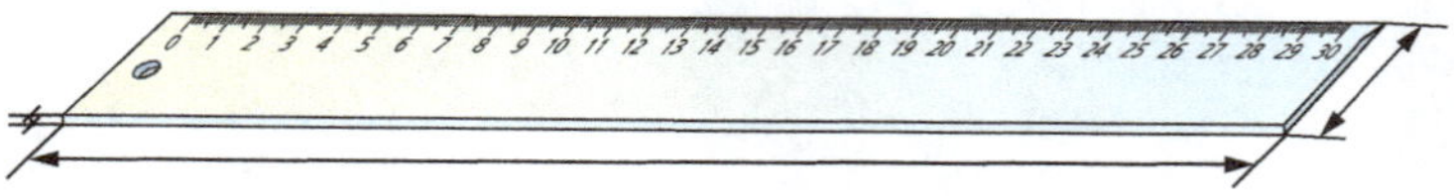

b)

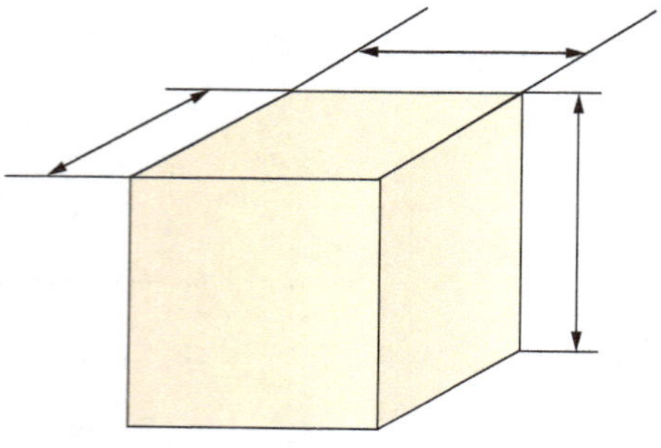

d)

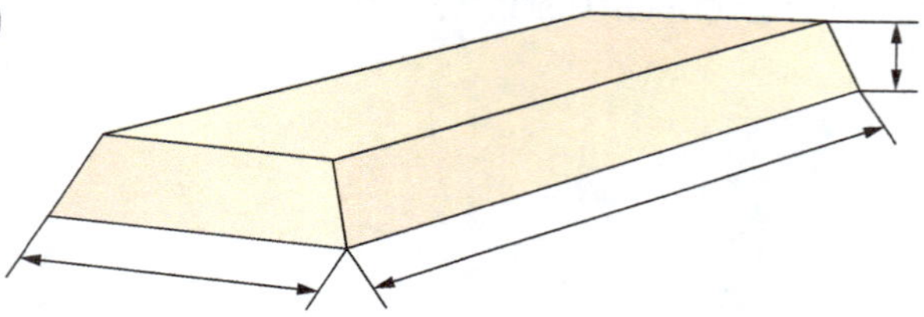

Compreendendo ideias

As linhas

Quando desenhamos, fazendo o lápis se deslocar sobre o papel, representamos a imagem gráfica de uma linha.

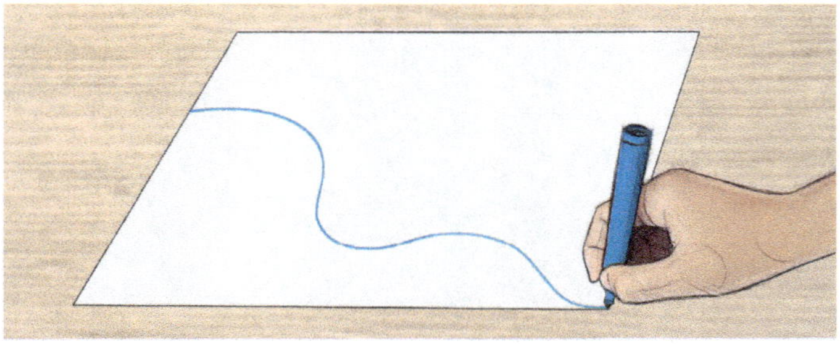

As linhas podem ter vários formatos.

Linhas curvas abertas

Linhas curvas fechadas

Linha reta

Linhas poligonais abertas

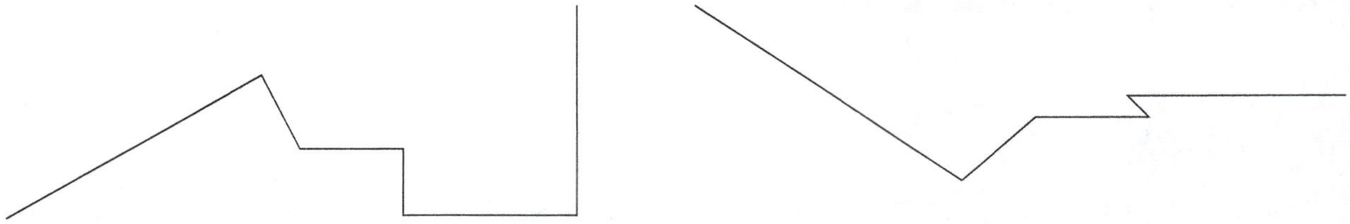

Linhas poligonais fechadas

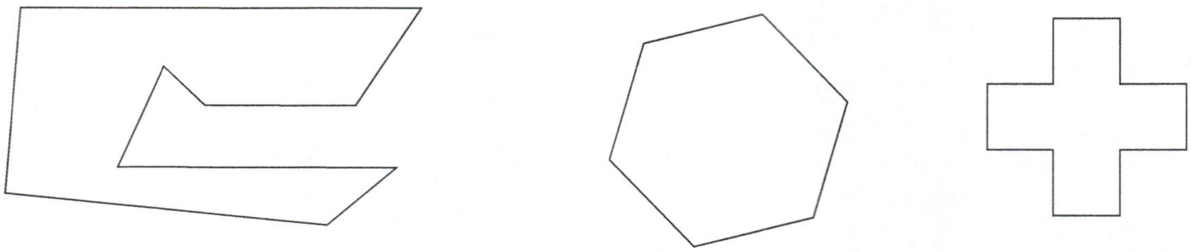

Linhas mistas

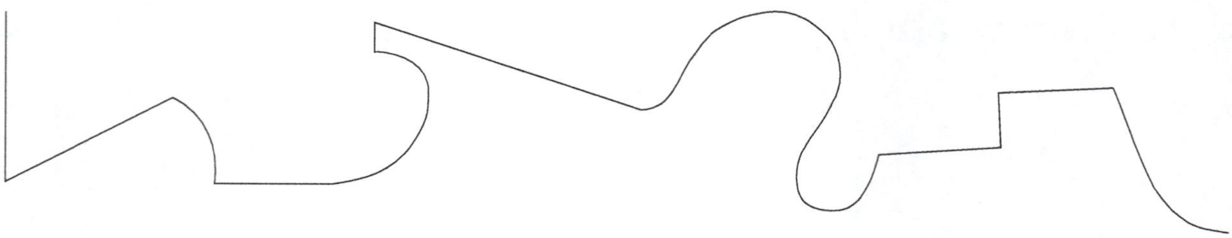

Traços contínuos

Tracejada

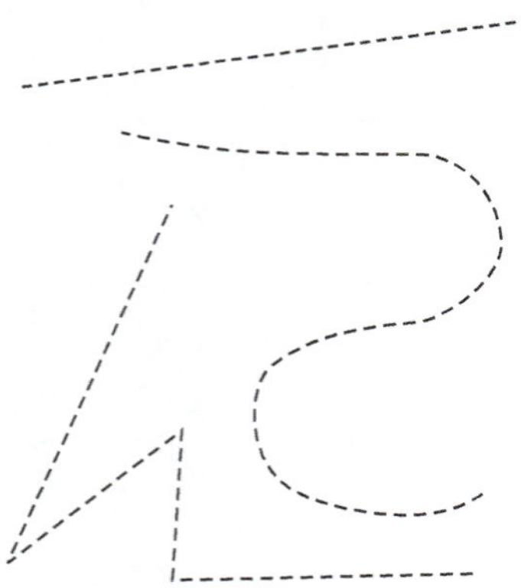

Pontilhada

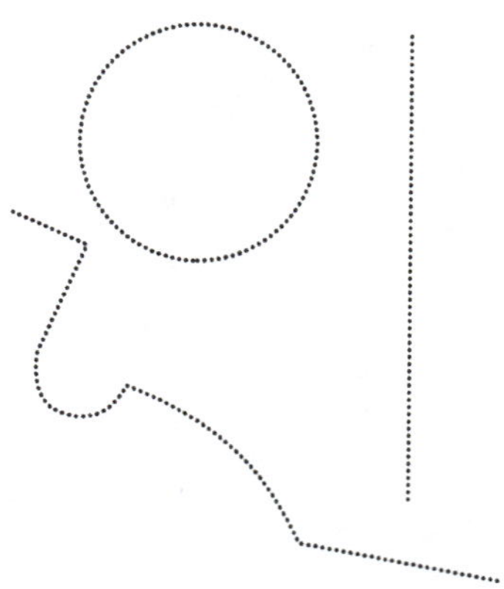

Combinada de traço e ponto

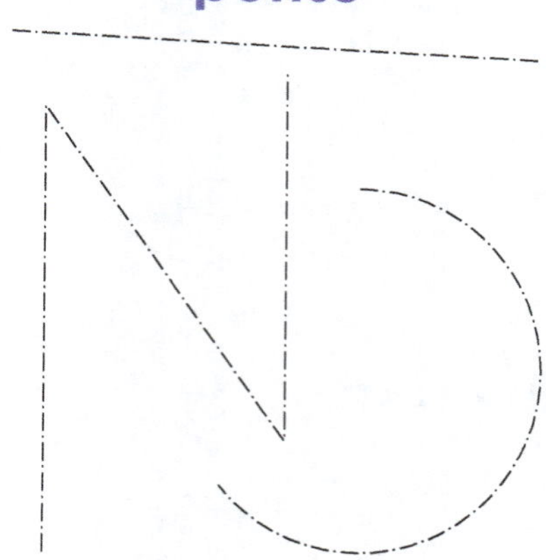

Você em ação

1 Preencha o quadro, classificando as linhas quanto aos seus formatos e aos seus traçados.

a) 

c) 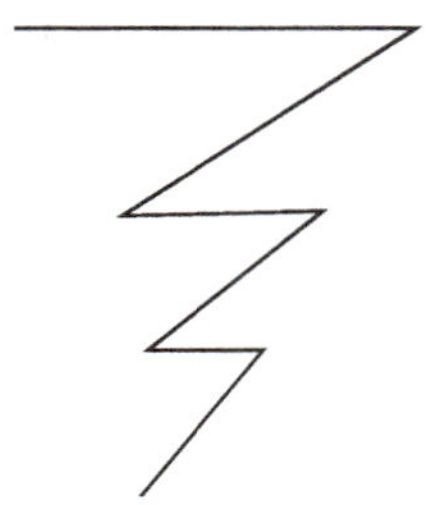

e) 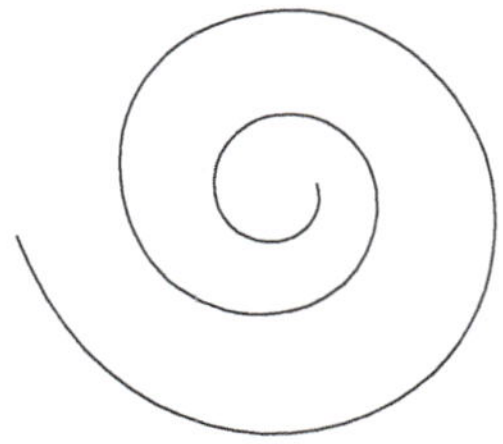

b) 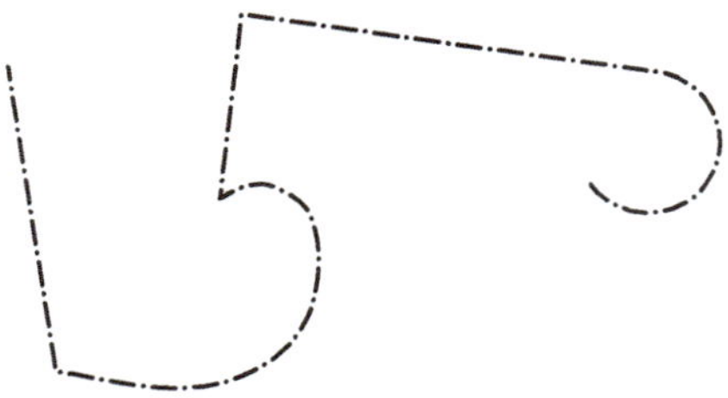

d) 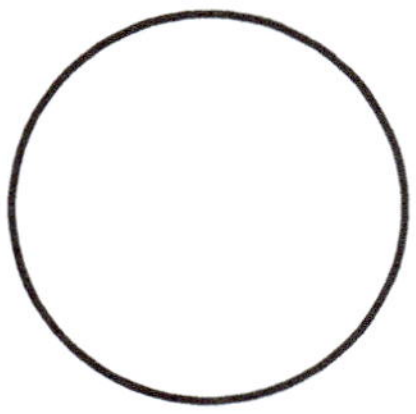

f) 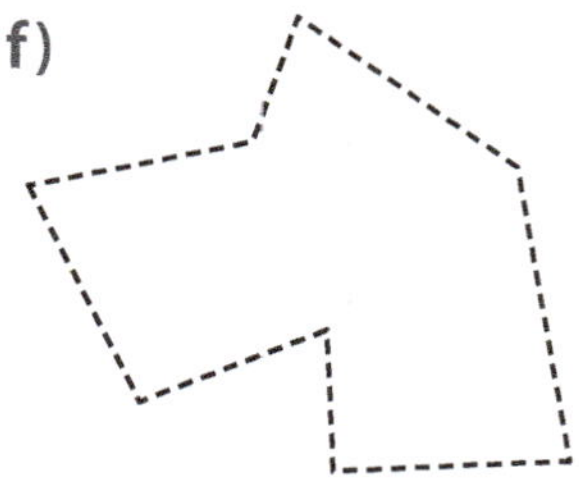

	Formato	Traçado
a)		
b)		
c)		
d)		
e)		
f)		

2 Numere a segunda e a terceira colunas, associando-as às figuras da primeira.

1 	☐ reta	☐ traço contínuo médio
2 	☐ curva aberta	☐ pontilhada
3 	☐ poligonal	☐ traço contínuo fraco
4 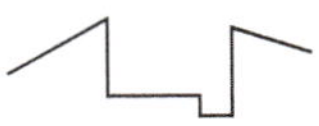	☐ mista	☐ combinada de traço e ponto
5 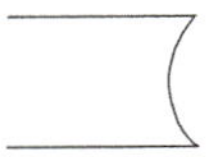	☐ curva fechada	☐ traço contínuo forte

3 Representе graficamente:

a) uma linha curva aberta, executada em traço contínuo médio.

b) uma linha mista tracejada.

c) uma linha poligonal fechada, combinada de traço e ponto.

d) uma reta *r*, de traço contínuo fraco; uma reta *s*, de traço contínuo médio; uma reta *m*, de traço contínuo forte.

e) uma linha curva fechada pontilhada.

f) uma linha poligonal aberta, da qual façam parte os traços dados.

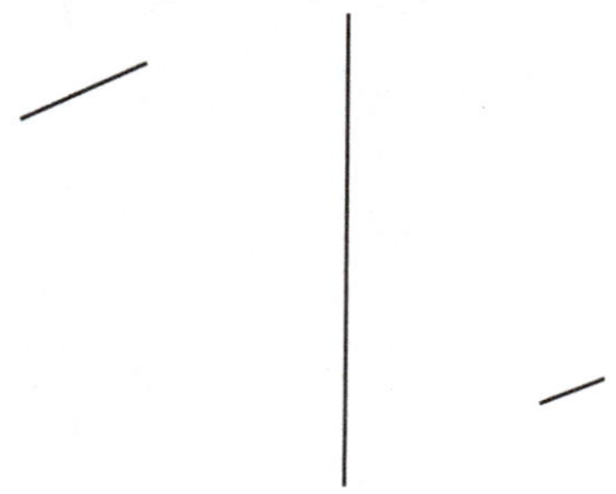

Olhando ao redor

1. Destaque, nestas imagens, linhas de diferentes formatos usando canetas coloridas. Faça uma legenda com os nomes das linhas em correspondência com as cores usadas.

asharkyu/Shutterstock

Gualberto Becerra/Shutterstock

Fernando Favoretto/Criar Imagem

2 As histórias em quadrinhos apresentam diversos formatos de linhas com a intenção de enriquecer o desenho, pois elas ajudam a sugerir movimentos, emoções, sensações. Para cada cena apresentada, reproduza uma dessas linhas, classifique-a e indique a provável intenção do desenhista ao utilizá-la.

	Reprodução/classificação	Intenção
	....	....
	....	....
	....	....
	....	....
	....	....

3 O desenho é uma linguagem universal e os diferentes modos de traçar linhas são recursos utilizados para comunicar ideias. Observe estas figuras e procure descobrir o motivo de elas apresentarem diferentes traçados.

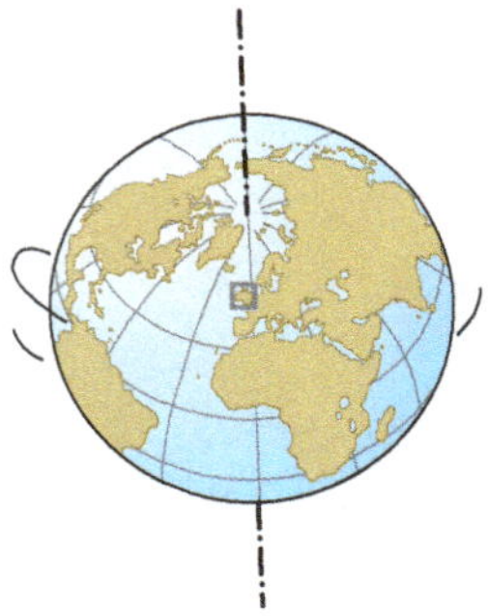

Figura 1

(—·—·—·—·—)

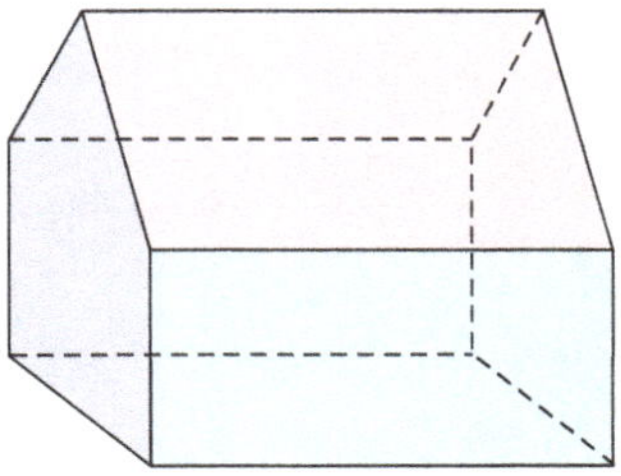

Figura 2

(————————)

(- - - - - - - - - -)

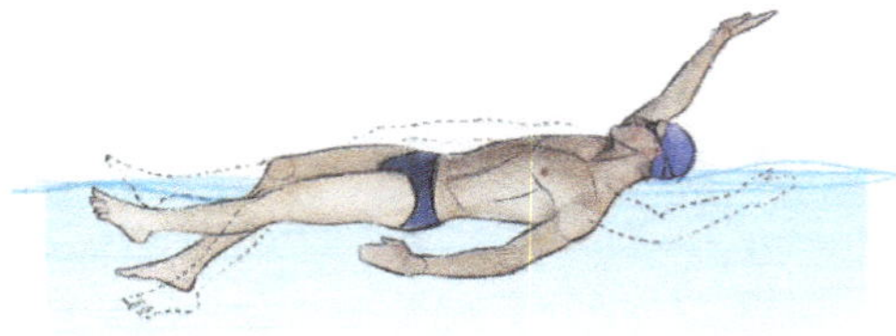

Figura 3

(- - - - - - - - - -)

(.........................)

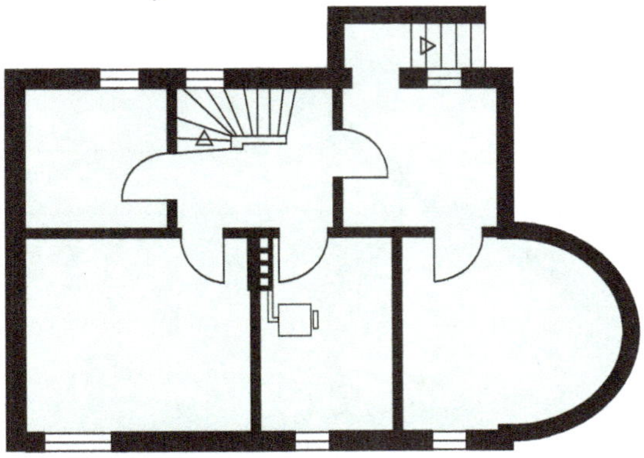

Figura 4

(traços contínuos fortes, médios e fracos)

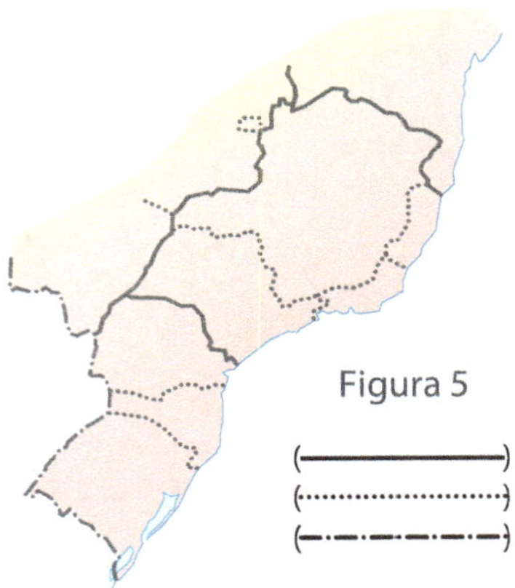

Figura 5

(————————)

(.........................)

(—·—·—·—·—)

Complete de acordo com as figuras:

a) Na figura .... as linhas indicam limites territoriais; a linha .... separa os estados, a linha .... separa os países e a linha .... separa as regiões.

b) Na figura .... a linha desenhada em .... indica um eixo de rotação.

c) Na figura .... a linha contínua indica o que está visível e a linha ...., o que não está visível nesta representação desta forma espacial.

d) Existem convenções que estabelecem diferenciação de traços quanto à intensidade com que são executados. Um exemplo disso pode ser visto na figura ....

e) Os movimentos e as posições são indicados por linhas .... e tracejadas na figura ....

4 Quais dimensões devem ser medidas para se avaliar os tamanhos da caixa e da fita de *slackline*? Indique-as nas imagens.

123RF/Easypix do Brasil

....

....

....

As imagens não estão representadas em proporção.

shevtsovy/Shutterstock

....

....

5 **Em muitas situações de nossa vida, precisamos estimar ou medir alguma dimensão.**

a) Indique em cada caso a que dimensão os personagens se referem.

O pai se refere ao .... do caminho.

A caixa mede *x* de ....,
y de .... e *z* de ....

b) Em casos especiais, algumas dimensões são apresentadas com outros nomes. Veja nas imagens abaixo as dimensões indicadas e relacione-as com seus nomes.

☐ profundidade
☐ envergadura
☐ diâmetro
☐ extensão
☐ bitola
☐ frente
☐ fundo

As imagens não estão representadas em proporção.

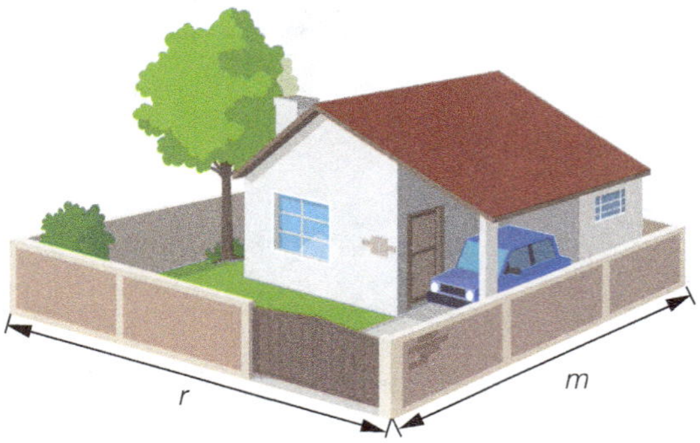

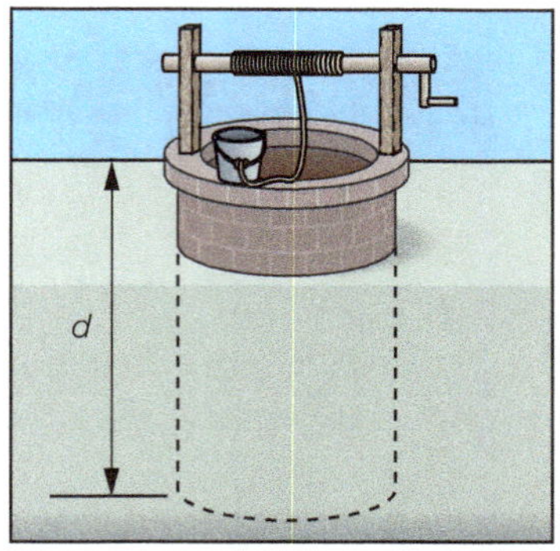

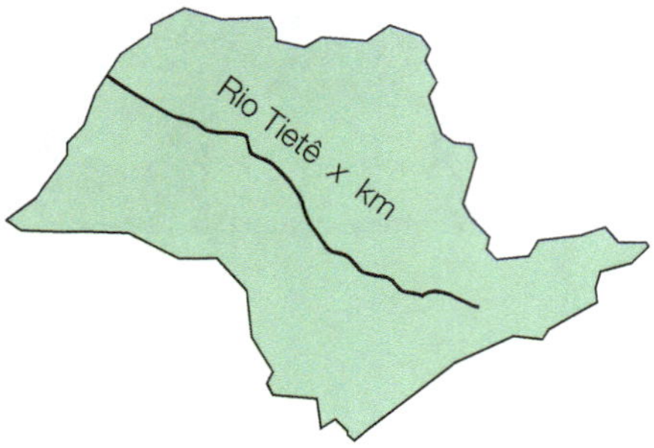

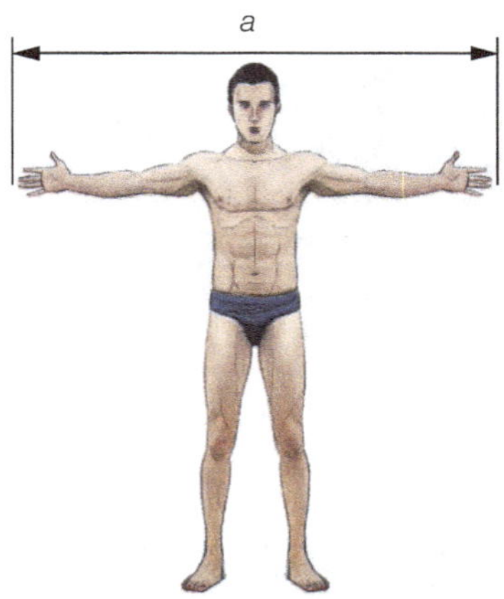

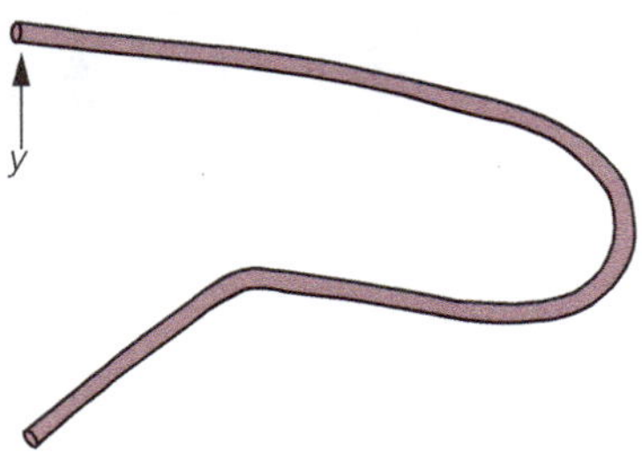

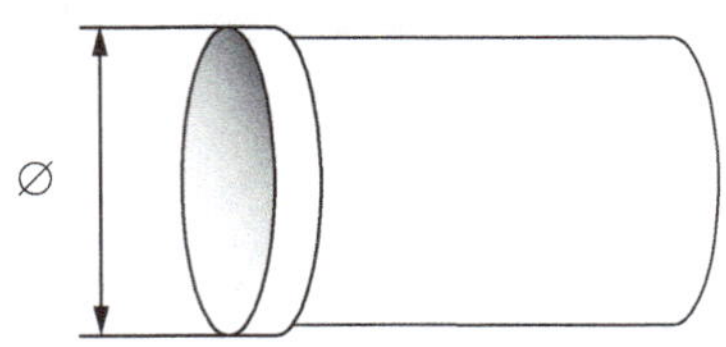

6 **De acordo com o Código de Trânsito Brasileiro, as linhas (faixas) traçadas sobre o pavimento das vias indicam aos usuários, condutores de veículos ou pedestres, a forma mais eficiente e segura de utilizá-las.**

Essas linhas se apresentam em diferentes cores: amarela (via de mão dupla), branca (via de mão única e faixas de segurança), vermelha (ciclovia) e azul (área especial de parada).

Com relação ao traçado, a linha pode ser:

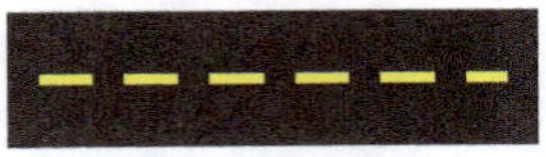
Tracejada

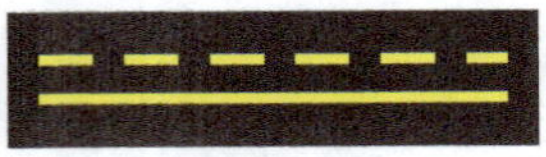
Tracejada contínua

Contínua

Contínua dupla

A faixa contínua indica que o veículo não pode ultrapassar, enquanto a faixa tracejada permite a ultrapassagem.

Os veículos da pista da direita podem ultrapassar

Proibida a ultrapassagem em ambos os sentidos

Permitida a mudança de faixa

Proibida a mudança de faixa

Com base no texto, indique em cada uma das situações qual veículo pode e qual não pode fazer uma ultrapassagem.

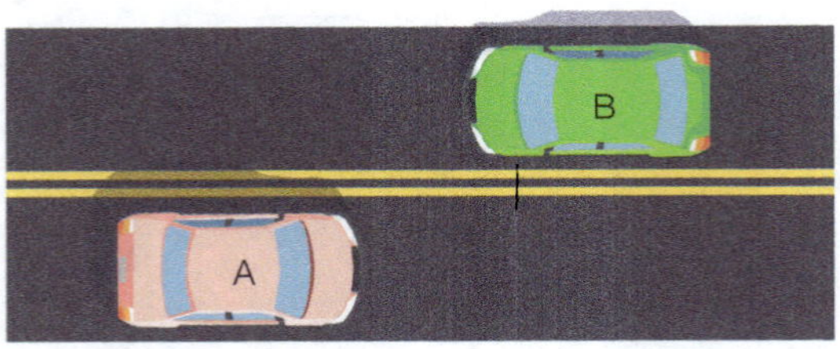

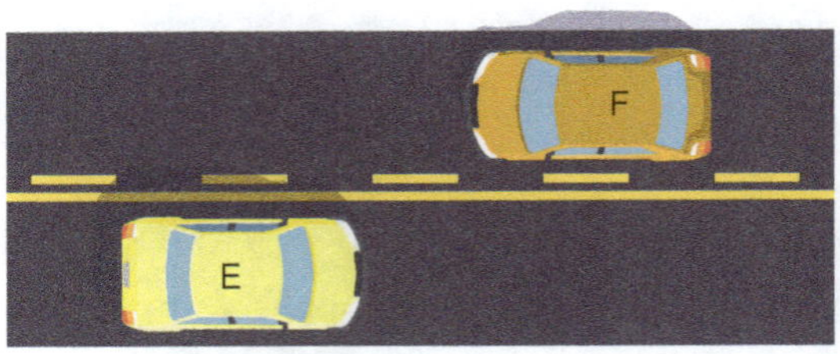

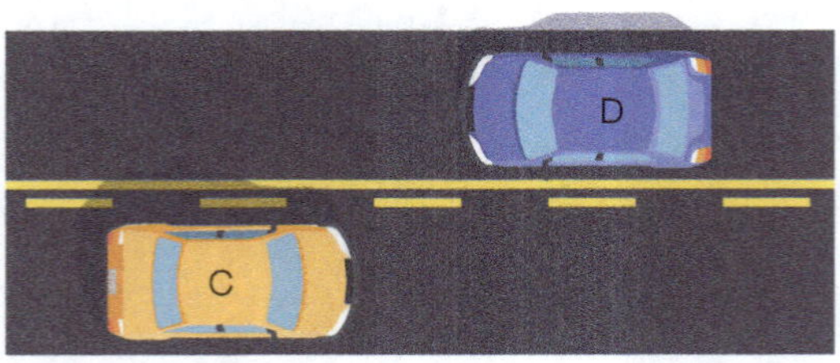

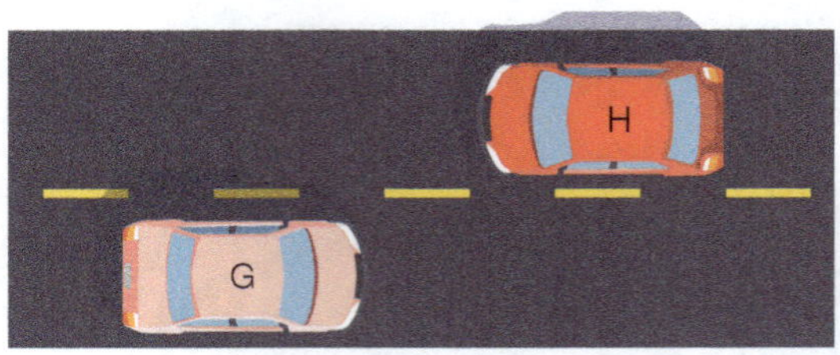

Quando viajar, repare se os motoristas obedecem à sinalização. Segurança é dever de todos.

CAPÍTULO 3

A reta e seus subconjuntos

Existem objetos e elementos da natureza que lembram retas e partes de retas em quase todos os lugares.

Veja as cordas e as barras dessa ponte pênsil. Ela faz parte de uma trilha aérea montada em árvores para a prática do arvorismo, esporte muito apreciado por aqueles que gostam de aventura e de curtir a natureza.

Para projetar e construir essa ponte, o Desenho Geométrico contribuiu com conceitos e traçados.

Claudia Fernandes/Shutterstock

Compreendendo ideias

A reta

A figura a seguir é a representação gráfica de uma reta. Prolongue-a até os limites do papel.

Caso fosse possível continuar prolongando a reta indefinidamente, ela teria uma extensão infinita.

- Destaque um ponto *P* da reta *s*:

Há outros pontos nessa reta? ....

Quantos? ....

Podemos dizer que:

Uma reta é .... e possui .... pontos.

- Trace uma reta *r* que passe pelo ponto *E*.

É possível traçar mais de uma reta que passe pelo ponto *E*? ....

Quantas? ....

Podemos dizer que:

Por um ponto passam .... retas.

◆ Os pontos *A* e *B* são pontos **distintos** porque estão em lugares diferentes no espaço. Trace todas as retas *x* que passam pelos pontos *A* e *B* ao mesmo tempo.

Quantas retas foi possível traçar? ....

Podemos dizer que:

> Por dois pontos distintos passa .... reta.

E, como consequência disso, temos que:

> Para determinar uma reta são necessários e suficientes ....

A reta também pode ser identificada assim:

$\overleftrightarrow{AB}$ (lê-se: reta *AB*) – as flechas indicam que a reta pode ser prolongada nos dois sentidos.

Um ponto pode **pertencer** ou **não pertencer** a uma reta. Observe:

- O ponto *A* pertence à reta *x*.
- O ponto *B* não pertence à reta *x*.

Usando os símbolos ∈ (pertence) ou ∉ (não pertence), podemos escrever:

- $A \in x$ (Lê-se: O ponto *A* pertence à reta *x*.)
- $B \notin x$ (Lê-se: O ponto *B* não pertence à reta *x*.)

Pontos colineares

Pontos colineares são aqueles que pertencem a uma mesma reta (*co* = junto; *linea* = linha).

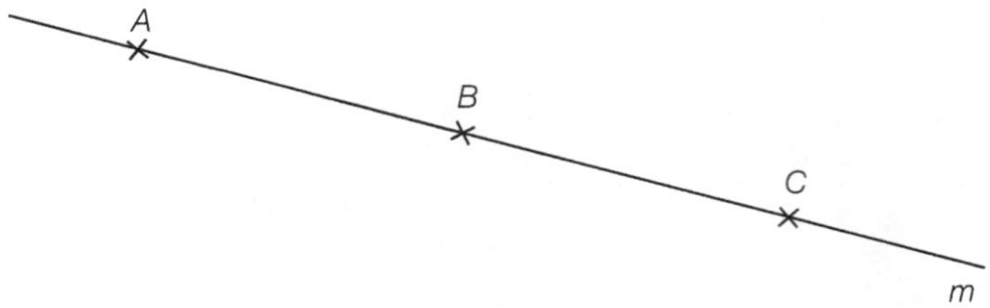

Os pontos *A*, *B* e *C* são colineares porque pertencem à reta *m*.

Três ou mais pontos são chamados de **não colineares** quando estão dispostos de tal modo que não é possível uma reta passar por todos eles.

É possível traçar uma reta que passe pelos pontos *M*, *R* e *T*? ....

Então, dizemos que esses pontos são ....

Ponto comum

Se um ponto pertence a duas ou mais retas, dizemos que ele é **ponto comum** entre elas. Ele também pode ser chamado de **ponto de interseção** das retas.

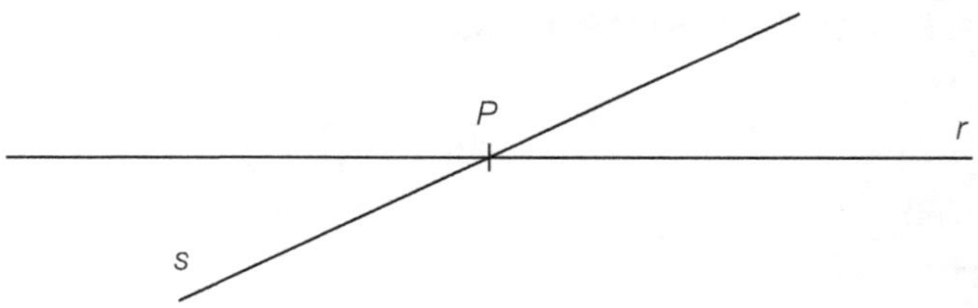

$$\left.\begin{matrix} P \in r \\ P \in s \end{matrix}\right\} \{P\} = r \cap s$$

Observe que:

- *P* é ponto comum às retas *r* e *s*.
- *P* é o ponto de interseção das retas *r* e *s*.

Obs.: O símbolo ∩ significa interseção.

Posições de uma reta

Observe as listras na decoração destes ambientes.
Elas exemplificam as três posições que uma reta pode ocupar no espaço:

alexandre zveiger/Shutterstock

Vertical

Dariusz Jarzabek/Shutterstock

Horizontal

Vaobullan/Shutterstock

Inclinada

Construindo imagens

Construção de uma reta por dois pontos distintos

• **Dados:**

+ *B*

A +

• **Construir:**

reta *r*; $A \in r$; $B \in r$

Passos da construção:

1º) Ajuste a régua (ou um esquadro) de modo que o traço passe exatamente nos pontos *A* e *B*.

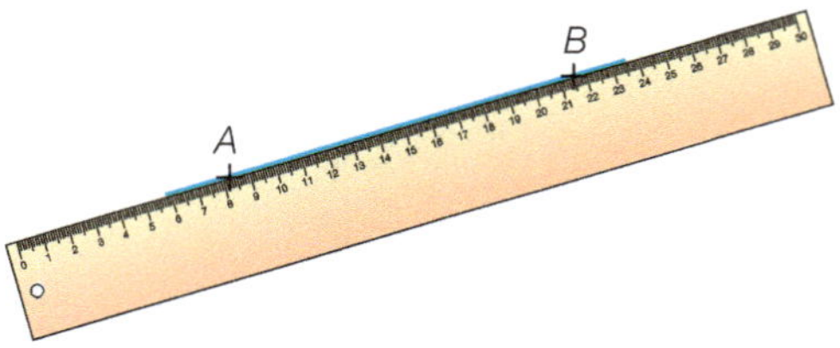

2º) Trace a reta com o lápis na posição vertical, cuidando para que sua ponta deslize encostada na régua.

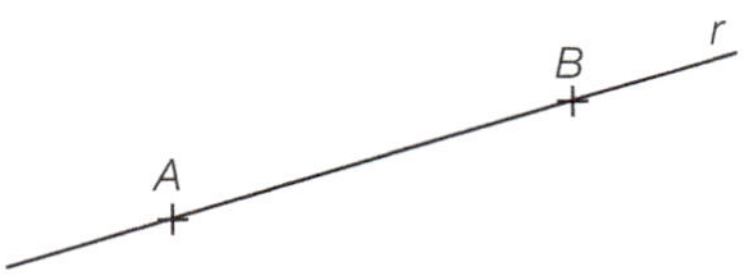

Para você construir:

B ×

A ×

Você em ação

1 Dê o nome das posições das retas no espaço:

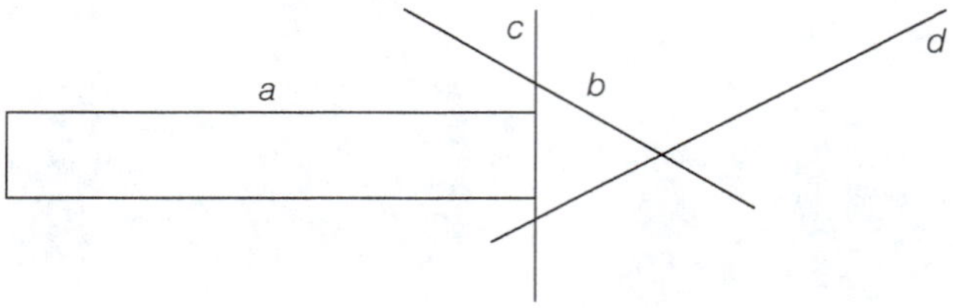

A reta *a* é ....

A reta *b* é ....

A reta *c* é ....

E a reta *d* é ....

2 Nomeie todas as retas da figura e responda às questões.

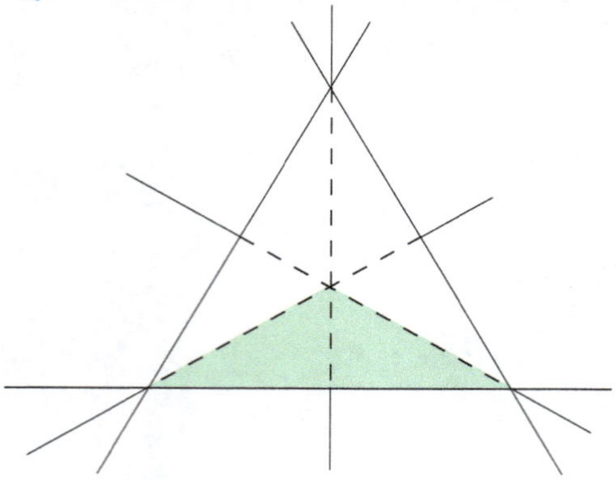

a) Quantas retas aparecem na figura? ....

b) Quais são elas? ....

3 Destaque dois pontos de cada uma das retas *r* e *s* e identifique-as por esses pontos.

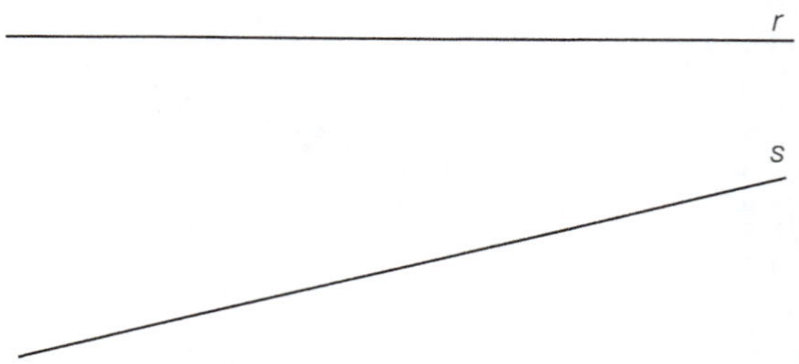

4 Complete com base na figura dada.

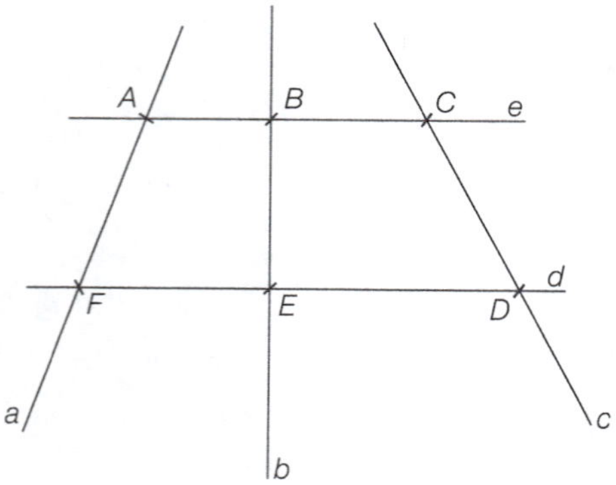

a) A reta $a = \overleftrightarrow{AF}$, a reta $b =$ .... e a reta $\overleftrightarrow{AC} =$ ....

b) Verifique se os pontos pertencem às retas:

D .... *a*; *F* .... *d*; *B* .... *b*.

c) Os pontos *A*, *B*, *C* .... *e*, portanto, são ....

d) O ponto *E* é o ponto comum das retas .... e ....

5 Classifique cada frase como **certa** (C) ou **errada** (E).

Todas as retas podem ser prolongadas até o infinito. ☐

Pontos não colineares são aqueles que não pertencem a duas retas ao mesmo tempo. ☐

Todas as retas possuem infinitos pontos. ☐

Pontos distintos são os que pertencem a uma mesma reta. ☐

Dois pontos são chamados distintos porque estão em lugares diferentes. ☐

Pontos colineares são os que pertencem a uma mesma reta. ☐

6 **Usando setas, ligue a quantidade de retas que se pode traçar de acordo com as indicações dadas.**

Passando por três pontos colineares	Passando por um ponto *A*	Passando pelos pontos *A* e *B*	Passando por três pontos não colineares ao mesmo tempo
Nenhuma	Uma	Duas	Infinitas

7 Trace a reta *r* pelo ponto *R* e a reta *b* pelo ponto *B*, sabendo que *P* é o ponto comum das retas *r* e *b*.

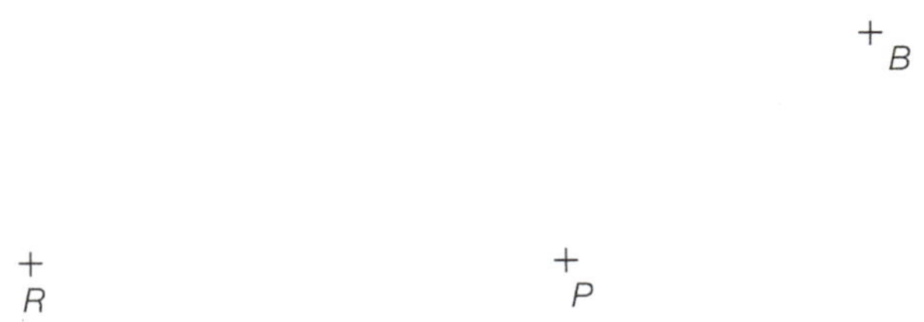

8 Determine os pontos *K*, *Y* e *W*, de interseção das retas *m* e *n*, *m* e *t*, *n* e *t*, respectivamente.

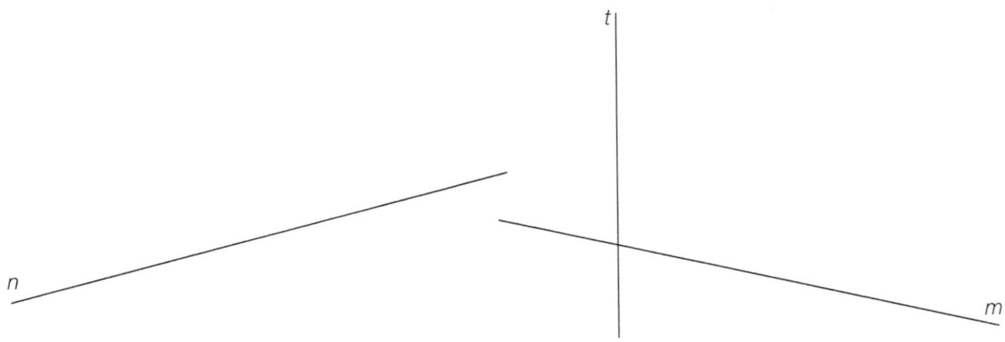

9 Determine um ponto A, sabendo que $\{A\} = r \cap s$; $L \in s$ e a reta s é vertical; $H \in r$ e a reta r é horizontal.

10 Desenhe as seguintes retas: $a = \overleftrightarrow{MQ}$; $s = \overleftrightarrow{LT}$; $d = \overleftrightarrow{MK}$.

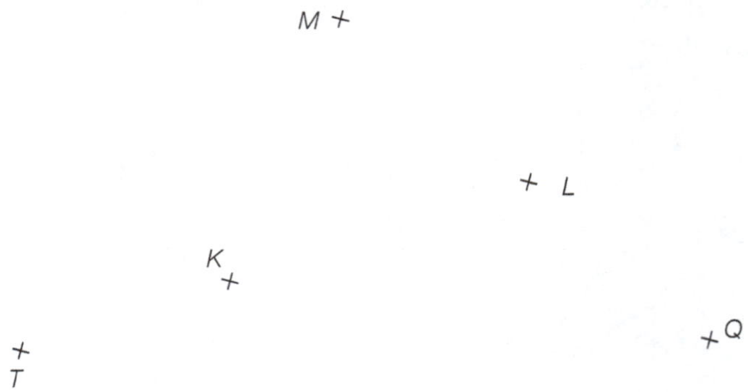

Classifique os pontos indicados como colineares ou não colineares e justifique.

Q, *M* e *T* são .... porque ....

T, *K* e *L* são .... porque ....

11 Complete a frase, sabendo que números iguais correspondem a letras iguais.

□	_	_	_	P	_	_	_	O	□
1	2	3	4	5	2	6	7	2	4

D	□	_	T	I	N	_	_	S
1	3	4	7	3	6	7	2	4

_	E	_	□	_	M	_	_	_	_
1	8	7	8	9	10	3	6	11	10

□	_	A	Ú	_	_	□	_	R	□	_	_
12	10	11	12	6	3	13	11	9	8	7	11

Reprodução/Acervo particular

Agora, usando as letras que apareceram nos quadrinhos, descubra o nome de um grande matemático grego que, 300 anos antes de Cristo, marcou o desenvolvimento da Geometria com sua obra *Os elementos*.

_	_	_	L	_	_	_	_
8	12	13		3	1	8	4

Compreendendo ideias

A semirreta

◆ Trace uma reta *r* e destaque um de seus pontos (*P*).

Note que esse ponto *P* divide a reta em duas partes.
Cada uma das partes da reta chama-se **semirreta** e ambas têm origem no ponto *P*.
Com base nessas descobertas, definimos:

> Semirreta é parte de uma reta que tem origem em um .... e é infinita em .... dos sentidos.

Uma semirreta deve ser identificada pelo ponto de origem e por outro de seus pontos.

$\overrightarrow{PA}$ (lê-se: semirreta *PA*) – que significa que sua origem é o ponto *P* e passa pelo ponto *A*. A flechinha sobre as letras significa que a semirreta só pode ser prolongada em um sentido.

Construindo imagens

Construção de uma semirreta por dois pontos distintos

• **Dados:** $+^A$ $+^B$ • **Construir:** $\overrightarrow{AB}$

Ajuste a régua (ou um esquadro) de modo que o traço comece no ponto *A*, passe pelo ponto *B* e continue. Essa é a semirreta *AB*.

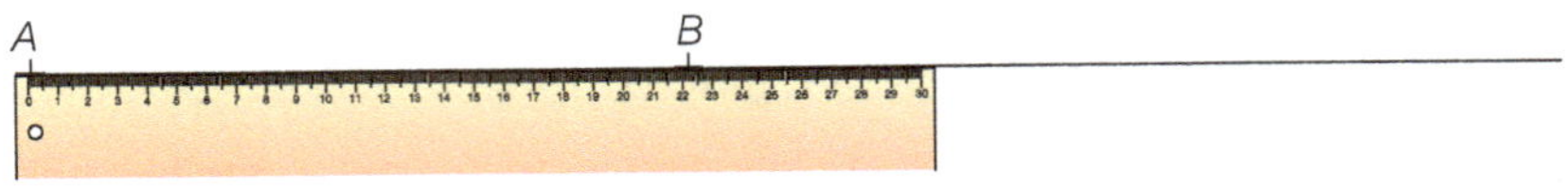

Para você construir:

$+^A$ $+^B$

Você em ação

1 Identifique as semirretas desenhadas abaixo.

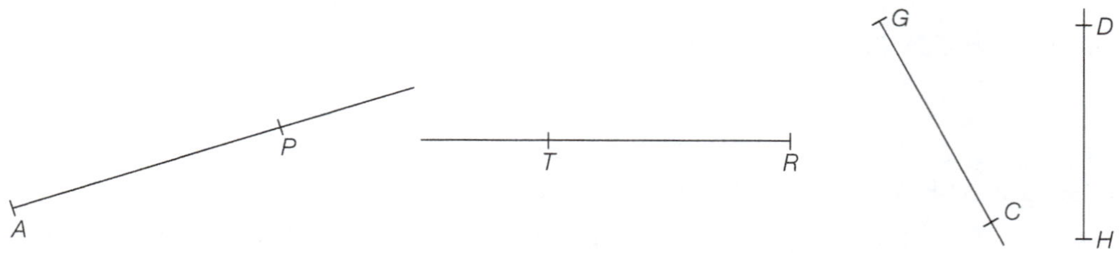

....

....

....

....

2 Identifique todas as semirretas que aparecem na figura, indicadas pelos pontos *A*, *B* e *C*.

....

3 Sabendo que semirretas opostas são as que têm a mesma origem e sentidos contrários, desenhe a semirreta oposta a $\overrightarrow{MC}$ e identifique-a.

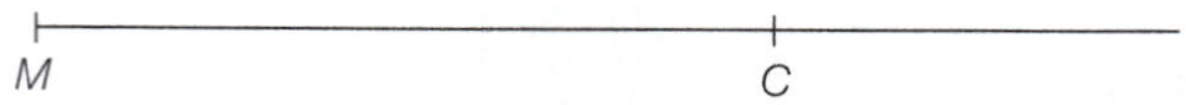

4 Construa $\overrightarrow{HA}$, $\overrightarrow{HB}$, $\overrightarrow{HC}$ em traço contínuo e $\overrightarrow{CA}$, $\overrightarrow{BC}$, $\overrightarrow{AB}$ em tracejado.

Agora, complete as frases utilizando os termos deste quadro. A primeira já está pronta!

origem — pertence a — colineares — ponto comum — não colineares — não pertence a

a) Os pontos *A* e *B* são colineares

b) O ponto *H* é .... de $\overrightarrow{HA}$.

c) O ponto *B* é .... de $\overrightarrow{HB}$ e $\overrightarrow{AB}$.

d) Os pontos *B*, *C*, *A* são ....

e) O ponto *C* .... $\overrightarrow{BC}$.

f) O ponto *H* .... $\overrightarrow{CA}$.

Compreendendo ideias

O segmento de reta

Observe, na imagem, que em cada pedaço de madeira que compõe a ponte é evidente seu começo e seu fim. Eles nos remetem à ideia de uma figura geométrica chamada de segmento de reta.

Claudia Fernandes/Shutterstock

◆ Trace a reta *r* que passa pelos pontos *A* e *B* e destaque a parte da reta limitada por esses pontos.

$\overset{+}{A}$ $\qquad\qquad$ $\overset{+}{B}$

A parte destacada é um **segmento de reta**, cujas extremidades são os pontos *A* e *B*. A reta *r* é chamada de **reta suporte** desse segmento.

Segmento de reta é parte de uma reta .... por dois de seus pontos.

◆ Um segmento de reta é identificado por suas extremidades.

$\overline{AB}$ (lê-se: segmento de reta *AB*).

$\overline{AB}$ e $\overline{BA}$ indicam o mesmo segmento de reta.

A ausência de flechinha sobre as letras significa que o segmento de reta não pode ser prolongado.

- Dizemos que um segmento de reta está contido em uma reta quando todos os seus pontos pertencem a essa reta.

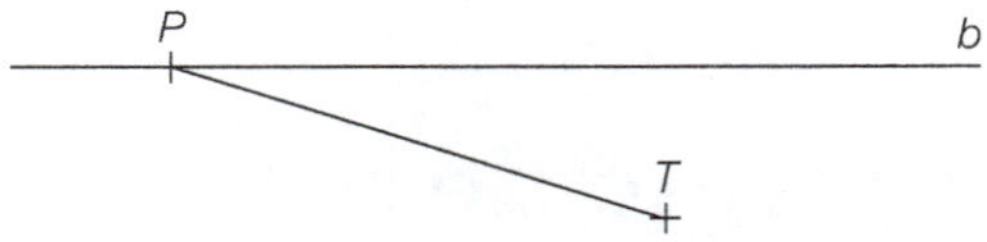

Usando os símbolos: $\subset$ (contido) ou $\not\subset$ (não contido), podemos escrever:

$\overline{MN} \subset a$ $\overline{PT} \not\subset b$

Segmentos colineares e não colineares

Segmentos colineares são aqueles que estão contidos em uma mesma reta suporte.

$\overline{AB}$ e $\overline{CD}$ são colineares porque ....

Os segmentos *EF* e *GH* são chamados de **não colineares**, uma vez que eles não estão contidos na mesma reta.

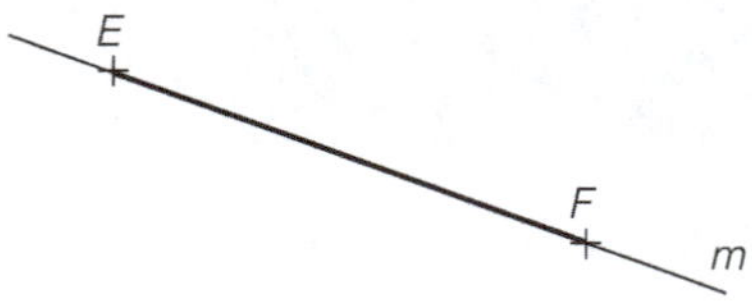

Segmentos consecutivos e não consecutivos

Trace os segmentos de reta *TM* e *PM*.

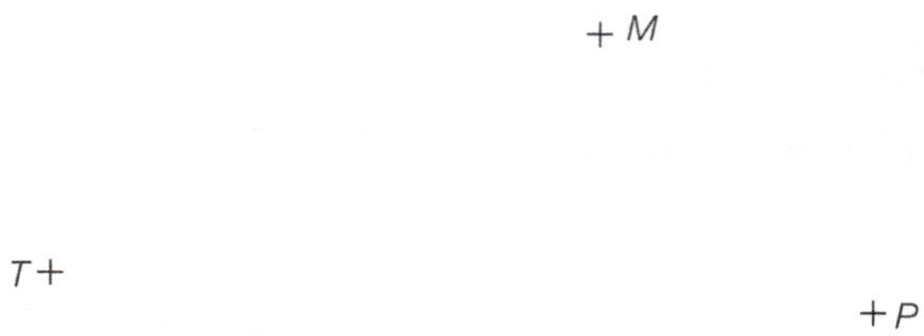

Com base na figura, complete: M .... $\overline{TM}$

M .... $\overline{PM}$

Os segmentos *TM* e *PM* são chamados de **segmentos consecutivos** porque possuem uma extremidade comum: o ponto ....

Dessa forma, podemos dizer que os segmentos *RS* e *KL* não são consecutivos, pois não têm extremidades em comum.

Medida de segmento de reta

Medir um segmento de reta é comparar o seu comprimento com o de determinada unidade de medida.

Vamos fazer algumas experiências?

Abra bem a sua mão e você terá uma unidade de medida de comprimento: o **palmo**.

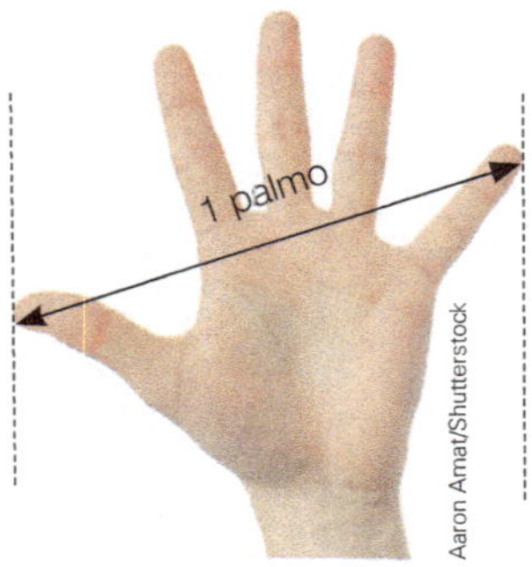

Aaron Amat/Shutterstock

- Usando o palmo, meça o comprimento da sua carteira.

  Quantos palmos cabem na carteira? ....

  Os resultados encontrados por você e por seus colegas são todos iguais? ....

  Por quê? ....

- Agora faça a medição da carteira usando uma régua graduada.

  Quanto mede o comprimento da carteira? ....

  Os resultados encontrados por todos são iguais? ....

  Por quê? ....

Para que a comunicação das medidas seja entendida por todos, é preciso que a unidade de medida usada seja uma unidade-padrão. Foi dessa necessidade que surgiu o **Sistema Métrico Decimal**, cuja unidade-padrão é o **metro**.

Como não é possível fazer todas as medições em metros, usamos, para grandes distâncias, os múltiplos do metro (especialmente o quilômetro) e, para pequenos comprimentos, os submúltiplos do metro.

Múltiplos			**Unidade**	**Submúltiplos**		
Quilômetro km	**Hectômetro hm**	**Decâmetro dam**	**Metro m**	**Decímetro dm**	**Centímetro cm**	**Milímetro mm**
1 000 m	100 m	10 m	1 m	0,1 m	0,01 m	0,001 m

× 10   × 10   × 10   : 10   : 10   : 10

Nas nossas atividades de Desenho Geométrico, mediremos comprimentos em duas unidades de medida: o centímetro (cm) e o milímetro (mm).

Comparando essas unidades, temos:

1 cm = 10 mm

Assim, para transformar centímetros em milímetros, multiplicamos o número por dez.

Exemplo: 5 cm = 5 × 1 cm = 5 × 10 mm = 50 mm

E, para transformar milímetros em centímetros, dividimos o número por dez.

Exemplo: 50 mm = 5 × 10 mm = 5 × 1 cm = 5 cm

A régua é uma escala de graduação em centímetros e em milímetros. Observe as figuras:

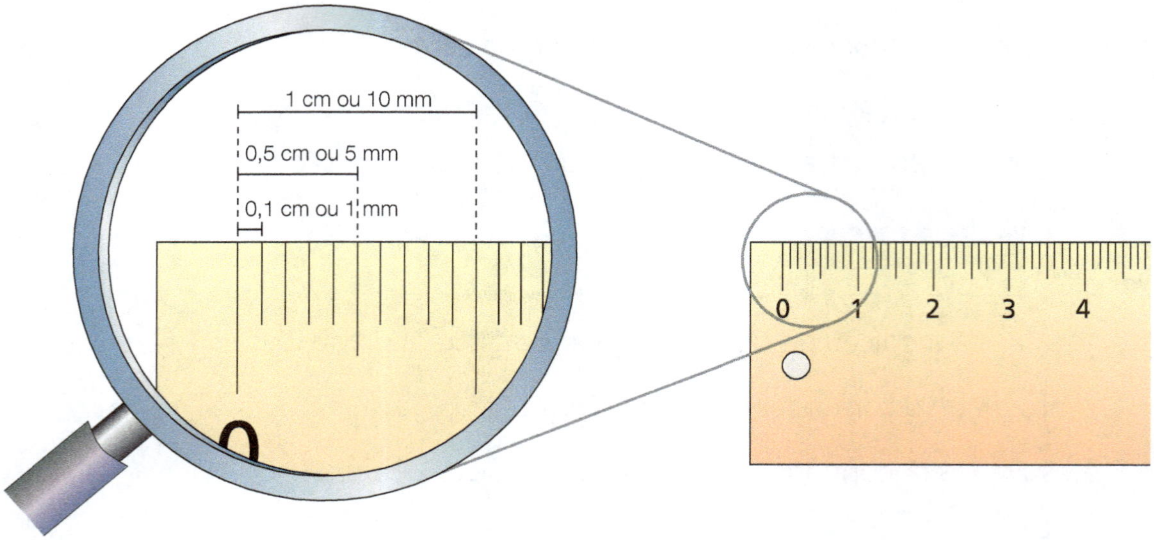

Importante! Deve-se começar a medir sempre a partir do **zero** na graduação.

Há três modos de indicar a medida de um segmento de reta. Observe:

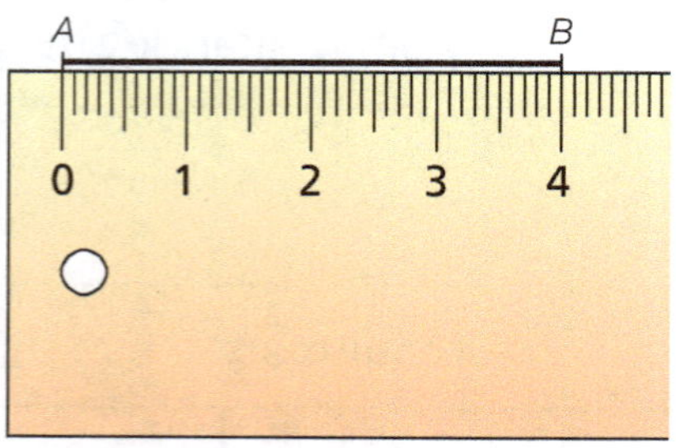

- med($\overline{AB}$) = 4 cm
- m($\overline{AB}$) = 4 cm
- *AB* = 4 cm

Lê-se: A medida do segmento *AB* é igual a 4 cm.

A leitura também pode ser feita em milímetros:

m($\overline{AB}$) = 40 mm

Segmentos congruentes

Meça os segmentos *AB* e *CD* dados.

A medida de $\overline{AB}$ .... à medida de $\overline{CD}$.

m($\overline{AB}$) = ...

m($\overline{CD}$) = ...

Então, dizemos que $\overline{AB}$ e $\overline{CD}$ são **congruentes**.

Segmentos congruentes são os que possuem ....
O símbolo ≅ indica a congruência.
Usando os símbolos, podemos escrever:

Se m($\overline{AB}$) .... m($\overline{CD}$), então $\overline{AB}$ .... $\overline{CD}$.

(Lê-se: Se a medida do segmento *AB* é igual à medida do segmento *CD*, então o segmento *AB* é congruente ao segmento *CD*.)

Construindo imagens

Construção de um segmento de reta com medida dada

• **Dados:** m($\overline{AB}$) = 3 cm • **Construir:** $\overline{AB}$

Passos da construção:

1º) Trace uma reta *r* e marque nela um ponto *A* qualquer.

2º) Ajuste a régua na reta *r*, fazendo o 0 coincidir com o ponto *A*; marque em 3 o ponto *B*. Trace $\overline{AB}$.

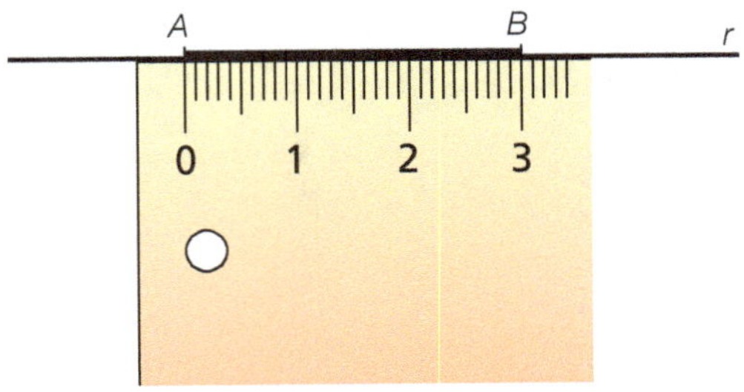

Para você construir:

Construção de um segmento de reta congruente a um segmento dado

• **Dados:** M ———— P • **Construir:** $\overline{RT}$ tal que $\overline{RT} \cong \overline{MP}$

Passos da construção:

1º) Trace uma reta *r* e marque nela um ponto *R* qualquer.

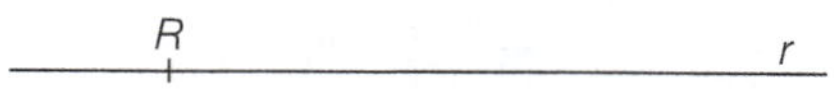

2º) Abra o compasso na medida *MP*, colocando a ponta-seca em *M* e a grafite em *P*.

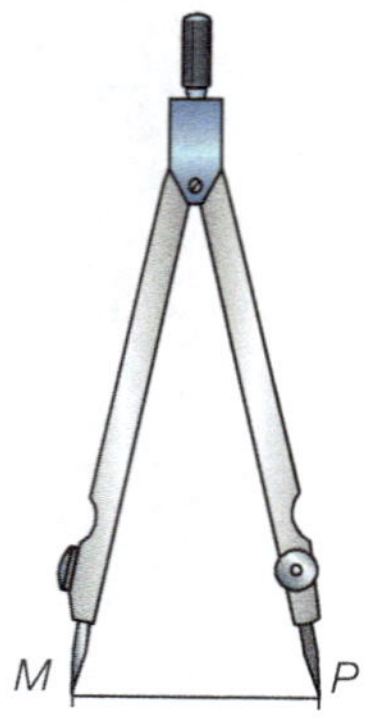

3º) Sem mudar a abertura, coloque a ponta-seca do compasso em *R* e trace a linha que cruza com a reta *r*, determinando aí o ponto *T*.

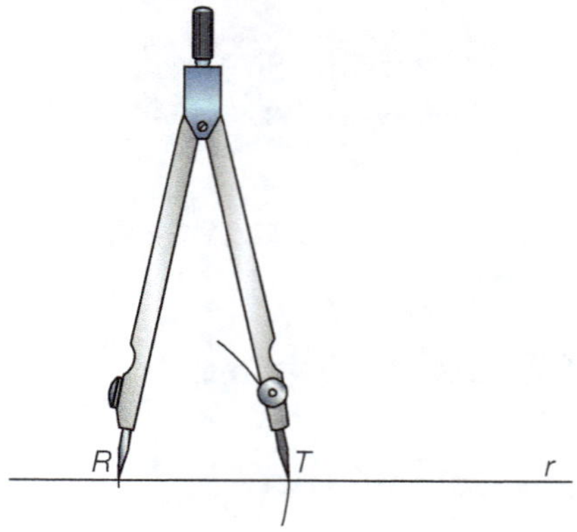

4º) *RT* é o segmento procurado.

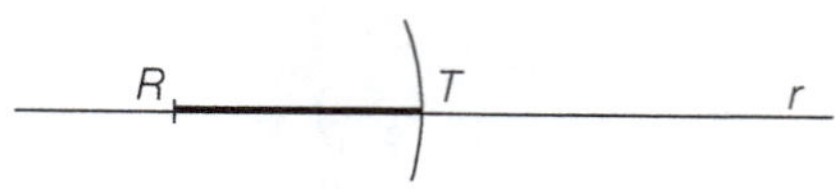

Para você construir:

Você em ação

1 Assinale as alternativas que formam sequências corretas.

1	2	3	4	5	6	7	8
RETA	PARTE DA RETA	TEM FIM	SEMIRRETA	NÃO TEM ORIGEM	TEM ORIGEM	SEGMENTO DE RETA	NÃO TEM FIM

9	10	11	12	13	14	15
O	A	E	É	TEM ORIGEM E FIM	NÃO TEM ORIGEM NEM FIM	QUE

a) 10 – 1 – 5 – 11 – 8

b) 10 – 4 – 12 – 2 – 11 – 13

c) 4 – 12 – 2 – 11 – 6 – 11 – 8

d) 9 – 7 – 13 – 11 – 12 – 2

e) 9 – 7 – 12 – 2 – 11 – 5

f) 10 – 2 – 15 – 13 – 12 – 9 – 7

2 Quantos e quais são os segmentos de reta que formam as figuras?

a)

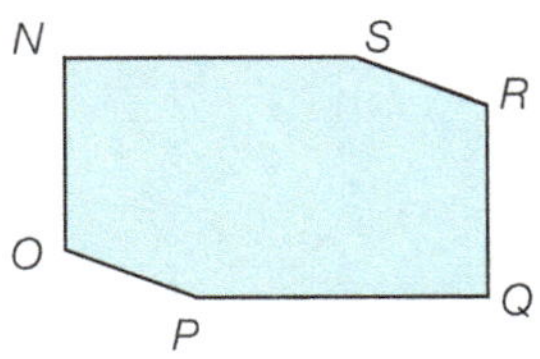

....

....

....

b)

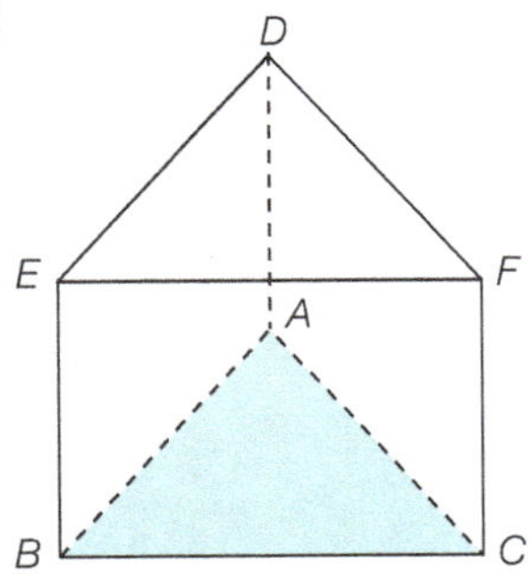

....

....

....

3 Dados os pontos *R*, *M*, *T* e *Y*, trace todos os segmentos de reta com extremidade nesses pontos e depois identifique-os.

....

4 Assinale as características verdadeiras.

	Segmento de reta	Semirreta	Reta
Tem começo e não tem fim.			
Não tem começo nem fim.			
Tem começo e fim.			
Tem um ponto de origem.			
Tem duas extremidades.			
É determinado(a) a partir de dois pontos distintos.			
É impossível medir.			
É possível medir.			
Prolonga-se em um só sentido.			
Não se pode prolongar.			
Prolonga-se nos dois sentidos.			

5 Dados os pontos *P*, *H*, *F* e *S*, desenhe:

a) $\overline{PF}$ em traço e ponto;

b) $\overleftrightarrow{HS}$ em traço contínuo fraco;

c) $\overleftarrow{HF}$ pontilhado;

d) $\overline{SF}$ tracejado;

e) $\overleftarrow{PS}$ em traço contínuo forte.

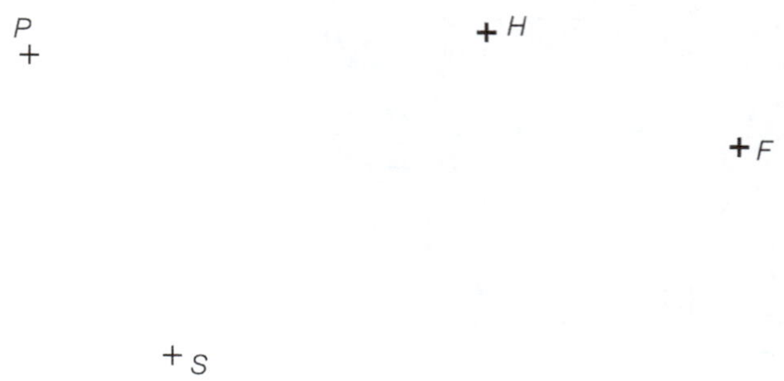

6 Indique as medidas.

a) 6 cm = ... mm

b) 25 mm = ... cm

c) 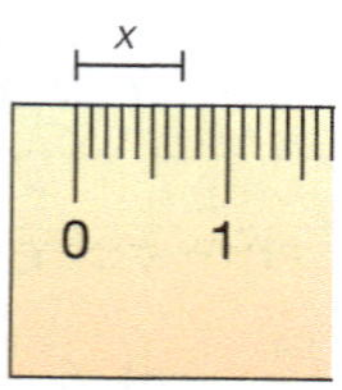

x = ... cm ou .... mm

d) 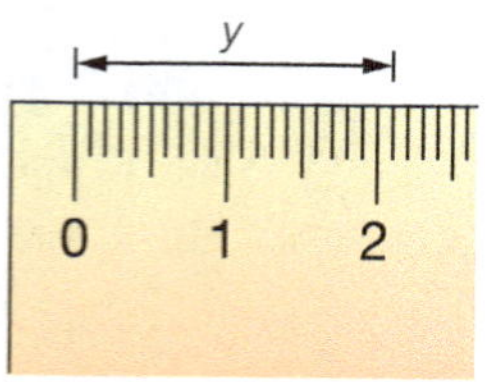

y = ... cm ou .... mm

e) 

$m(\overline{RS})$ = ...

7 **Desenhe os segmentos *BE*, *LE*, *NE*, *GE*, *RE*, *ZE* e meça-os.**

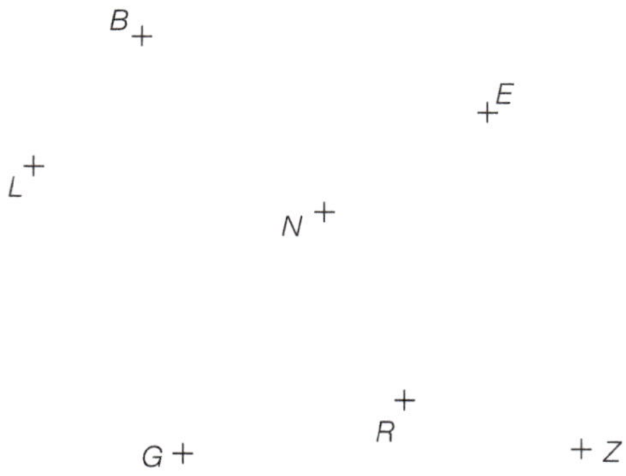

Há segmentcs congruentes? Indique-os.

O que todos os segmentos têm em comum?

Por esse motivo, como podemos chamá-los?

8 **Esta figura é limitada por 5 segmentos de reta.**

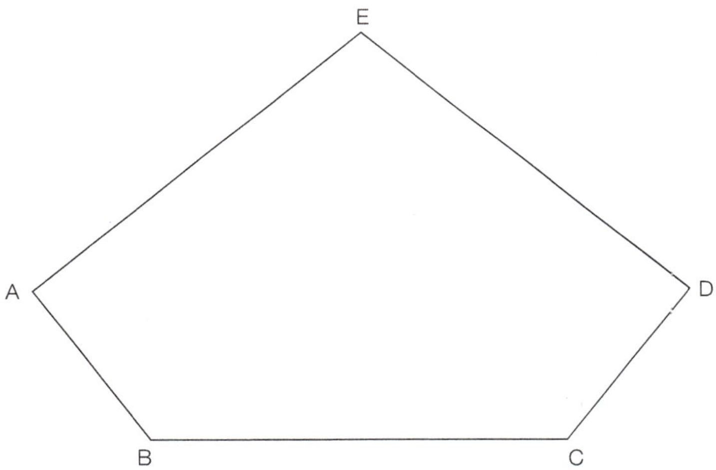

Indique os segmentos:

- consecutivos:
- colineares:
- congruentes:

9 **De acordo com a figura dada, indique a posição relativa entre:**

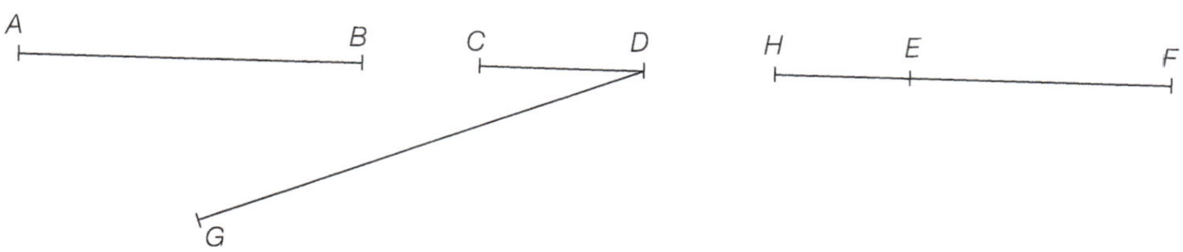

$\overline{AE}$ e $\overline{CD}$:

$\overline{CD}$ e $\overline{GD}$:

$\overline{HE}$ e $\overline{EF}$:

$\overline{DG}$ e $\overline{FE}$:

10 **Trace $\overline{AB}$ horizontal e $\overline{BD}$ vertical, sendo:**

$m(\overline{AB}) = 7{,}3$ cm

$m(\overline{BD}) = 1{,}6$ cm

Os segmentos *AB* e *BD* são .... e ....

O ponto *B* é .... aos segmentos *AB* e *BD*.

11 **Determine um ponto *A*, interseção das retas *x* e *y*, sendo que a reta *x* é suporte de $\overline{KL}$ e a reta *y*, suporte de $\overline{IJ}$.**

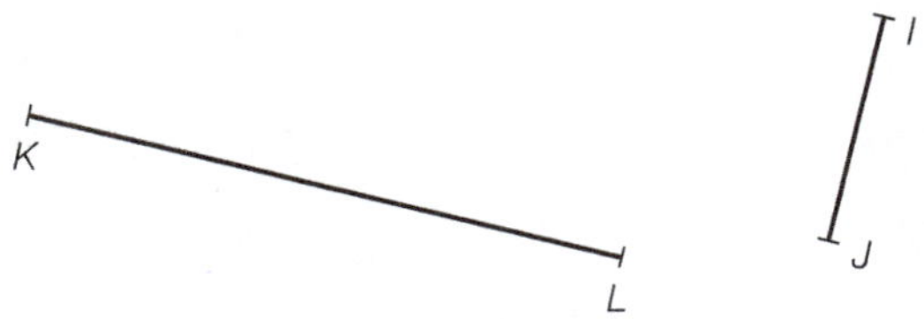

12 **Desenhe $\overline{AB}$ e $\overline{CS}$, dados:**

$\overline{AB} \subset \overrightarrow{AR}$

$\overline{CS} \subset \overleftrightarrow{RS}$

$m(\overline{AB}) = 3{,}5$ cm

$\overline{CS} \cong \overline{PQ}$

Quantos segmentos *AB* você encontrou? ....

Quantos segmentos *CS* foi possível desenhar? ....

Por quê? ....

Dê a medida de $\overline{BC}$: ....

Olhando ao redor

1 **Encontre, nestas imagens, elementos que lembram:**

Pontos colineares: ....

Segmentos de reta: ....

Reta: ....

Segmentos colineares: ....

Segmentos consecutivos: ....

kramar89/Shutterstock

Mindscape studio/Shutterstock

Zhao jian kang/Shutterstock

tanja.vigano/Shutterstock

2 **Teste sua visão, respondendo sem medir.**

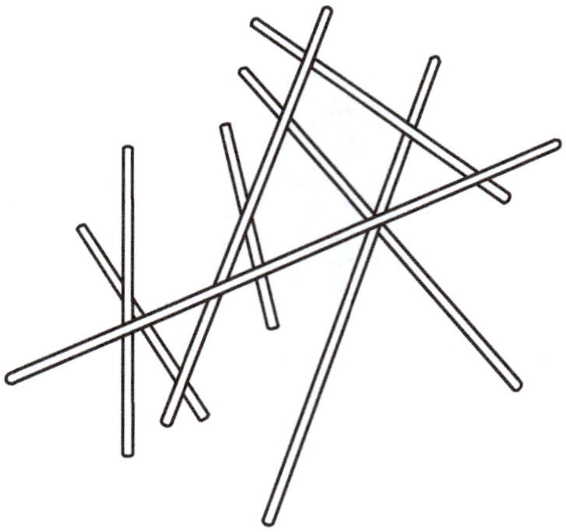

Quais são os 2 bastões congruentes? Pinte-os.

A bolinha preta está no meio do segmento? ....

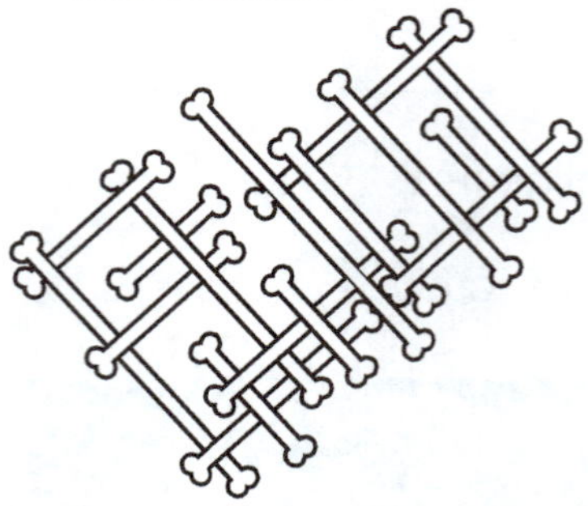

Qual é o osso maior? Pinte-o.

3 **As primeiras unidades de medida tiveram como referência o corpo humano. Observe as figuras.**

As imagens não estão representadas em proporção.

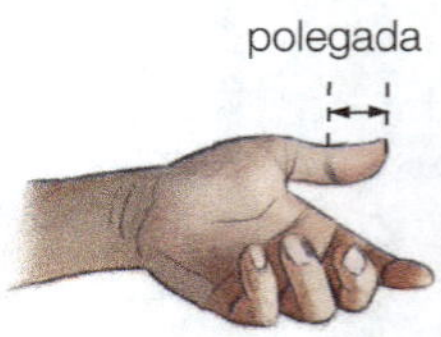

Na ausência de instrumentos de medida, você pode usar como referência o próprio corpo para medir comprimentos.

As medidas certamente não serão exatas, mas possibilitarão uma noção aproximada de tamanho.

Primeiramente, tome suas medidas:

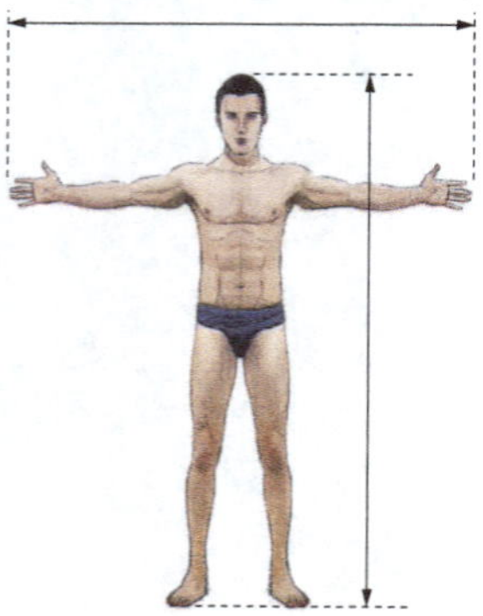

Minha altura é .... m.

Minha envergadura é .... m.

O meu pé mede .... cm.

O meu palmo mede .... cm.

A largura do meu dedo indicador é .... cm.

O meu maior passo mede .... cm.

Usando essas unidades de medida, meça os comprimentos que quiser e registre aqui:

....

....

....

4 **O uso predominante de retas verticais, horizontais ou inclinadas faz com que as obras de arte causem diferentes impressões no espectador. Identifique a posição das principais retas em cada uma das obras e indique a impressão que elas causam em você, completando as lacunas do texto com as palavras do banco de palavras.**

Reprodução/Museu Whitney de Arte Americana, Nova York, EUA.

Barcos ao sol, de Paul Signac, 1891. Coleção Whitney, Nova York.

A linha do horizonte e as ondas são .... Por isso, o quadro transmite uma impressão de ....

Gérard Labriet/Photononstop/Glow Images/ Salão Nobre da Universidade de Oslo, Noruega.

O Sol, de Edvard Munch, 1909. Salão Nobre da Universidade de Oslo, Noruega.

Na paisagem marinha e rochosa, a aurora resplandece em linhas .... que impressionam pelo ....

BANCO DE PALAVRAS:

calma – brilho – ritmo – imobilidade – imponência – elevação – vibração – movimento – repouso – horizontais – inclinadas – verticais

Grard Gsell/Photononstop/Agência France-Presse

Catedral de Beauvais, localizada a 60 km de Paris (França).

As linhas .... que predominam nessa catedral gótica causam uma sensação de .... e revelam sua ....

5 **Desenhar pessoas é muito fácil. Você quer aprender? Inicie traçando a estrutura básica, fazendo:**

- um círculo para a cabeça e uma linha de ação que define a posição do corpo;
- a altura do corpo (2 a 5 vezes o tamanho da cabeça: criança, jovem, adulto);
- segmentos de reta para definir tronco e membros, com extremidades nas articulações.

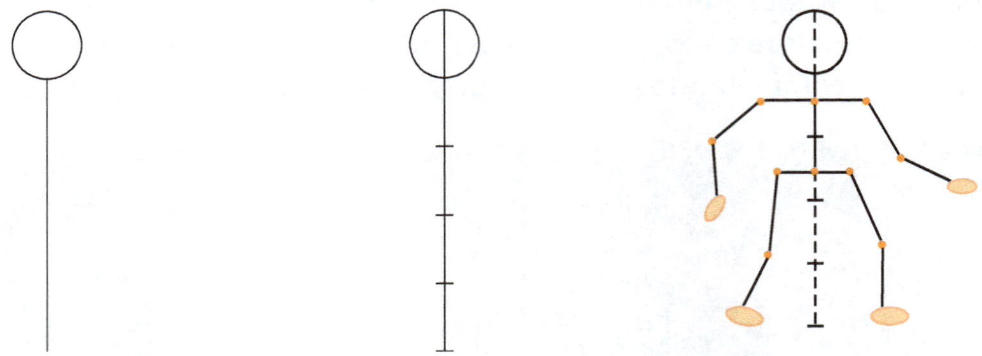

Fazendo a linha de ação curva ou inclinada, dobrando os braços e as pernas, a figura ganhará movimento.

Experimente desenhar as figuras em outras posições!

CAPÍTULO 4

Posições de retas em um plano

Você já foi ao Pão de Açúcar, na cidade do Rio de Janeiro?

Caso nunca tenha ido, a imagem pode lhe dar uma ideia de como se chega lá por meio de bondinhos que sobem e descem presos em cabos de aço paralelos e por isso nunca se cruzam.

Leia mais sobre a história dessa construção, uma aventura extraordinária, e, se puder, faça esse passeio. Você vai adorar!

Bondinho do Pão de Açúcar, na cidade do Rio de Janeiro (RJ), em 2016.

xandre Macieira/Tyba

Compreendendo ideias

Retas coplanares

Vista aérea de autoestradas em Los Angeles (EUA).

A fotografia mostra estradas que seguem direções diferentes e que não se cruzam.

Isso ocorre porque elas não estão no mesmo plano, uma passa "por cima" da outra.

A ilustração ao lado representa ruas que estão no mesmo plano. Dizemos que essas ruas são **coplanares** (co + + plano = juntas em um plano). Note que as ruas Camélia e Margarida seguem direções diferentes e que elas se cruzam. Já as ruas Lírio e Camélia seguem a mesma direção e não se encontram.

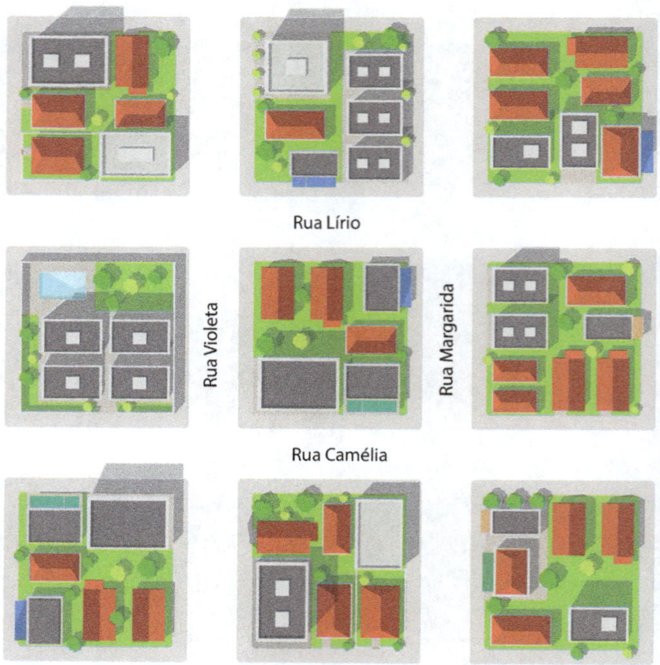

◆ Com base no que você leu acima, complete:

Retas coplanares são aquelas que estão contidas em um ....

As retas coplanares podem ter três posições relativas: concorrentes, paralelas ou coincidentes.

Retas concorrentes

Voltando à ilustração da página anterior, note que a rua Camélia segue uma direção diferente da rua Violeta e que em certo ponto elas se encontram.

Dizemos que elas são **concorrentes** (que se cruzam) ou **secantes** (que se cortam).

◆ Agora, trace uma reta *m* em qualquer posição e uma reta *b* que cruze com a reta *m*. Nomeie *P* a interseção dessas retas:

O desenho que você fez mostra duas retas concorrentes ou secantes que têm *P* como ponto comum.

Existe outro ponto comum entre as retas *m* e *b*? ....

Por quê? ....

É correto dizer que:

Retas concorrentes ou .... são retas coplanares que têm .... em comum.

O símbolo × indica a concorrência.

Usando símbolos, podemos escrever: $\{P\} = m \cap b \Rightarrow m \times b$.

(Lê-se: O ponto *P* é a interseção das retas *m* e *b*. Isso implica que a reta *m* é concorrente com a reta *b*.)

Retas paralelas

Ainda com referência à ilustração da página anterior, note que as ruas Camélia e Lírio seguem a mesma direção. Dizemos que elas são **paralelas**.

◆ Faça uma experiência:

1º) Dobre uma folha de papel ao meio.

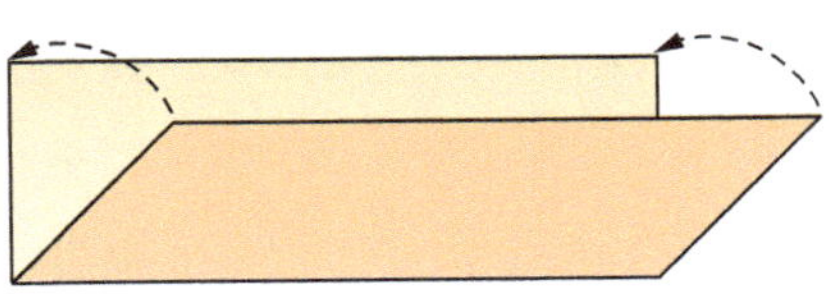

2º) Dobre uma das partes ao meio e abra o papel.

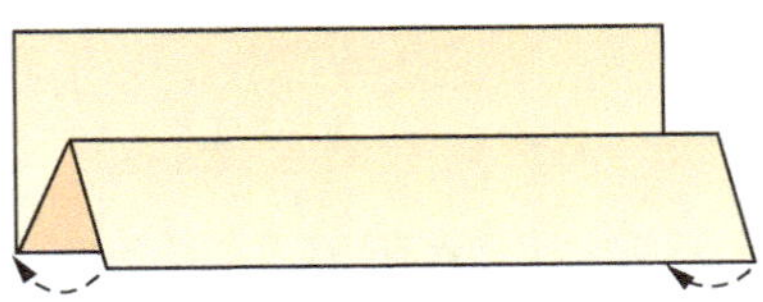

3º) Trace com a régua uma reta *x* sobre o primeiro vinco e uma reta *y* sobre o outro.

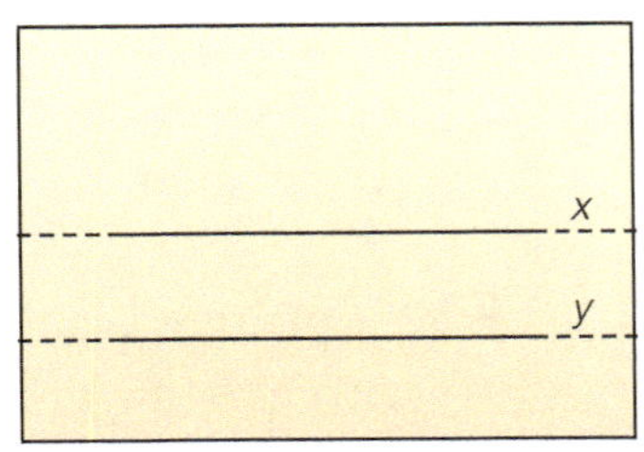

Observe a representação das duas retas, *x* e *y*, que você traçou.

Elas têm algum ponto comum? ....

Podemos dizer que:

Retas paralelas são retas .... que .... ponto comum.

O símbolo // indica o paralelismo.

Usando símbolos, podemos escrever: *x* // *y*.

(Lê-se: A reta *x* é paralela à reta *y*.)

Retas coincidentes

◆ Observe a figura.

Os pontos *A*, *B*, *C*... pertencem tanto à reta .... quanto à reta ....

Quantos pontos da reta *n* pertencem à reta *t* e vice-versa? ....

É por isso que essas retas são chamadas **retas coincidentes**.

Complete:

Retas coincidentes são as retas .... que têm todos .... em comum.

Usamos o símbolo de igualdade (=) para indicar a coincidência das retas, porque as retas coincidentes são conjuntos iguais.

Todos os elementos do conjunto **reta *n*** são também elementos do conjunto **reta *t***. Assim, $n = t$.

Usando símbolos, escrevemos:

$$\left.\begin{array}{l} n \cap t = n \\ \text{ou} \\ n \cap t = t \end{array}\right\} \Rightarrow n = t$$

(Lê-se: A interseção das retas *n* e *t* é a reta *n* ou a reta *t*. Isso implica que a reta *n* é coincidente com a reta *t*.)

Construindo imagens

Construção de uma reta paralela a uma reta dada, por um ponto conhecido, com o uso do par de esquadros

• **Dados:**

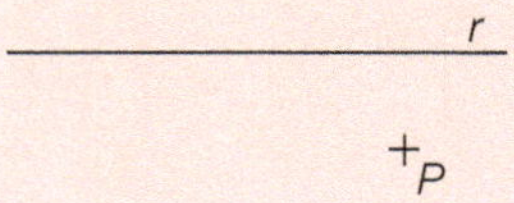

• **Construir:**

$s \parallel r$, sendo $P \in s$

Passos para construção:

1º) Coloque o esquadro de 45° na posição indicada na figura.

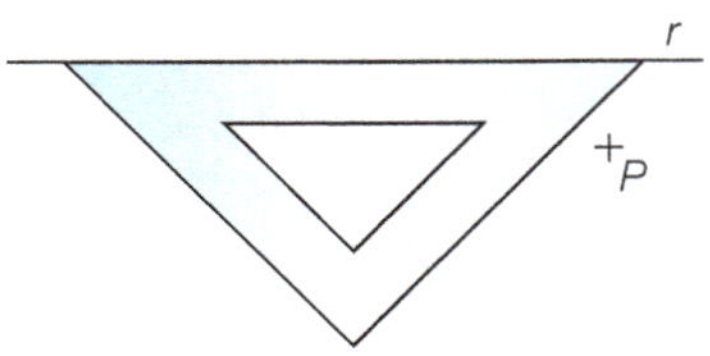

2º) Utilize o outro esquadro como apoio, mantendo-o fixo.

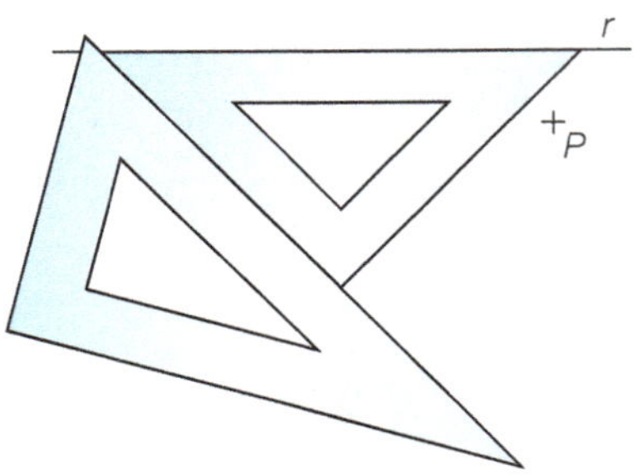

3º) Deslize o esquadro de 45° até o ponto *P* e trace a reta *s*.

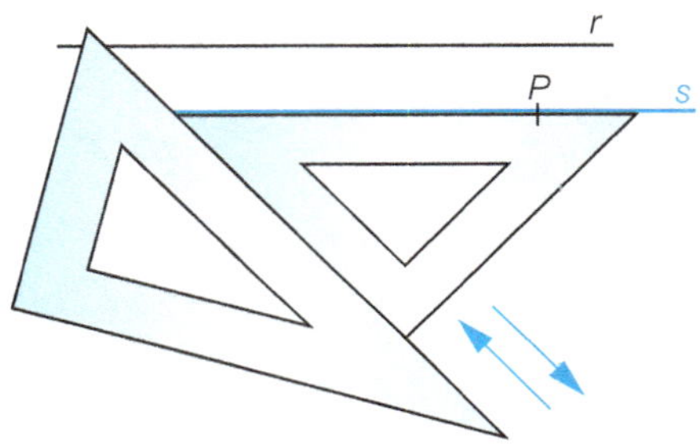

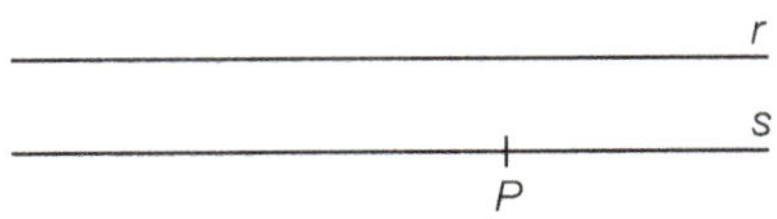

$s \parallel r$, sendo $P \in s$

Para você construir:

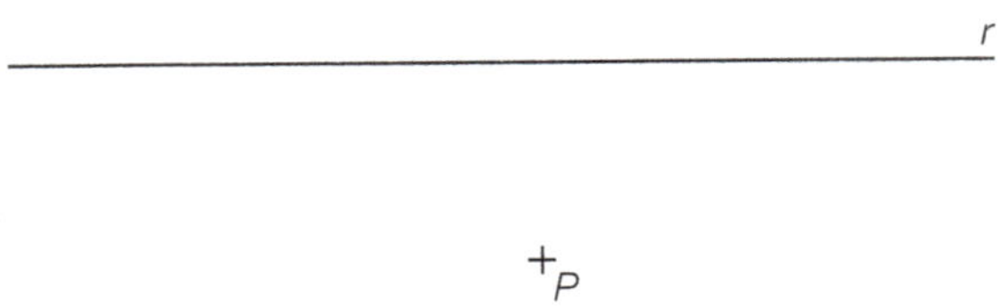

Usando tecnologia

Construção de um par de retas paralelas com uso de *software*

Nesta seção, você vai construir um par de retas paralelas utilizando o *software* de Geometria dinâmica GeoGebra, que pode ser encontrado no endereço <https://www.geogebra.org>. Esse *software* apresenta ferramentas que podem facilitar diversas construções geométricas, como a construção de retas paralelas.

Passos para construção:

1º) Utilize a ferramenta 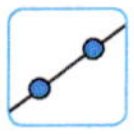 para construir uma reta qualquer clicando em dois pontos distintos da tela. A reta construída será formada por esses dois pontos.

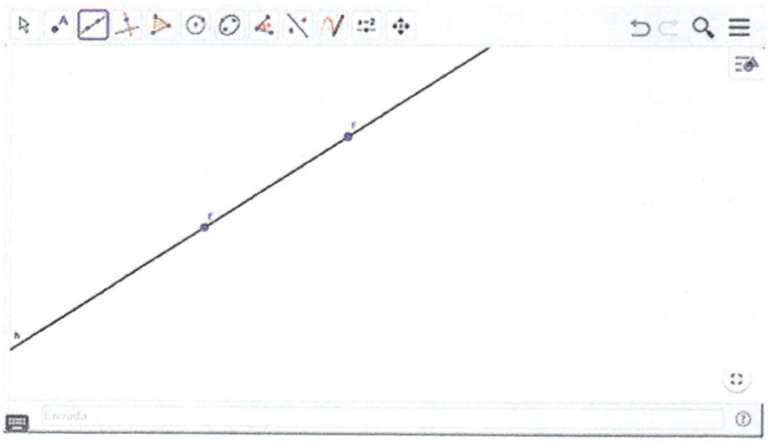

Reprodução/www.geogebra.org

2º) Utilize a ferramenta , clique na reta que já foi construída e em um ponto qualquer fora dela. As retas construídas são paralelas.

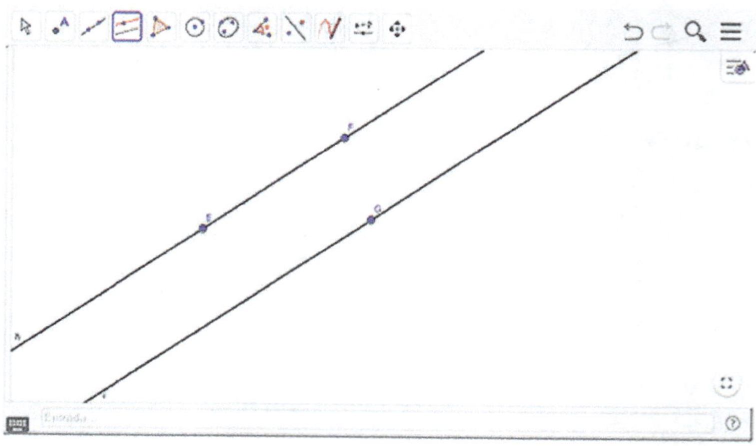

Reprodução/www.geogebra.org

Para você construir:

Construa no *software* de Geometria dinâmica GeoGebra um par de retas paralelas seguindo os passos indicados nesta seção.

Você em ação

1 Seguindo pelos caminhos que ligam as letras, você encontrará o nome das três posições relativas das retas coplanares.

É permitido passar pela mesma letra, mas só para formar palavras diferentes.

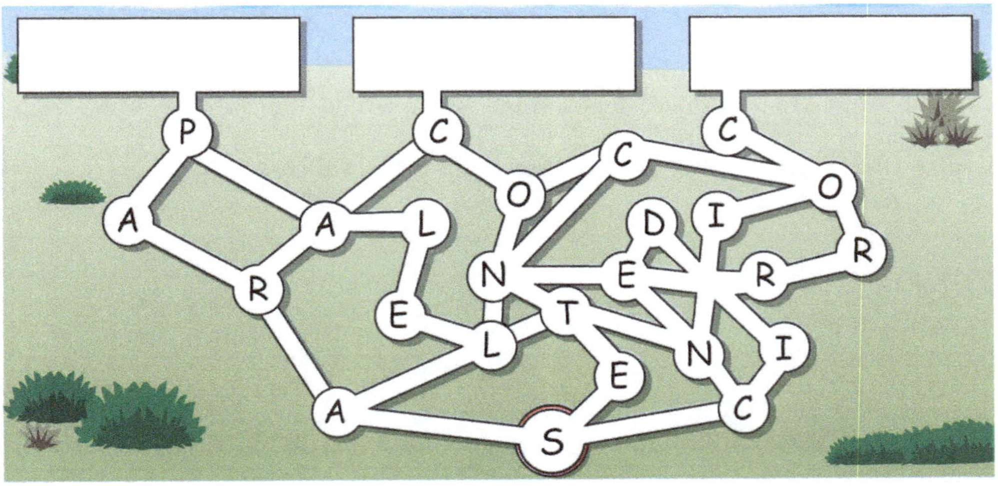

2 Dadas as retas *a*, *b*, *c*, *m* e *n*, complete de acordo com suas posições relativas:

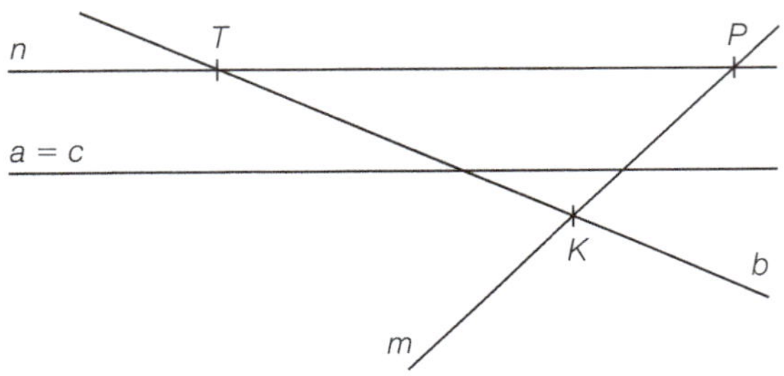

As retas *m*, *n*, *b* são ....

$n \cap a =$ ....

As retas *n* e *a* são ....

$a \cap c =$ ....

As retas *a* e *c* são ....

{..............} $= m \cap n$

$\{K\} = b \cap$ ....

$\{T\} =$ .... $\cap$ ....

3 Construa a reta *x* paralela ao segmento *PQ*, sabendo que o ponto *R* pertence à reta *x*.

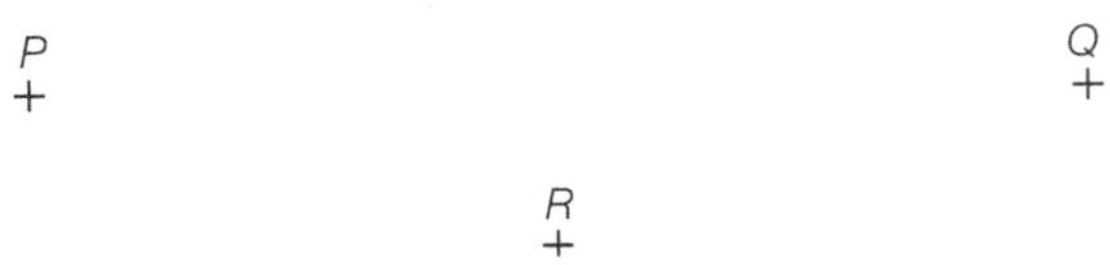

4 Trace retas paralelas à reta *r* pelos pontos *A*, *B* e *C* dados. Identifique-as.

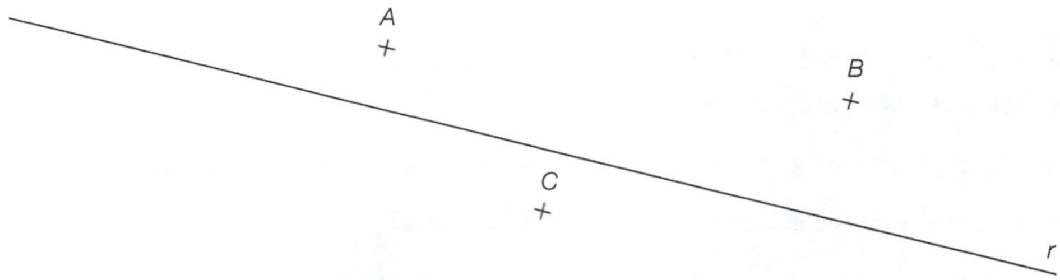

5 Determine um ponto *P*, interseção das retas *r* e *s*, tal que:

- $A \in s, s \parallel \overleftrightarrow{CB}$
- $C \in r, r \parallel \overleftrightarrow{AB}$

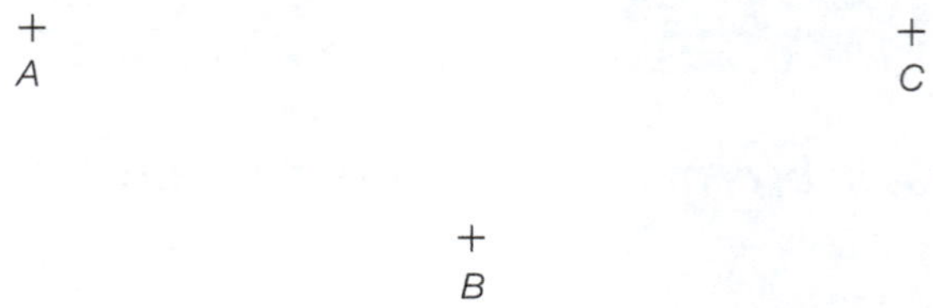

6 Trace todas as retas possíveis passando por dois dos pontos *A*, *B*, *C* e *D*.

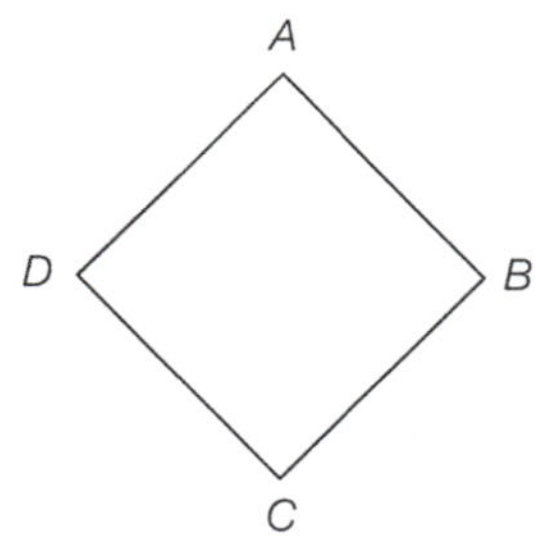

Usando os símbolos adequados, indique os pares de retas:

a) Paralelas entre si: ....

b) Concorrentes: ....

....

....

7 Desenhe as retas *d*, *m*, *f*, *h* e *t*, de modo que atendam às seguintes condições:

- os pontos *D* e *F* determinam a reta *d*;
- a reta *m* passa por *H* e concorre com a reta *d* em *D*;
- os pontos *C* e *G* pertencem à reta *f*;
- a reta *h* é concorrente com a reta *d* em *F*;
- o ponto *G* é ponto comum das retas *f* e *h*;
- os pontos *F* e *C* pertencem à reta *t*.

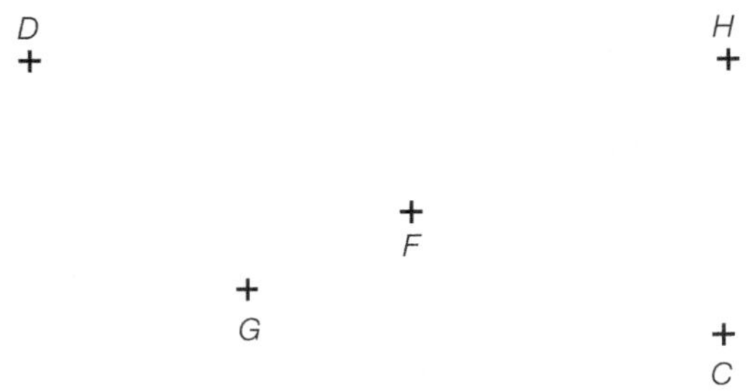

8 Determine os pontos distintos *A* e *B* na reta *r* e o ponto *D* na reta *s*, sendo $\overline{PA} \cong \overline{PB} \cong \overline{PC} \cong \overline{PD}$. Desenhe $\overleftrightarrow{AC}$ e $\overleftrightarrow{BD}$ e dê a sua posição relativa.

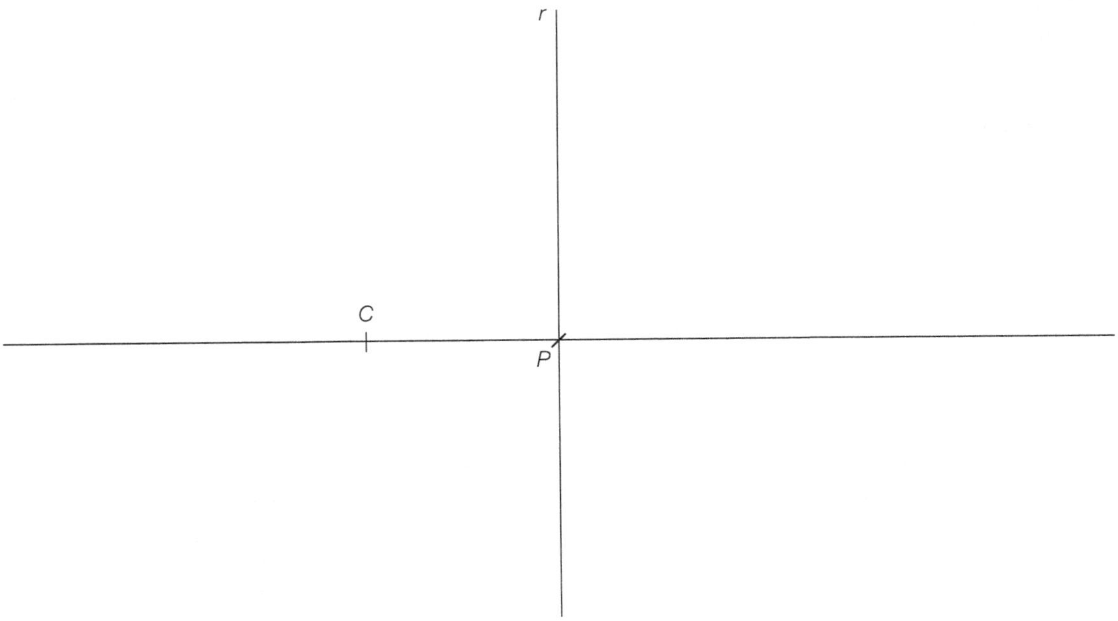

....

....

....

Olhando ao redor

1 Teste sua visão:

a) Quais destas retas são paralelas?

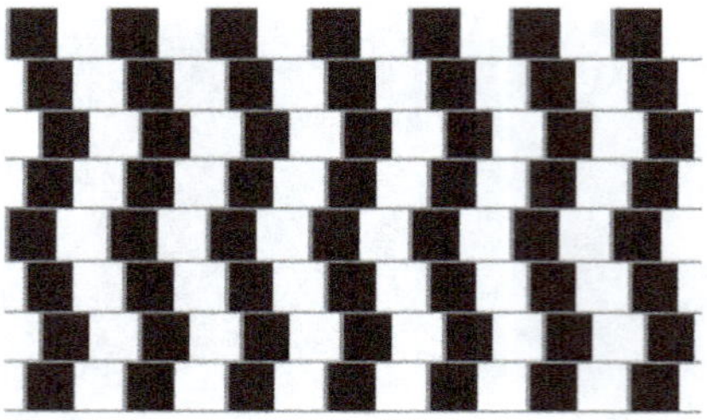

b) Qual das retas é a mais inclinada?

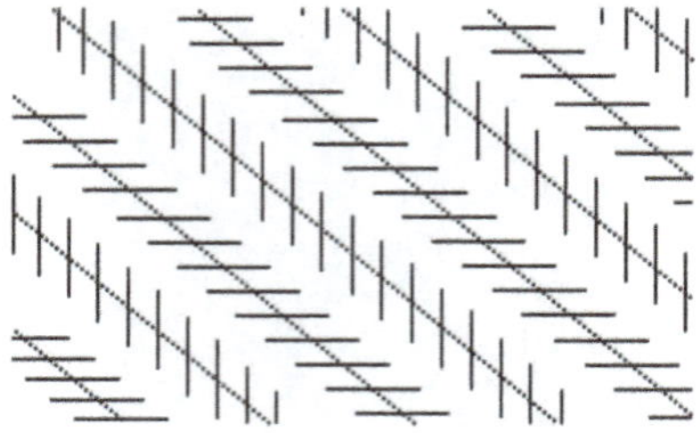

2 Identifique nas imagens coisas que dão ideia de retas coplanares, não coplanares, paralelas e concorrentes.

fotohunter/Shutterstock

Igor Pushkarev/Shutterstock

Miss Kanithar Aiumla-or/Shutterstock

Sergio Ranalli/Pulsar Imagens

Jiang Dao Hua/Shutterstock

3 **Neste trecho de um mapa de ruas da cidade de Belo Horizonte, encontre:**

a) Duas ruas paralelas à rua dos Timbiras: ....

b) Duas ruas paralelas à rua Paracatu: ....

....

c) Uma rua concorrente com a avenida Olegário Maciel: ....

d) Três ruas concorrentes com a rua dos Tupis: ....

....

e) Duas ruas concorrentes ao redor do Cruzeiro Esporte Clube: ....

....

f) Ponto comum entre as avenidas Bias Fortes e Augusto de Lima: ....

....

g) As avenidas Barbacena e Amazonas se cruzam na rua: ....

....

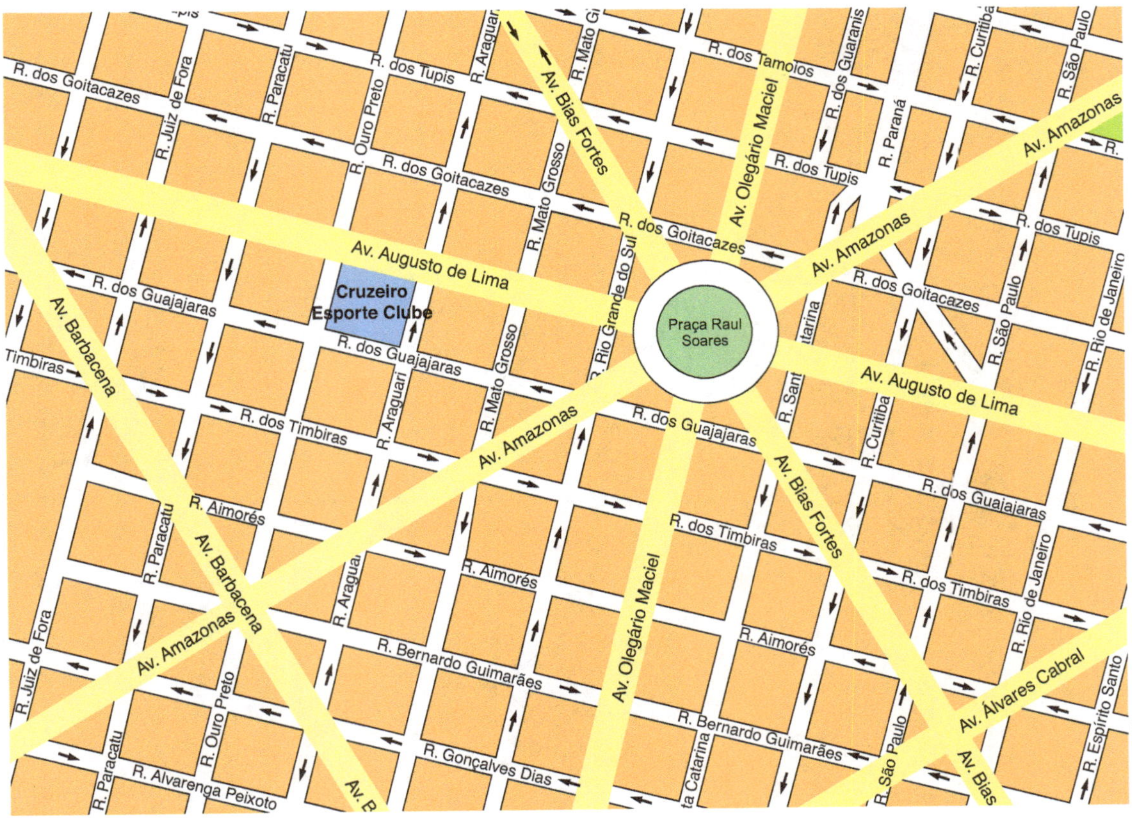

4 **Para fazer uma festa junina, os organizadores ainda precisam montar a barraca do jogo de argolas e o mastro em homenagem a São João.**

Ajude-os, determinando os lugares corretos sabendo que:

- a barraca do jogo de argolas ficará na interseção da reta *a* (*a* // *x* por *C*) com a reta que passa pela fogueira e pela barraca dos doces (*D*);
- o mastro ficará na reta *r* (*r* // $\overleftrightarrow{DP}$ por *C*) e na reta *BF*.

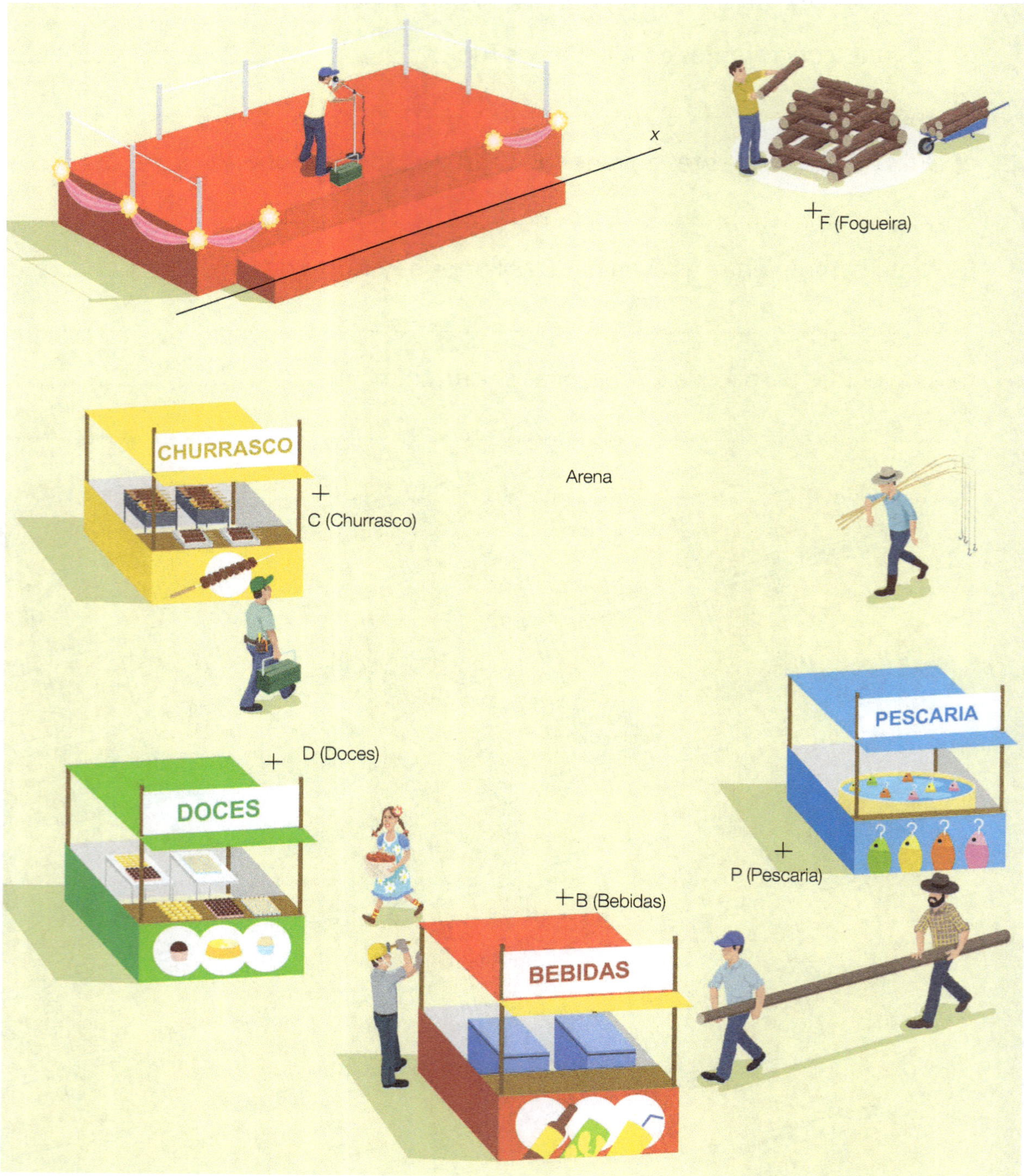

5 **A tecelagem é uma atividade bastante agradável e os resultados podem ser muito interessantes. Para fazer uma tecelagem com papel, você vai precisar de: papel-cartão para o suporte; papel liso colorido tipo espelho, laminado ou de embrulho em duas cores diferentes para tecer; régua; tesoura e cola.**

Modo de fazer:

- Corte um quadrado ou retângulo de papel-cartão que servirá de suporte.
- Separe papéis coloridos de duas cores diferentes (X e Y).
- Trace retas paralelas no verso dos papéis coloridos com largura de 1 cm, de modo que cada tira recortada fique com 3 cm a mais do que o tamanho do suporte.
- Cole as tiras da cor X ao longo da largura e as tiras de cor Y ao longo do comprimento do cartão, deixando 1 mm de espaço entre elas.
- Vire o cartão, dobre as tiras sobre ele e comece a tecer, passando a tira da cor X por cima, depois a da cor Y por cima e assim por diante, alternando as cores de modo que resulte em um quadriculado. Essa é a trama mais simples (Figura 1), mas você pode fazer outras como as das Figuras 2 e 3.

Artpose Adam Borkowski/Shutterstock

Figura 1

Serp/Shutterstock

Figura 2

Thinkstock/Getty Images

Figura 3

Para as tramas também podem ser usadas tiras de várias cores. Isso permitirá maior possibilidade de criação.

- Quando você dominar essa técnica, poderá trabalhar com tecido e outros materiais, que servirão de forro para caixas, cestos, capas de caderno, entre outros, como o exemplo da Figura 4. Por último, passe cola diluída em água com um pincel largo sobre a trama, de modo que ela fique impermeável. Experimente!

Aleksandr Aleshkin/Shutterstock

Figura 4

CAPÍTULO 5

Ângulos

Ao praticar esportes, as pessoas executam movimentos em que o tronco e os membros ocupam diferentes posições no espaço. A precisão desses movimentos e posições determina o desempenho do atleta. Você acha que isso tem algo que ver com a Geometria?

Coolakov_com/Shutterstock

Compreendendo ideias

O que é ângulo

A ideia de ângulo está presente em diversas situações da nossa vida. Um ângulo pode indicar um giro, uma mudança de direção em um percurso, uma mudança na inclinação de um plano, bem como a mudança de posição nos giros e rotações.

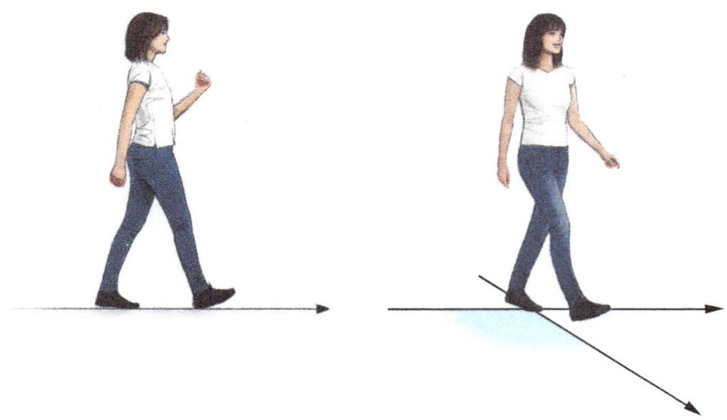

Nos percursos.

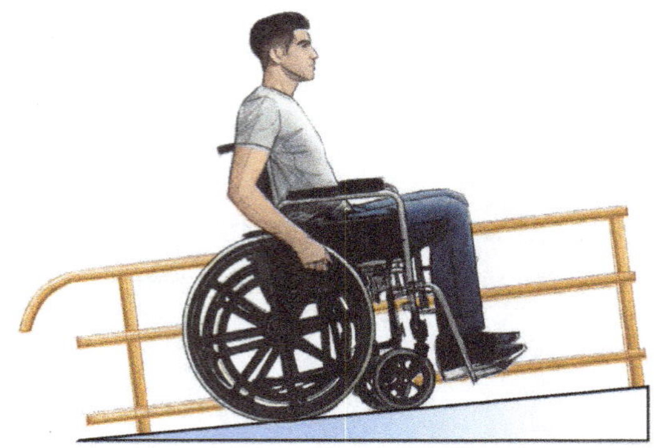

Nas inclinações.

Nas aberturas.

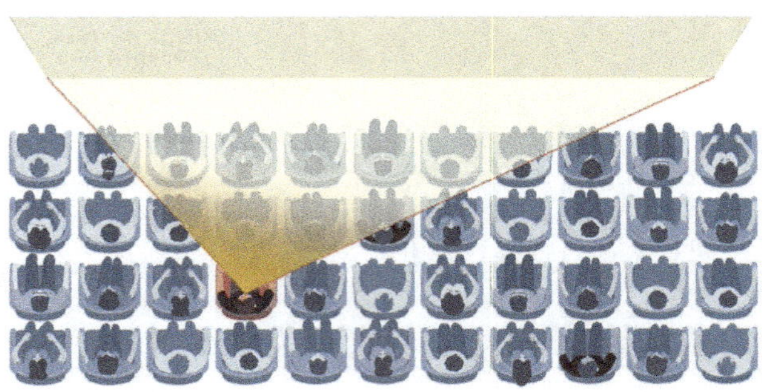

Nos campos visuais.

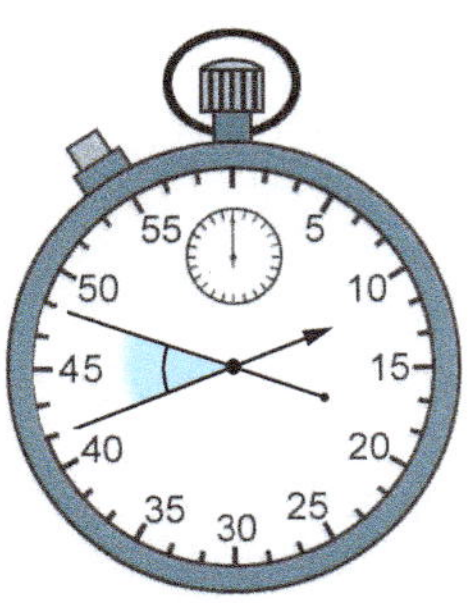

Nos giros.

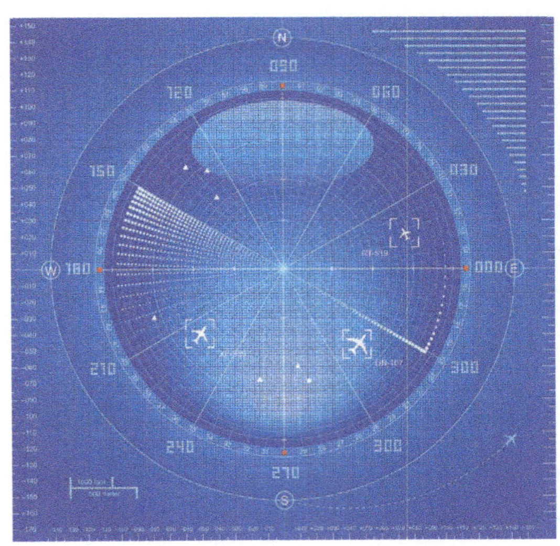

Istock Vectors/Getty Images

Na orientação de voos e navegações.

Um dos mais importantes elementos geométricos, o ângulo é utilizado em muitas atividades, como o desenho de mapas para indicação de um certo local e a elaboração de rotas de navegação.

Vejamos como a Geometria o explica.

Uma reta *AC* traçada em um plano β divide o plano em duas regiões chamadas **semiplanos**.

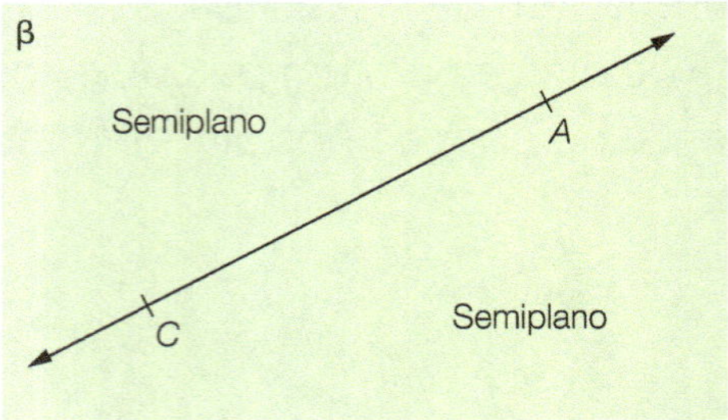

Duas retas *AC* e *BD* concorrentes no ponto *V* dividem o plano β em quatro regiões. Cada uma dessas regiões, juntamente com as semirretas que as delimitam, chama-se ângulo.

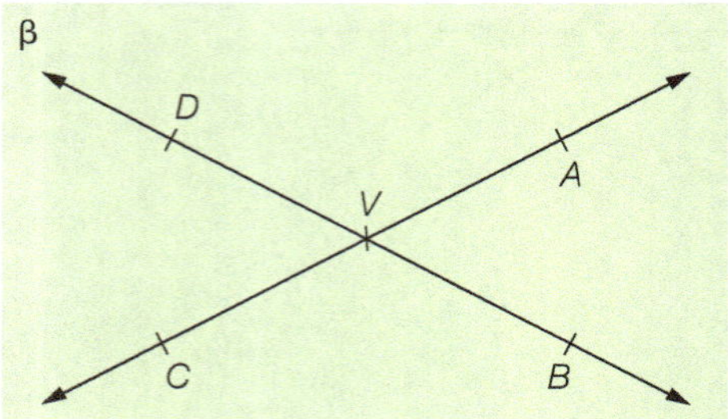

Um ângulo é formado por duas .... distintas de mesma origem e pela .... delimitada por elas.

Complete de acordo com a imagem ao lado.

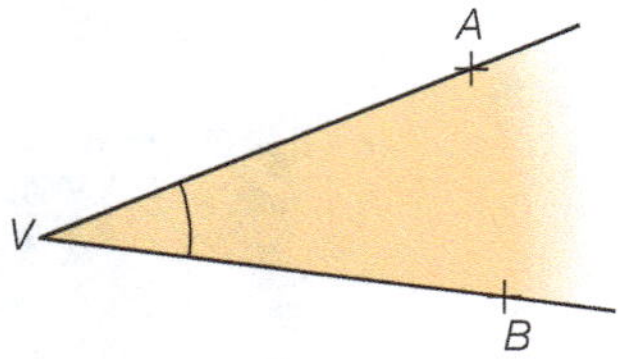

- O ângulo acima pode ser identificado por $A\hat{V}B$, $B\hat{V}A$ ou apenas por $\hat{V}$.
- O sinal ∢ indica ângulo. Então, na figura temos o .... *AVB*.
- São elementos do ângulo:

  um **vértice** (ponto ....) e dois **lados** (semirretas .... e ....).
- A região do plano que está fora do ângulo considerado não pertence ao ângulo. Então, desenhe os pontos *F* e *K* que pertencem à região interna do ângulo, os pontos *M* e *N* que pertencem ao ângulo e os pontos *R* e *S* que não pertencem a ele.

Você em ação

1 Para cada ângulo dado, dê o nome do vértice e dos lados.

a)

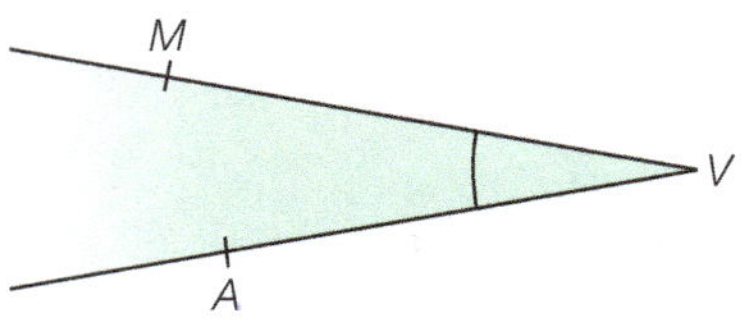

vértice: ....

lados: ....

b)

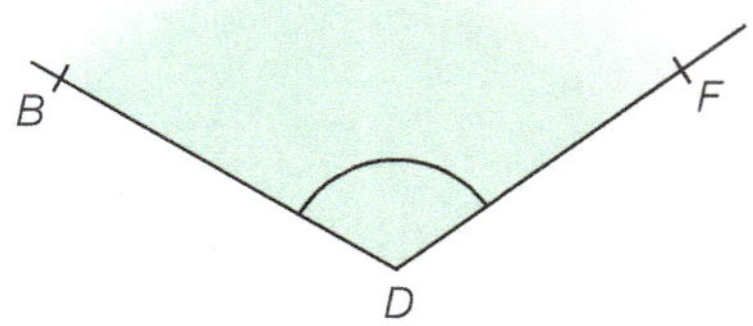

vértice: ....

lados: ....

c)

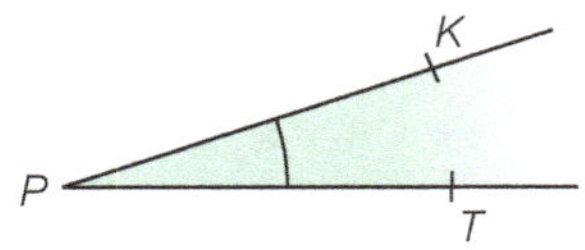

vértice: ....

lados: ....

2 Qual dos ângulos é $P\hat{O}G$? Pinte sua região interna.

a)

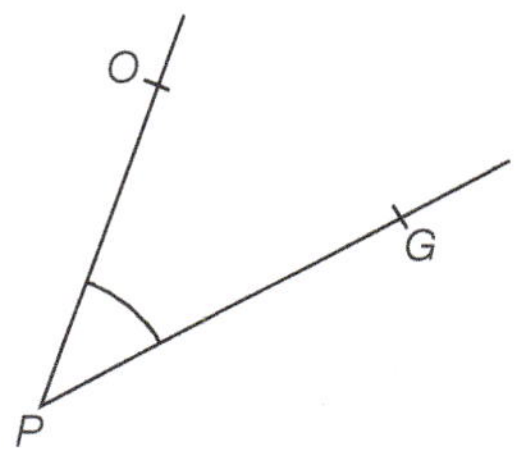

b)

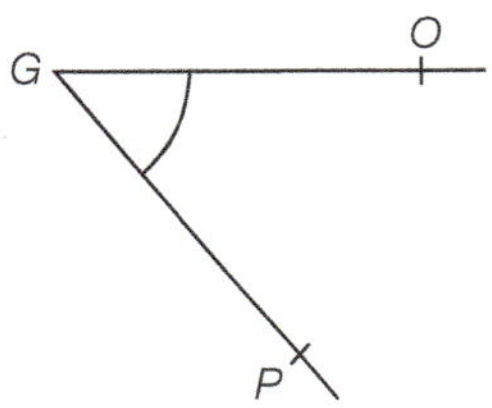

c)

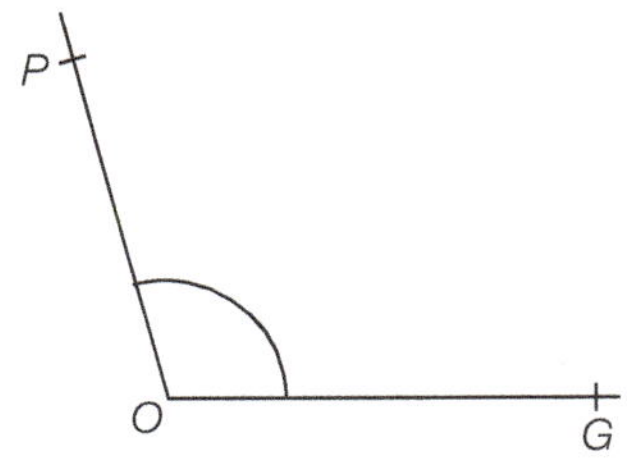

3 Identifique os ângulos destacados.

a)

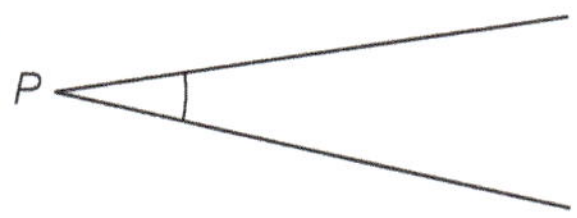

....

b)

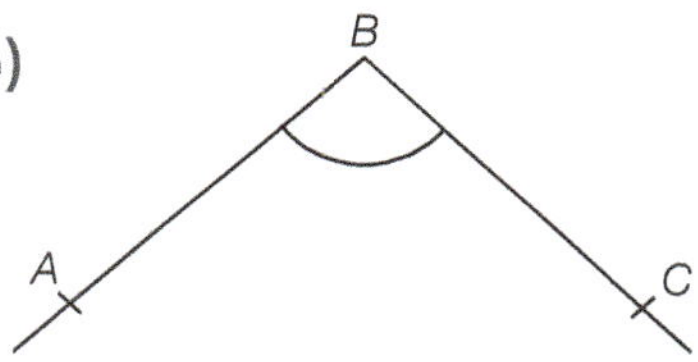

.... ou ....

c)

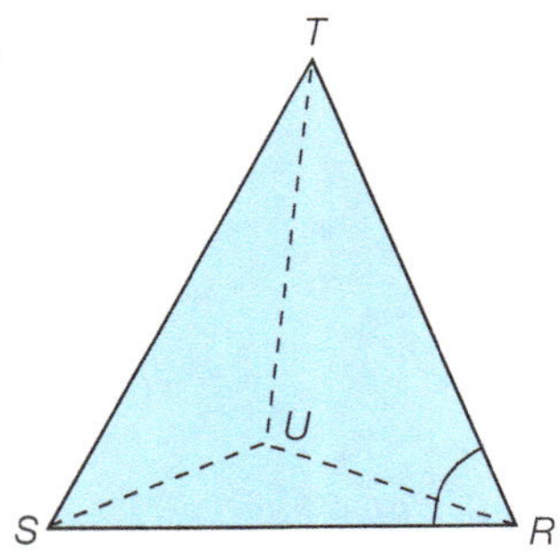

.... ou ....

d)

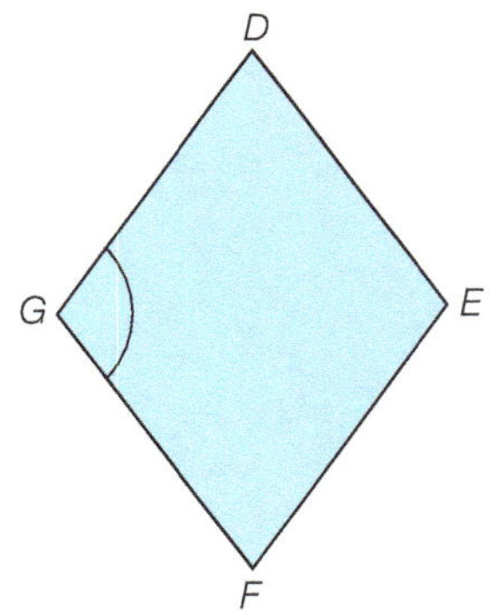

.... ou ....

4 Na figura dada, podemos identificar os ângulos usando apenas o símbolo $\hat{A}$? Por quê?

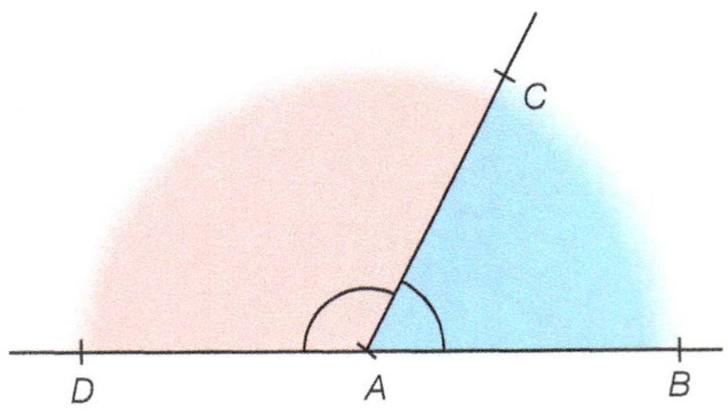

....

....

....

....

5 Desenhe os ângulos $A\hat{B}C$ e $B\hat{C}D$ e pinte-os de azul e amarelo, respectivamente.

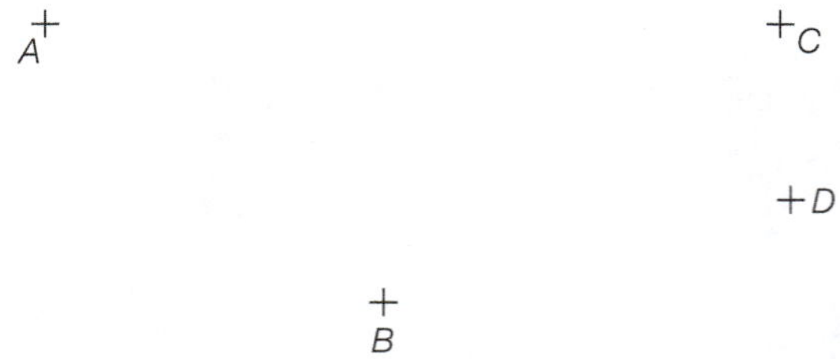

6 Quantos ângulos existem na figura? Identifique-os.

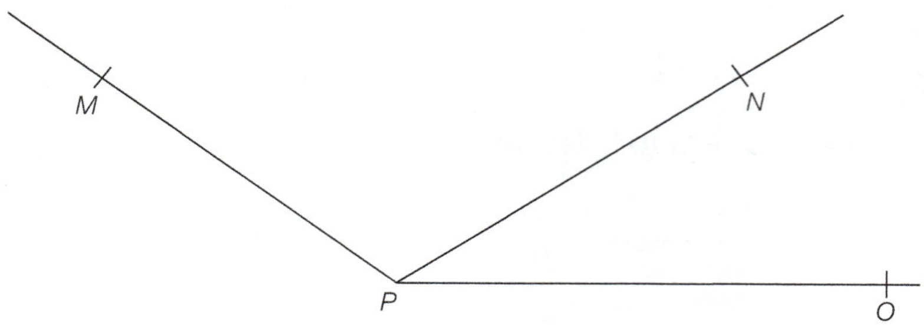

....

....

....

7 Desenhe os ângulos $R\hat{S}T$, $T\hat{S}B$, $S\hat{B}N$ e $B\hat{N}A$.

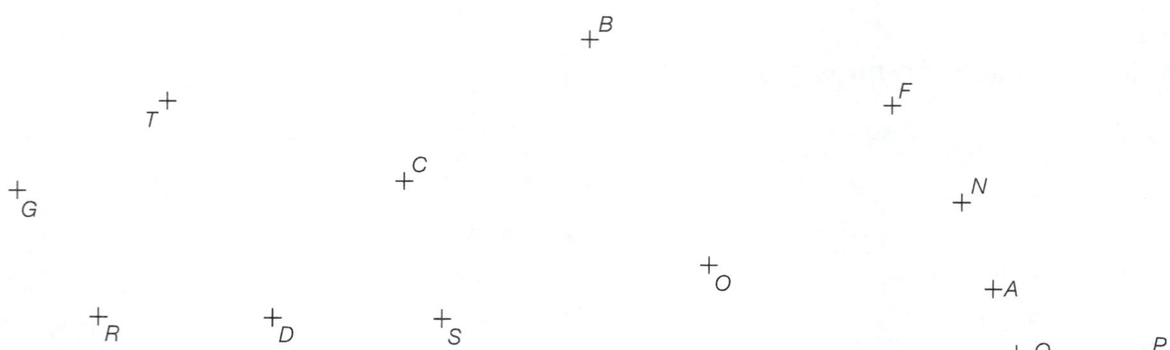

Agora, indique, usando os símbolos adequados, se os pontos dados pertencem ou não pertencem aos ângulos.

D .... $R\hat{S}T$	O .... $T\hat{S}B$	D .... $B\hat{S}T$
P .... $T\hat{S}B$	F .... $B\hat{N}A$	O .... $S\hat{B}N$
Q .... $B\hat{N}A$	O .... $R\hat{S}T$	O .... $R\hat{S}B$
P .... $B\hat{N}A$	T .... $R\hat{S}B$	C .... $R\hat{S}B$

Compreendendo ideias

Como se mede um ângulo

◆ Faça a seguinte experiência:

- Coloque seu lápis deitado sobre um dos lados do ângulo $\hat{A}$ desenhado abaixo e fixe uma das extremidades do lápis no vértice do ângulo.
- Gire o lápis na direção do outro lado.
- Observe o movimento feito pelo lápis.
- Repita a operação em $\hat{B}$.

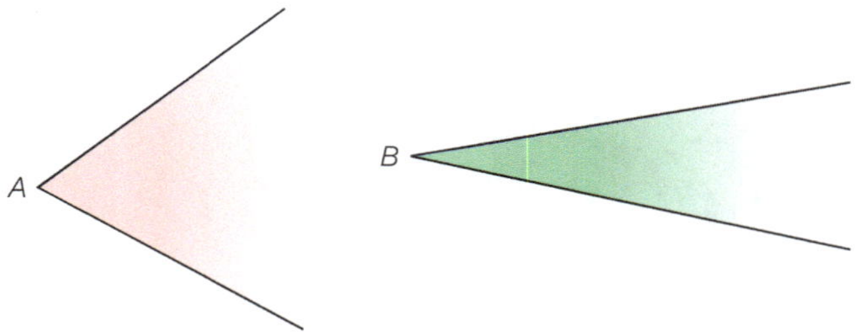

Agora compare: em qual dos ângulos o giro do lápis foi maior? ....

O movimento de giro do lápis nos mostra onde medir para avaliar a abertura de um ângulo. Dessa forma, podemos dizer que .... é maior que ....
A abertura do ângulo não depende do comprimento dos seus lados. Por quê?

....

Assim como o metro é a unidade padronizada para medir comprimentos, o **grau** é a unidade padronizada mais usada para medir a abertura dos ângulos.

O símbolo ° indica **grau**.

A unidade grau (1°) resulta da divisão do giro de uma volta inteira em 360 ângulos de mesma medida. Veja na figura:

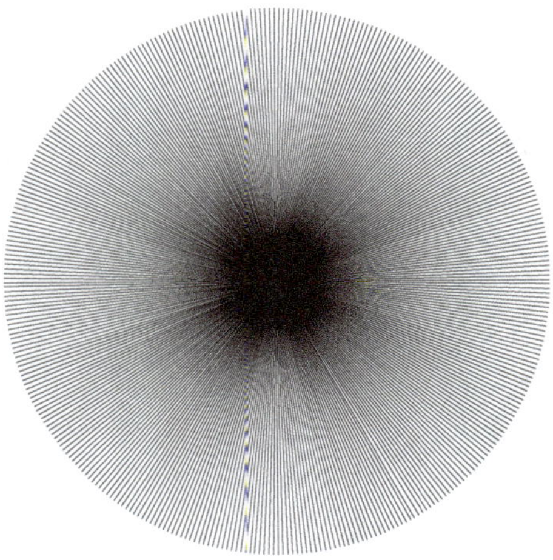

Você sabia?

A divisão do círculo em 360 partes iguais, feita pelos babilônios por volta de 1700 a.C., decorre do fato de que eles acreditavam que o Sol girava em torno da Terra, em órbita circular, realizando uma volta completa em 360 dias.

Assim, em cada dia, o Sol percorria um arco equivalente a $\frac{1}{360}$ dessa circunferência, determinando um ângulo central de medida um grau (1°).

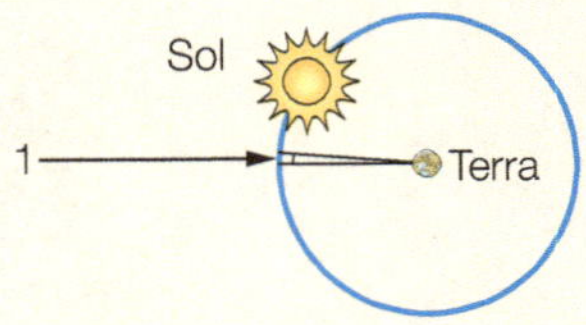

Medir um ângulo em graus significa verificar quantas vezes a unidade 1° "cabe" nesse ângulo. Existe um instrumento feito especialmente para medir ângulos: o **transferidor**.

Transferidor de 180°

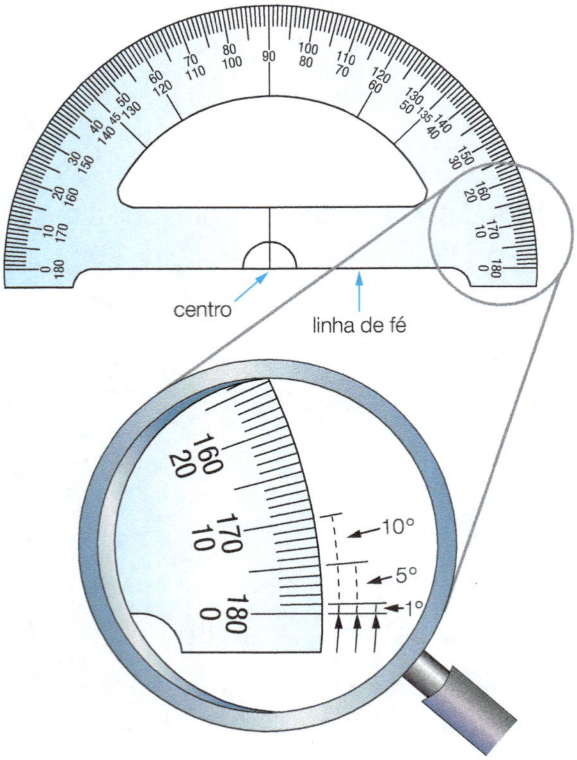

Transferidor de 360°

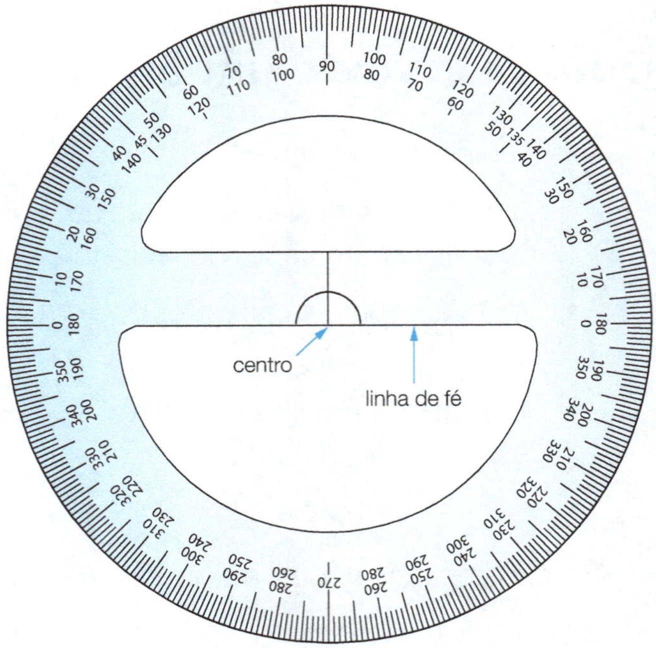

Para medir ângulos com o transferidor:

1º) Coloque o transferidor sobre o ângulo, fazendo coincidir o centro com o vértice do ângulo e a linha de fé com um dos lados do ângulo.

2º) Iniciando a contagem sempre do **zero**, verifique o número da graduação que coincide com outro lado do ângulo. Esse número é a medida do ângulo.
Exemplos:

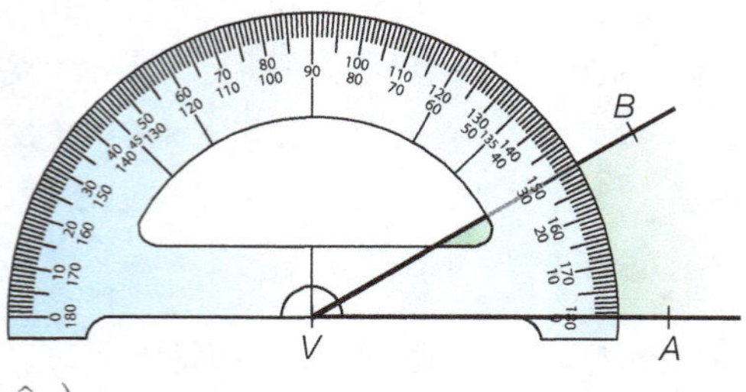

m$(A\hat{V}B) = 30°$
(Lê-se: a medida do ângulo $A\hat{V}B$ é trinta graus.)

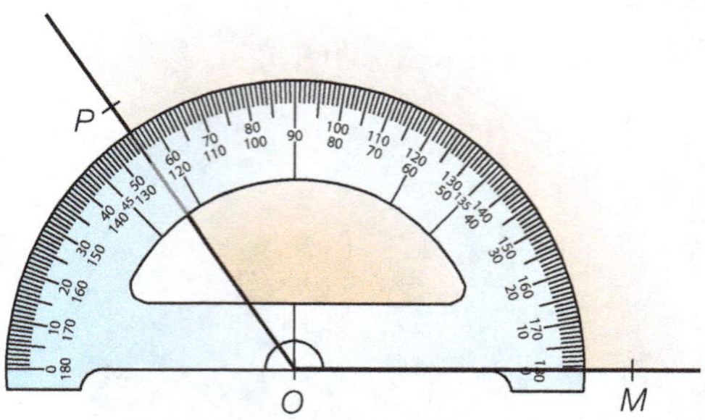

m$(M\hat{O}P) = 125°$

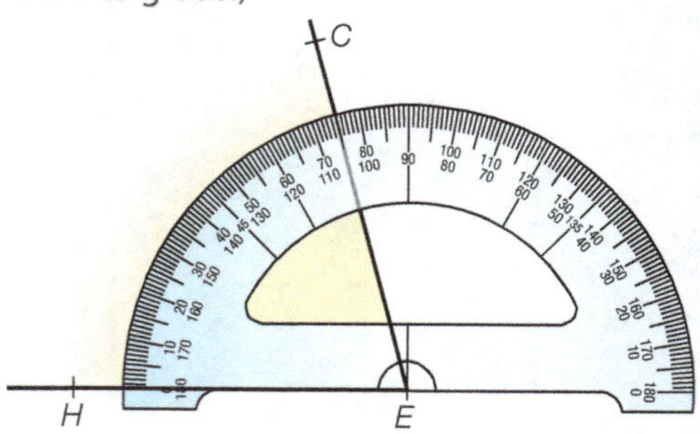

m$(H\hat{E}C) = 75°$

A medida de um ângulo também pode ser indicada por uma letra grega.

Por exemplo:

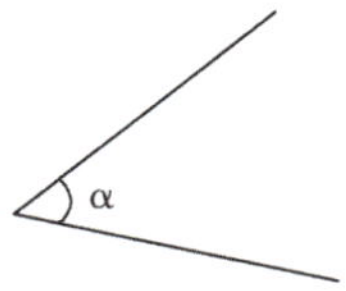

$\alpha = 50°$

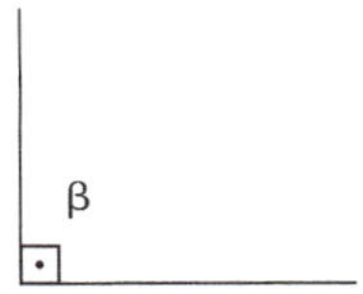

$\beta = 90°$

Também são usadas unidades menores que o grau – os seus submúltiplos: o **minuto** e o **segundo**.

1 grau tem 60 minutos. (1° = 60′)	1 minuto tem 60 segundos. (1′ = 60″)

Os submúltiplos do grau foram obtidos pela divisão por 60 (sistema sexagesimal usado pelos babilônios).

◆ A metade de 1 grau equivale a .... minutos.

Assim, se a medida de um ângulo é a metade de 15°, ele mede 7° 30′ (sete graus e trinta minutos).

Para medir ângulos, você também pode usar os esquadros.

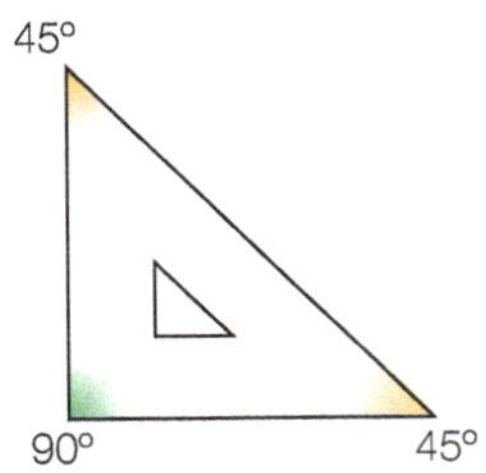

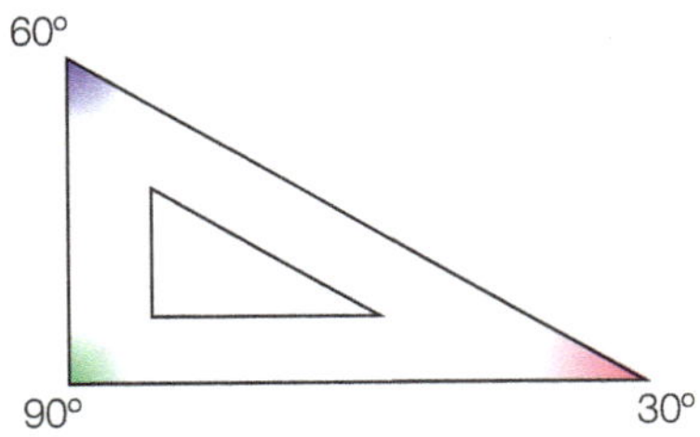

De olho na mídia

Torre mais inclinada do mundo fica no norte da Alemanha

Lugarejo na Frísia Oriental ganhou concorrência com Pisa e entrou para o "Livro Guinnes dos Recordes". Torre da igreja de Suurhusen tem uma inclinação de 5,19 graus, um grau a mais do que a famosa torre italiana.

Disponível em: https://www.dw.com/pt-br/torre-mais-inclinada-do-mundo-fica-no-norte-da-alemanha/a-2882018. Acesso em: 12 abr. 2019.

David Hecker/Agência France-Presse

Ângulos congruentes

◆ Meça os ângulos e complete:

$m(P\hat{O}T) =$ ....

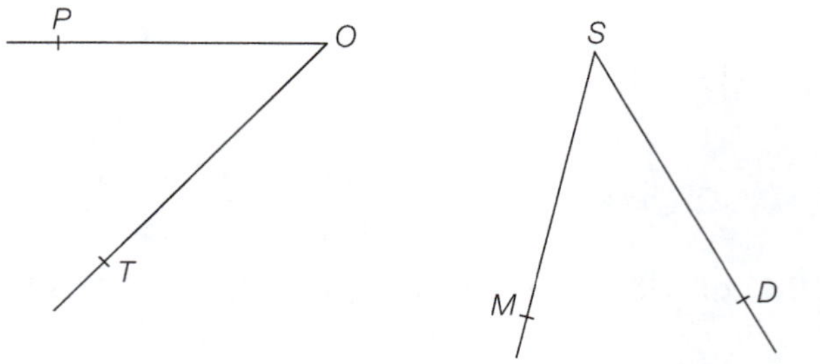

$m(M\hat{S}D) =$ ....

Complete com símbolos: $m(P\hat{O}T)$ .... $m(M\hat{S}D) \Rightarrow P\hat{O}T$ .... $M\hat{S}D$

> Ângulos congruentes são ângulos que têm ....

Bissetriz de um ângulo

◆ Faça a seguinte experiência:

1º) Desenhe em um papel um ângulo $A\hat{O}B$ de qualquer medida e recorte-o pelos lados.

2º) Dobre o ângulo fazendo coincidir seus lados.

3º) Desdobre e destaque o vinco com um traço vermelho. Marque no traço um ponto C.

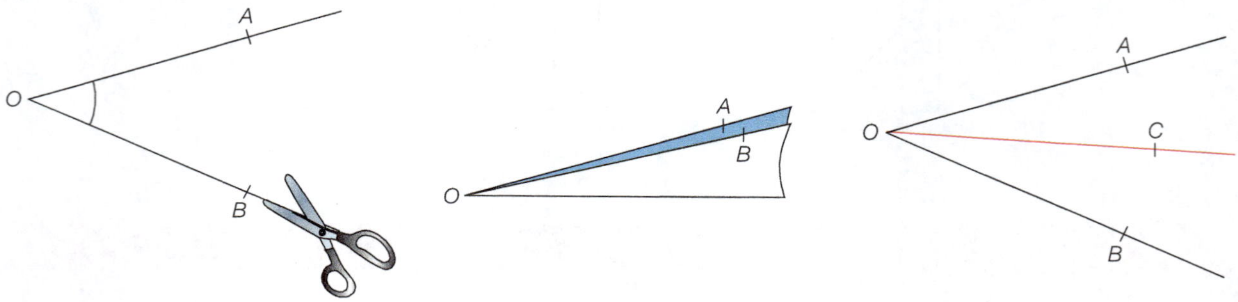

Com o auxílio do transferidor, meça os ângulos e anote as medidas encontradas: $m(A\hat{O}B) =$ ....; $m(A\hat{O}C) =$ ....; $m(C\hat{O}B) =$ ....

$\overrightarrow{OC}$ é uma .... e sua origem é o .... do ângulo.

Por dividir o ângulo $A\hat{O}B$ em dois ângulos congruentes, $\overrightarrow{OC}$ é sua bissetriz.

> Bissetriz (btz) de um ângulo é a .... de origem no .... do ângulo e que o divide em dois ângulos ....

Construindo imagens

Construção de um ângulo com medida dada, usando o transferidor

• **Dados:** $\gamma = 60°$ • **Construir:** $A\hat{B}C$, sendo $m(A\hat{B}C) = 60°$

Passos da construção:

1º) Trace $\overrightarrow{BA}$, que será um dos lados do ângulo.

2º) Coloque o transferidor com centro em B e linha de fé coincidente com $\overrightarrow{BA}$. Marque C na graduação 60°.

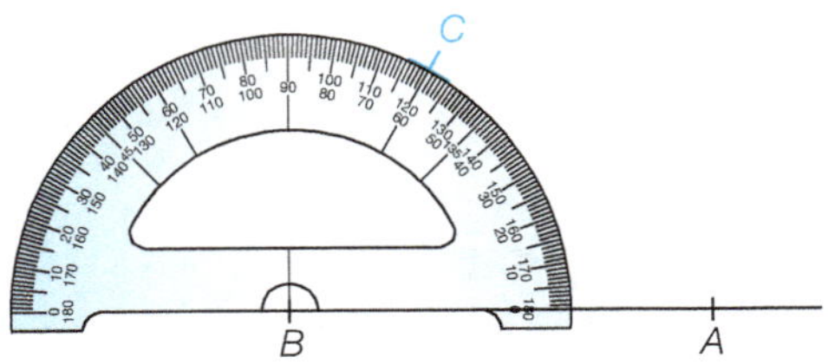

3º) Retire o transferidor e trace $\overrightarrow{BC}$.

$m(A\hat{B}C) = \gamma = 60°$.

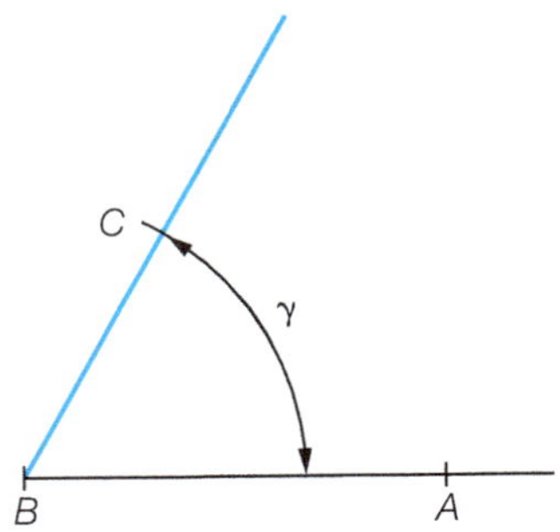

Para você construir:

Construindo imagens

Construção da bissetriz de um ângulo usando o transferidor

• **Dados:**

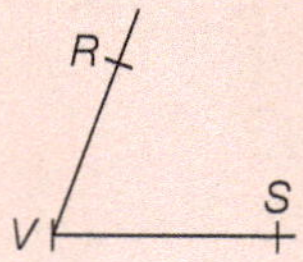

• **Construir:** $\overrightarrow{VM}$, bissetriz de $R\hat{V}S$

Passos da construção:

1º) Meça $R\hat{V}S$ com o transferidor e calcule a metade de sua medida.

$m(R\hat{V}S) = 70°; 70° : 2 = 35°$

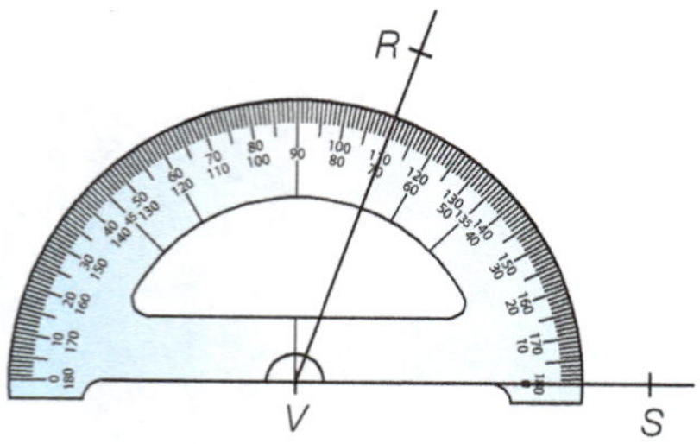

2º) Marque um ponto *M* na graduação 35°.

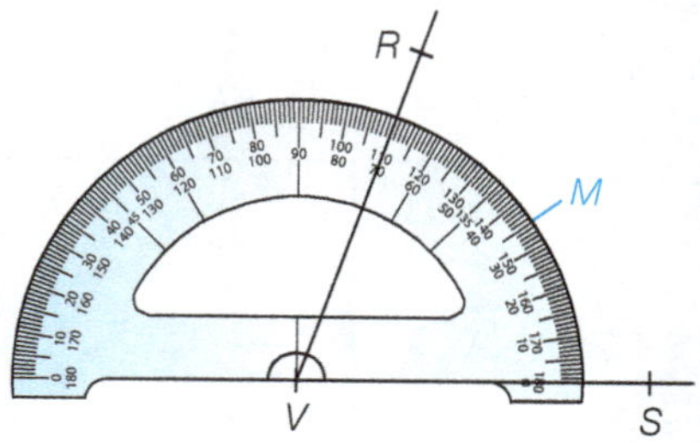

3º) Retire o transferidor e trace $\overrightarrow{VM}$. $\overrightarrow{VM}$ é bissetriz de $R\hat{V}S$.

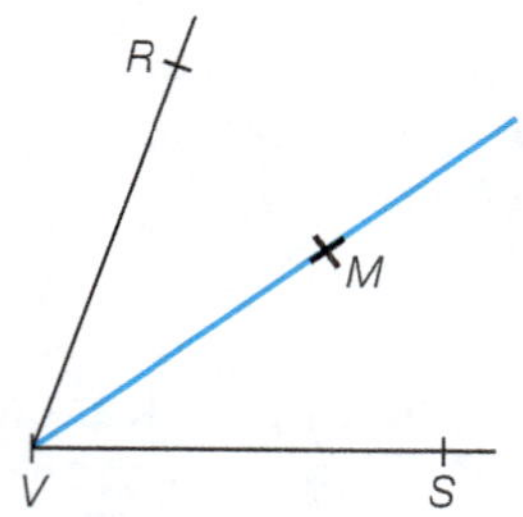

Para você construir:

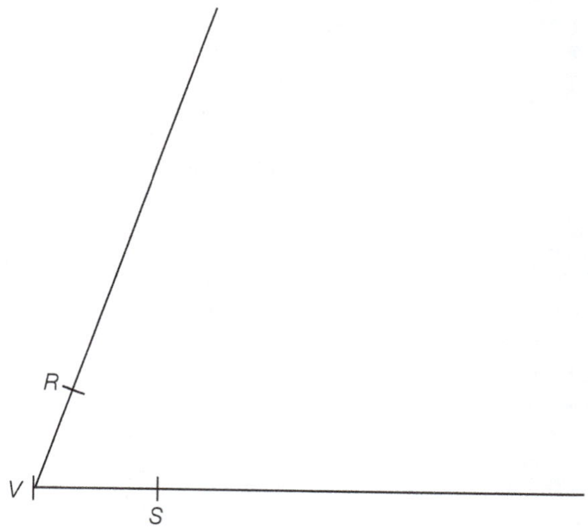

Você em ação

1 Em cada par de ângulos apresentado, indique o ângulo maior, pintando-o de vermelho.

a)

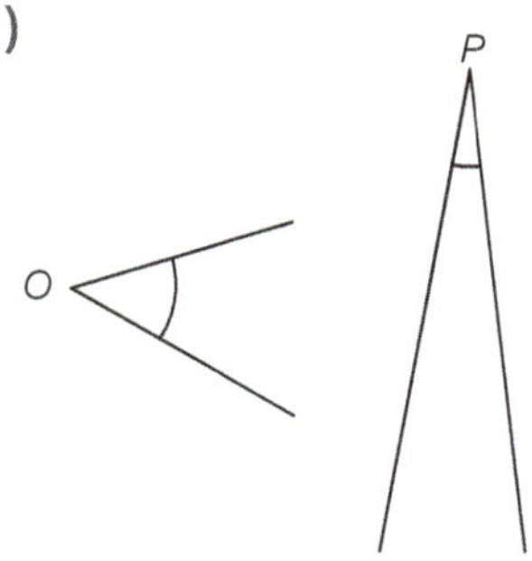

b)

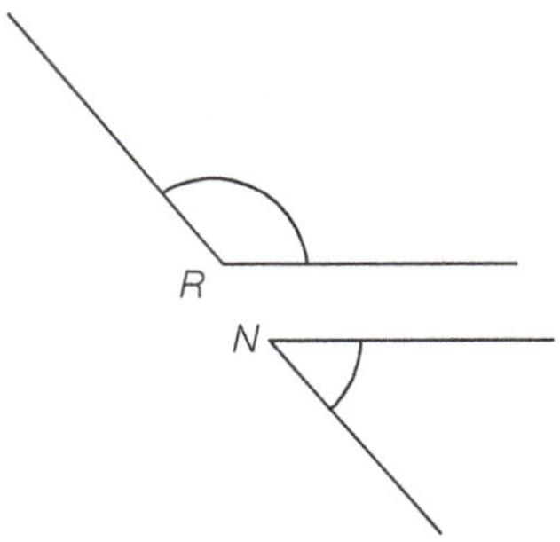

c)

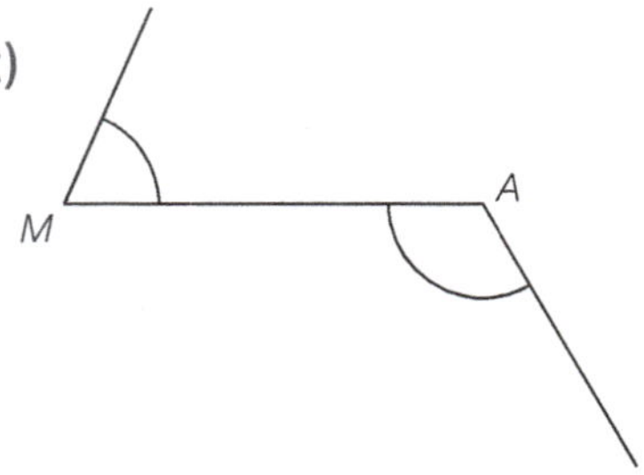

d)

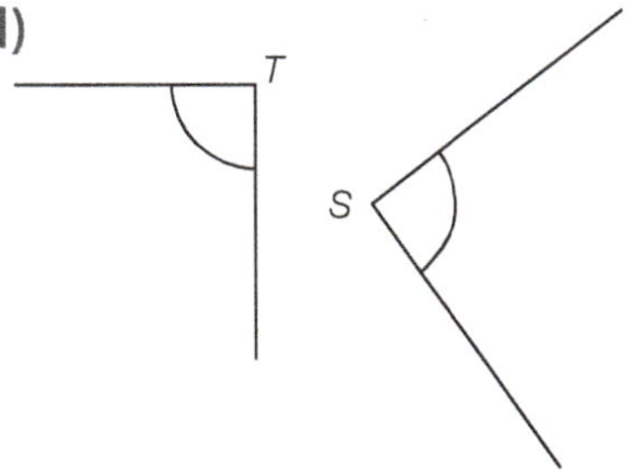

e)

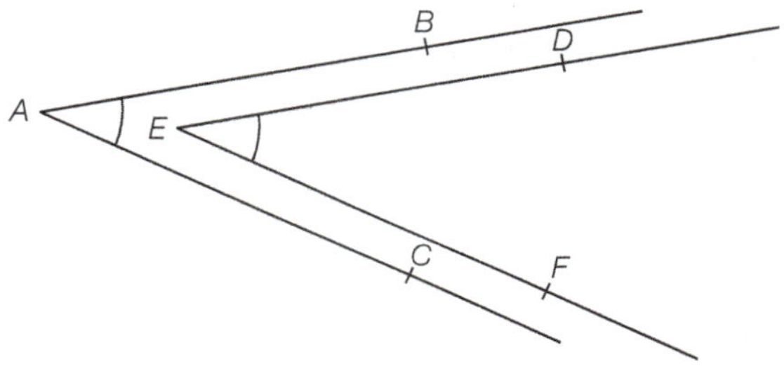

2 Complete.

a) A fração do círculo que corresponde a 1° é .... e a fração do grau que corresponde a 1′ é ....

b) Escrevendo as medidas dos ângulos em linguagem simbólica, o dobro de setenta e cinco graus é ....; metade de quarenta e cinco graus é ....; e um giro de $\frac{1}{4}$ de volta corresponde a ....

3 Meça os ângulos dados e indique as suas medidas.

a)

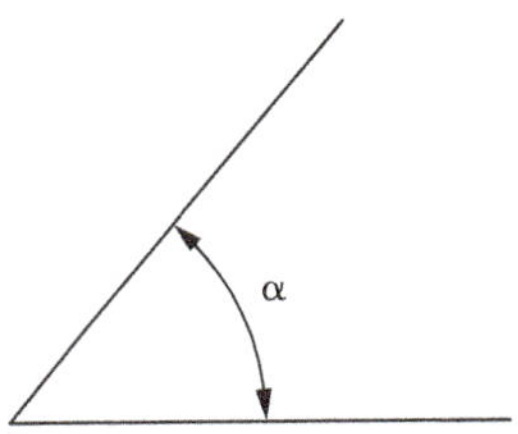

b)

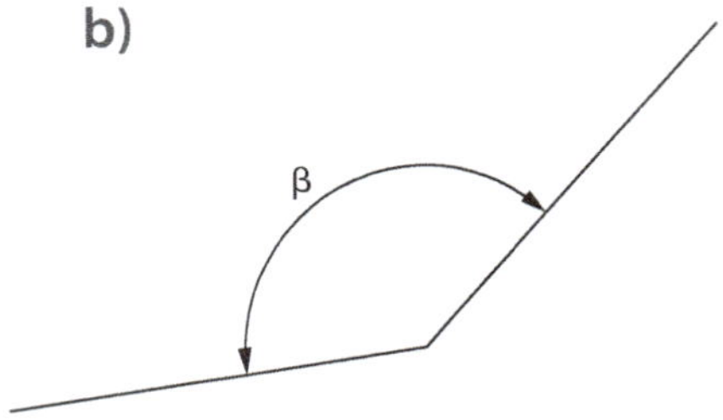

c)

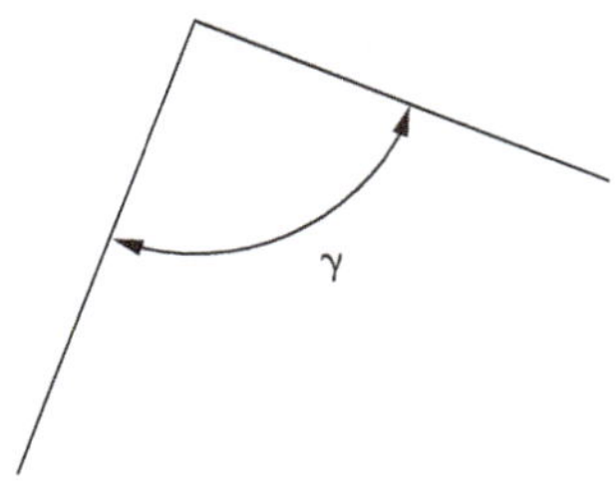

α = ... β = ... γ = ...

4 Verifique se existem pares de ângulos congruentes entre os ângulos apresentados a seguir.

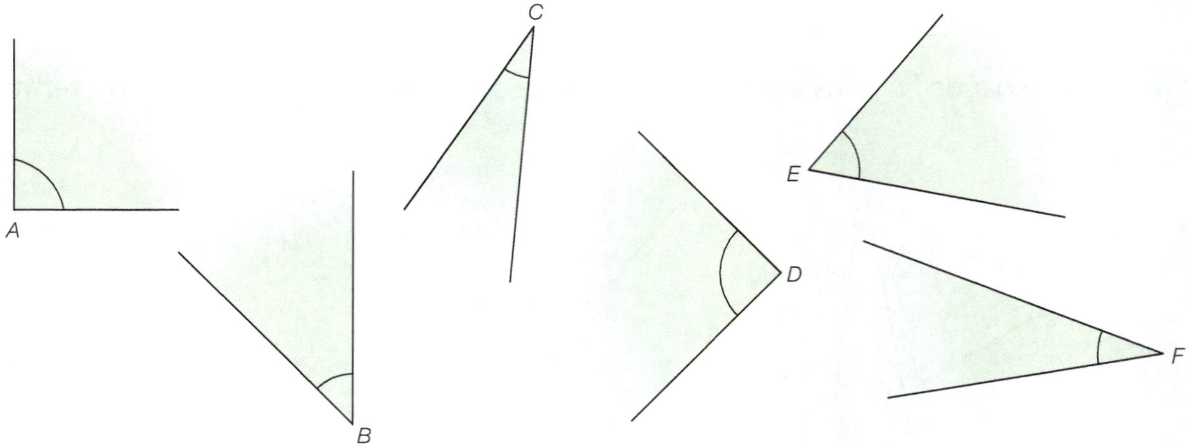

Se existem, quais são eles? ....

5 Com a régua e o transferidor, desenhe os ângulos com as medidas indicadas.

a) $m(R\hat{H}T) = 30°$

d) $m(A\hat{P}T) = 4°$

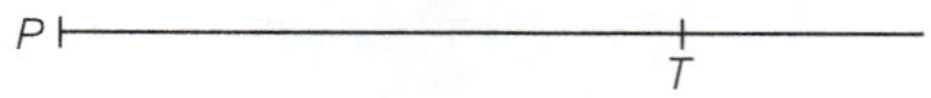

b) $m(P\hat{Q}A) = 120°$

e) $m(F\hat{G}J) = 65°$

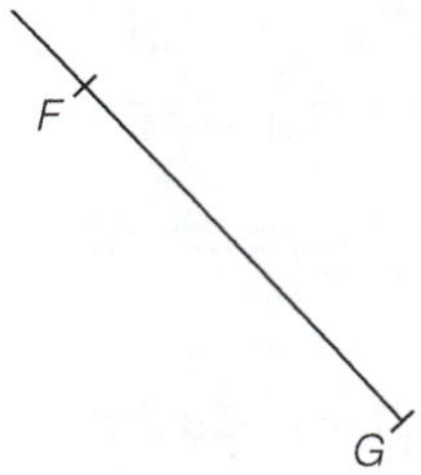

c) $m(M\hat{N}O) = 77°$

f) $m(C\hat{D}E) = 90°$

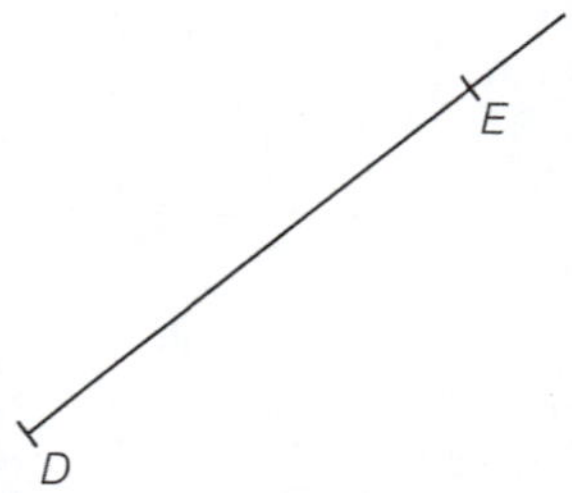

6 Dado o lado $\overrightarrow{RH}$, construa o ângulo $M\hat{R}H$, congruente ao ângulo $P\hat{Y}Z$, nas duas posições possíveis.

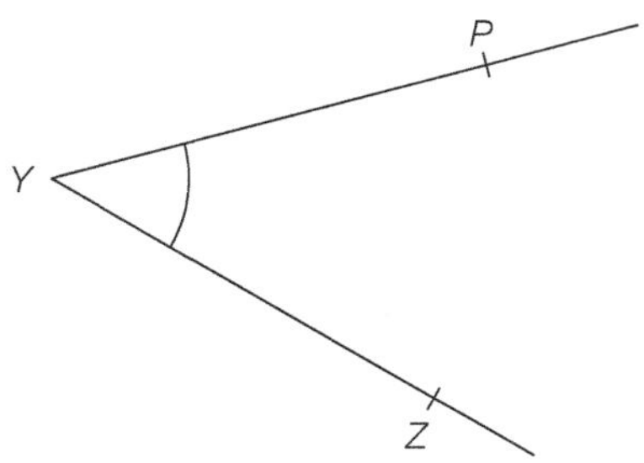

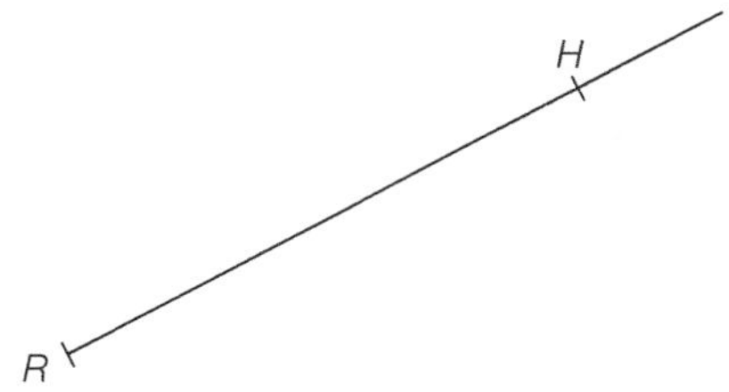

7 Desenhe as bissetrizes dos ângulos dados.

a)

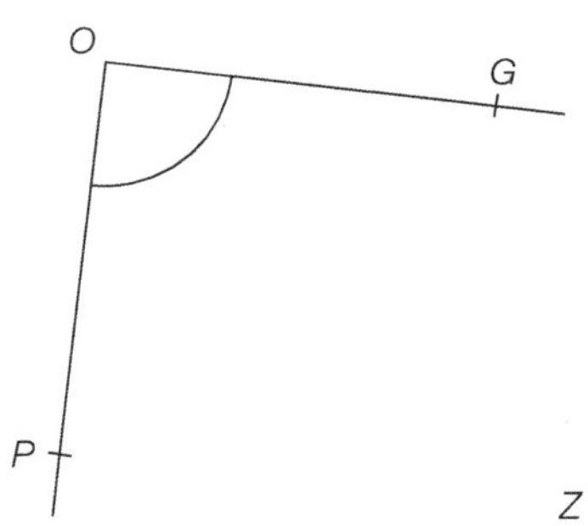

b)

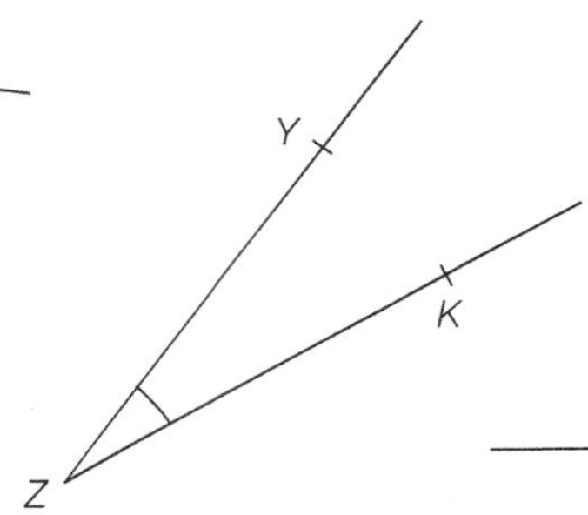

c)

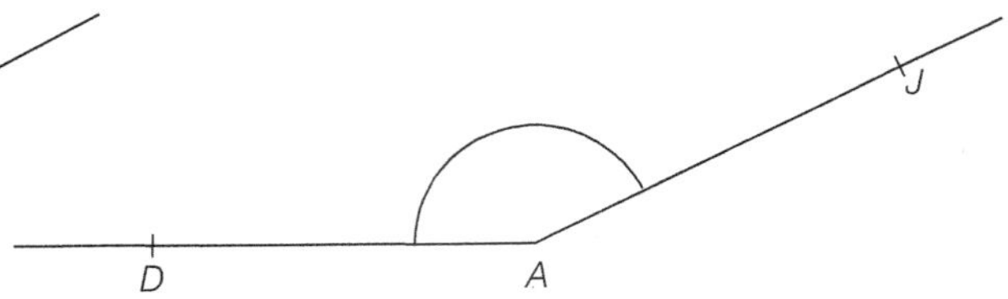

8 Determine P, ponto comum às bissetrizes dos ângulos $A\hat{B}C$ e $R\hat{E}L$ dados.

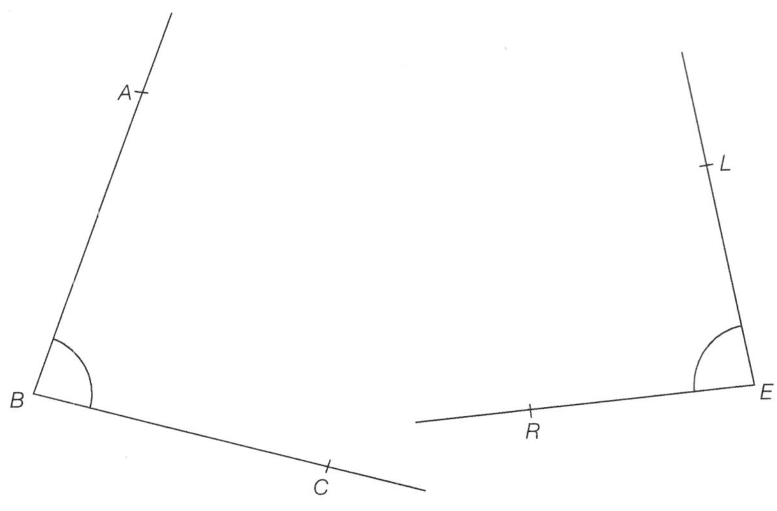

Compreendendo ideias

Os ângulos e suas medidas

Ângulo reto

◆ Faça a seguinte experiência:

1º) Desenhe um círculo em um papel e recorte-o.

2º) Dobre-o ao meio e vinque.

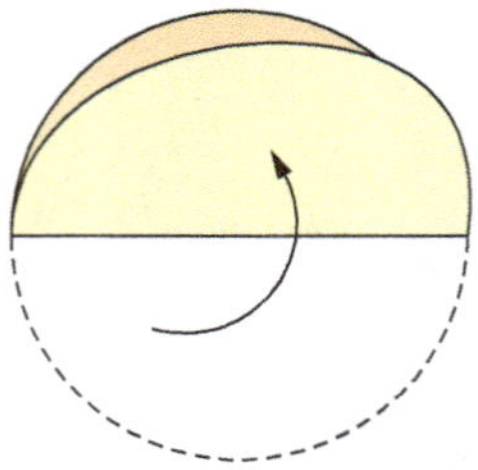

3º) Dobre novamente, como mostra a figura, e vinque.

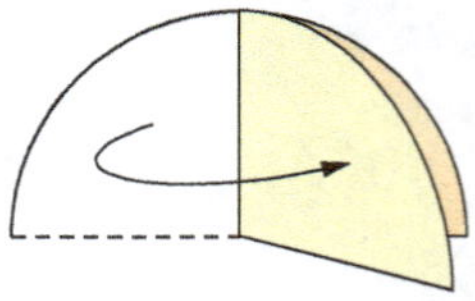

4º) Desdobre e observe os vincos.

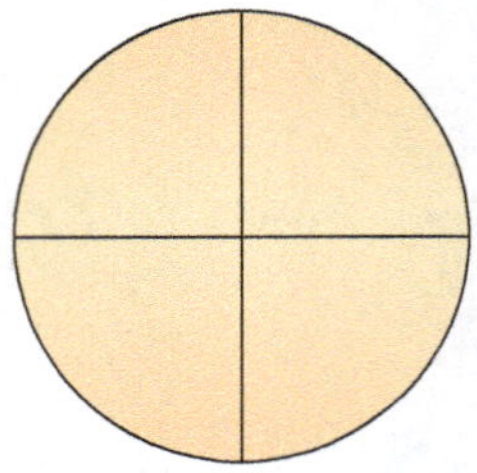

Com base nessa figura, complete:

O círculo foi dividido em quatro regiões congruentes? ....

Se um círculo inteiro tem 360°, cada região mede ....

Um ângulo cuja abertura mede 90° é denominado **ângulo reto**.

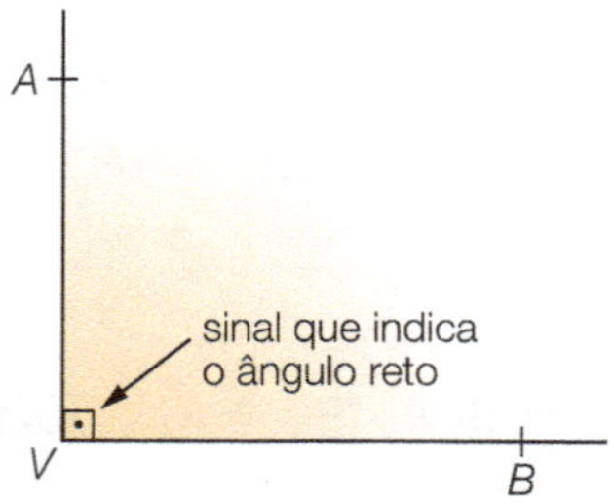

$m(A\hat{V}B) = 90° \Rightarrow A\hat{V}B$ é reto

Um ângulo reto mede 90°.

Ângulo agudo

Todo ângulo **menor** que o ângulo reto é chamado **ângulo agudo**. Assim, a medida de um ângulo agudo é menor que 90°.

◆ Meça os ângulos e complete:

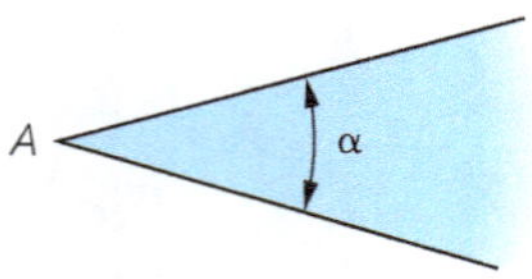

Se $\alpha =$ ....

$0° < \alpha$ .... $90°$

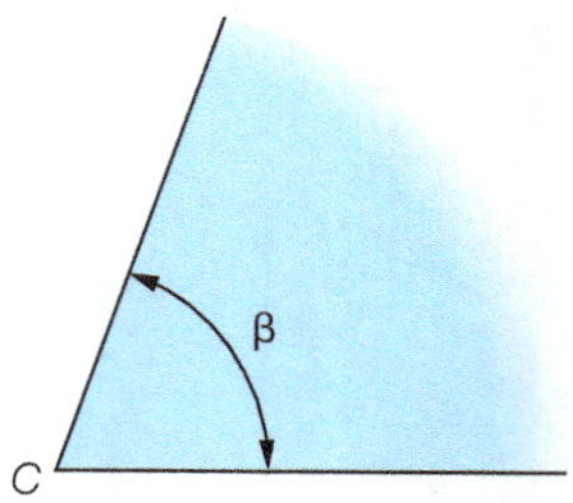

Se $\beta =$ ....

$0° < \beta$ .... $90°$

$\hat{A}$ e $\hat{C}$ são ângulos ....

Ângulo obtuso

Todo ângulo **maior** que o ângulo reto é chamado **ângulo obtuso**. Assim, a medida de um ângulo obtuso é maior que 90° e menor que 180°.

- Meça os ângulos e complete.

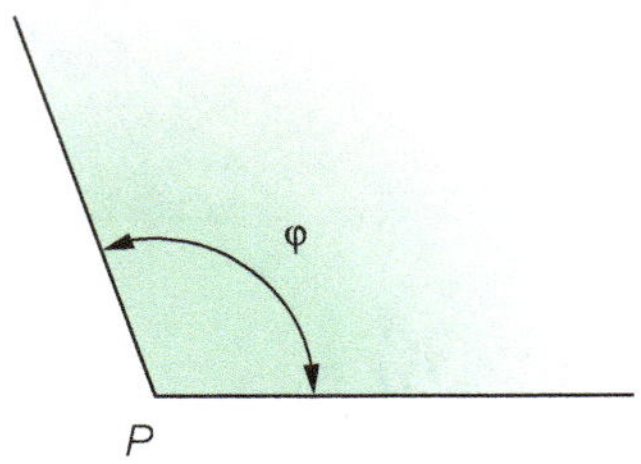

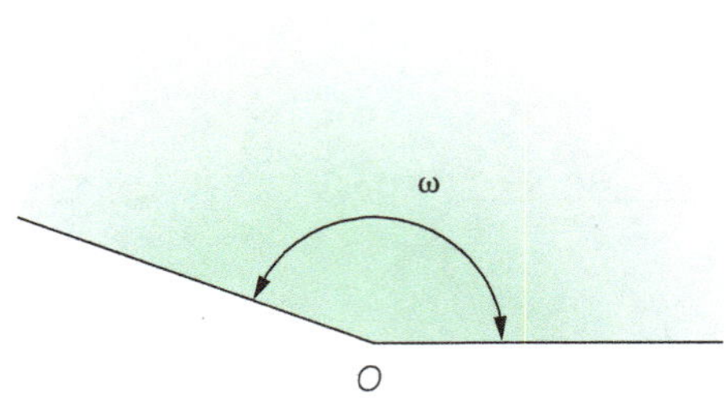

Se $\varphi =$ ....

$90° < \varphi$ .... 180°

Se $\omega =$ ....

$90° < \omega =$ .... 180°

Os ângulos $\hat{P}$ e $\hat{O}$ são ângulos ....

- Use o ângulo reto obtido pela dobradura do círculo e confira as medidas de ângulos de objetos que estão na sala de aula. Encontre dois ângulos retos, dois ângulos agudos e dois ângulos obtusos.

Ângulos complementares

- Com o auxílio do transferidor, meça os ângulos dados.

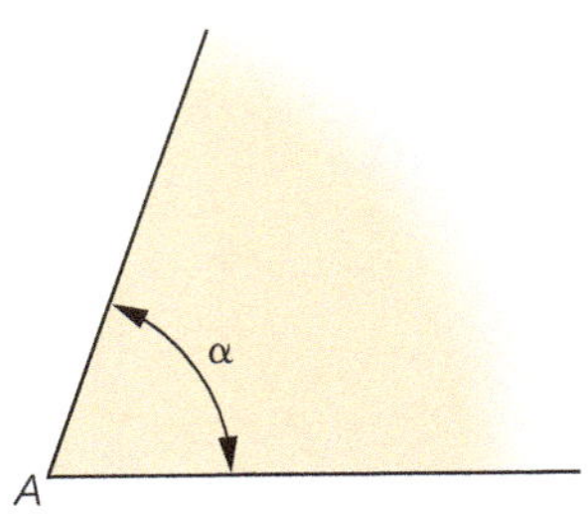

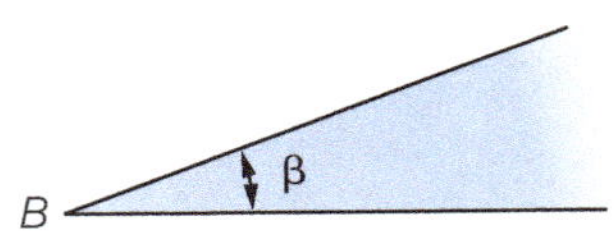

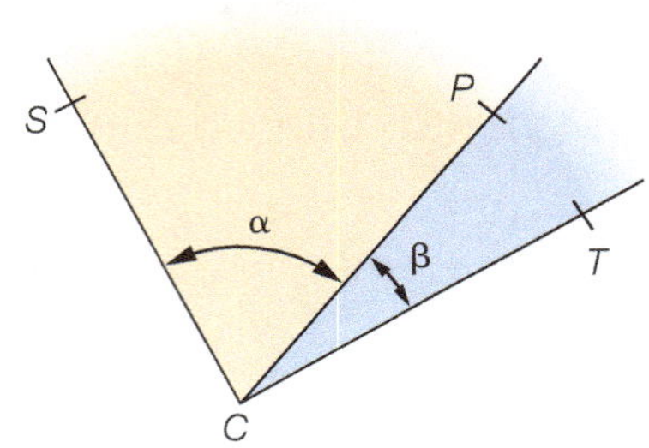

$\alpha =$ ....

$\beta =$ ....

$m(S\hat{C}T) =$ ....

Observe que a medida do ângulo $S\hat{C}T$ é igual à soma das medidas de $\hat{A}$ e $\hat{B}$. Quando a soma das medidas de dois ângulos é igual a 90°, dizemos que esses ângulos são **complementares**.

Então .... e .... são ângulos complementares.

O **complemento** de um ângulo é outro ângulo cuja medida é o que lhe falta para completar 90°.

Assim, na figura, o ângulo $P\hat{C}S$ é complemento do ângulo ...., pois $\alpha = 90° - \beta$.

E o ângulo $P\hat{C}T$ é o .... do ângulo $P\hat{C}S$, pois $\beta =$ ....

Ângulos suplementares

◆ Meça com o transferidor os ângulos dados.

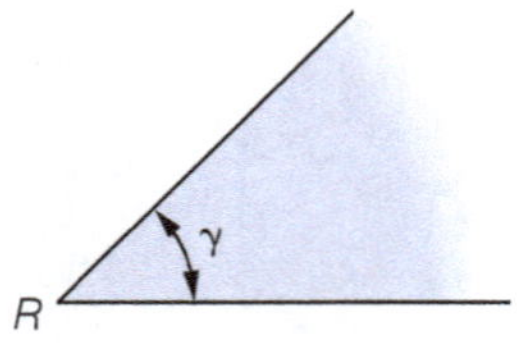

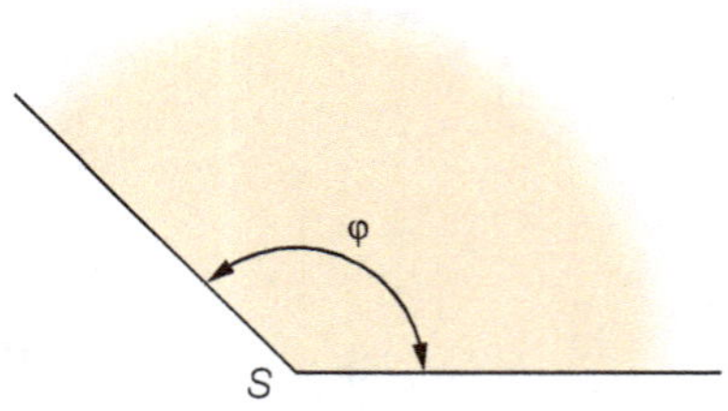

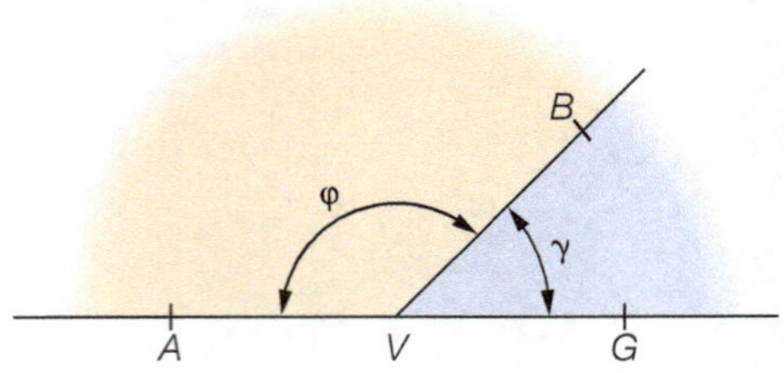

$\gamma =$ .... $\varphi =$ .... $m(A\hat{V}G) =$ ....

Observe que a medida do ângulo $A\hat{V}G$ é igual à soma das medidas de $\hat{R}$ e $\hat{S}$.

Quando a soma das medidas de dois ângulos é igual a 180°, dizemos que esses ângulos são **suplementares**.

Então, ... e .... são ângulos suplementares.

O **suplemento** de um ângulo é outro ângulo cuja medida é o que lhe falta para completar 180°.

Assim, na figura, o ângulo $A\hat{V}B$ é suplemento do ângulo ...., pois $\varphi =$ ....

E o ângulo $B\hat{V}G$ é .... do ângulo $A\hat{V}B$, pois $\gamma =$ ....

Os ângulos e suas posições

Ângulos consecutivos e ângulos adjacentes

◆ Observe os pares de ângulos e responda o que eles têm em comum.

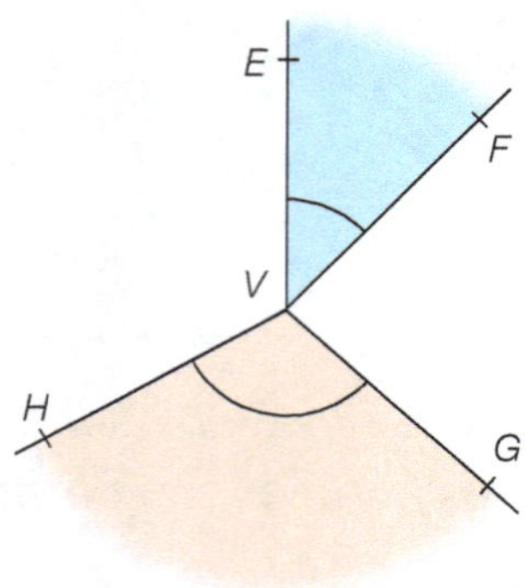

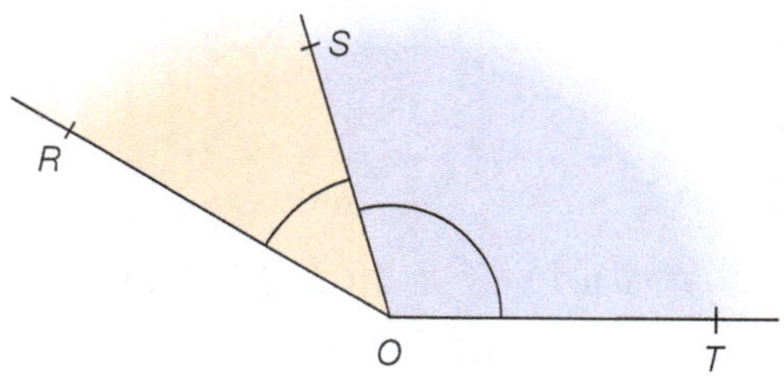

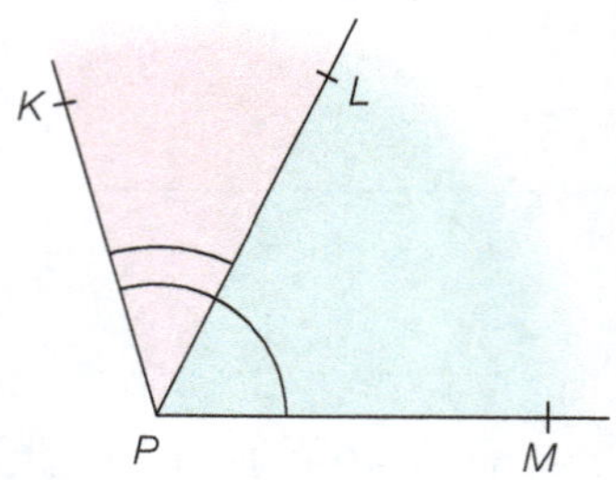

$E\hat{V}F$ e $H\hat{V}G$

....

$R\hat{O}S$ e $S\hat{O}T$

....

....

$K\hat{P}M$ e $K\hat{P}L$

....

....

....

- Responda de acordo com os pares de ângulos da página anterior.

  Quais são os pares de ângulos que têm o mesmo vértice e um dos lados em comum?

  .... e ....; .... e ....

  Por essas características, eles são chamados **ângulos consecutivos**.

  Os ângulos $K\hat{P}M$ e $K\hat{P}L$ têm pontos internos comuns? ....

  E os ângulos $R\hat{O}S$ e $S\hat{O}T$? ....

  Quando dois ângulos consecutivos não têm pontos internos comuns, eles são chamados **ângulos adjacentes**. Então, entre os ângulos observados, quais são adjacentes?

  .... e ....

Com base nessas observações, defina:

Dois ângulos consecutivos são os que têm o mesmo .... e um lado ....

Ângulos adjacentes são ângulos .... que não têm pontos internos comuns.

Ângulos opostos pelo vértice (O.P.V.)

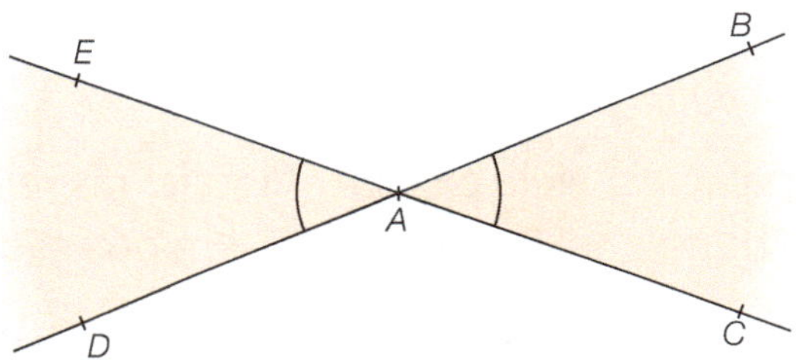

- Na figura, os ângulos $B\hat{A}C$ e $E\hat{A}D$ têm vértice comum? ....

  Além disso, note que $\overrightarrow{AC}$ e $\overrightarrow{AE}$ são semirretas opostas e que o mesmo ocorre com $\overrightarrow{AB}$ e $\overrightarrow{AD}$. Nos dois ângulos, os lados são semirretas opostas e, por isso, esses ângulos são chamados **ângulos opostos pelo vértice**.

Os ângulos opostos pelo vértice são aqueles que têm o mesmo .... e cujos lados são semirretas ....

- Observe, agora, a figura ao lado.

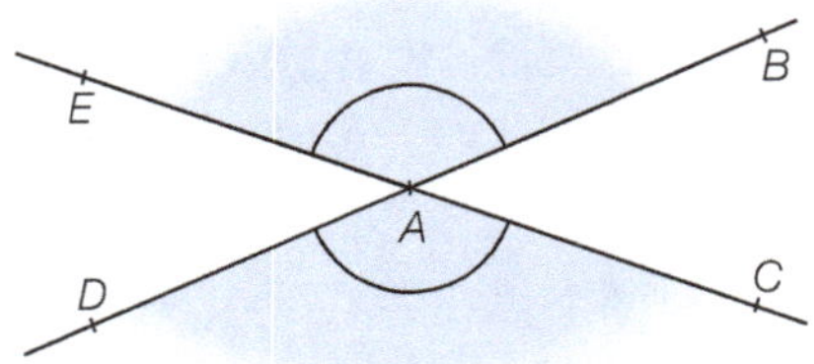

Os ângulos $E\hat{A}B$ e $D\hat{A}C$ também são O.P.V.? ....

Então, duas retas .... determinam dois pares de ângulos O.P.V.

◆ Faça a seguinte experiência:

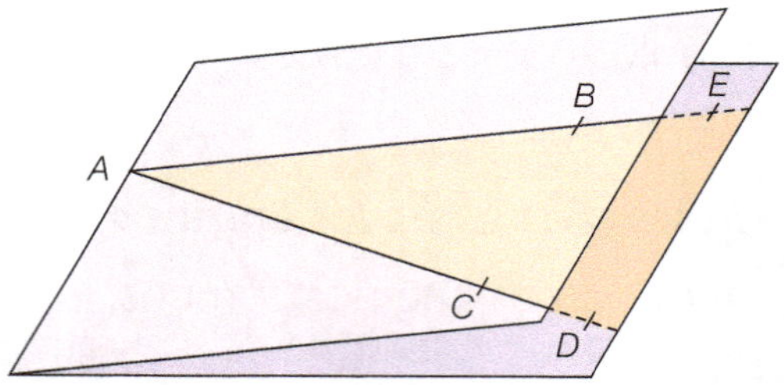

- Desenhe duas retas concorrentes em um papel fino (seda, celofane ou vegetal).
- Pinte os pares de ângulos O.P.V. da mesma cor.
- Dobre o papel pelo vértice, fazendo coincidir um dos lados.
- Observe que o outro lado também ficou coincidente.
- Repita a operação com o outro par de ângulos.
- Compare as medidas dos ângulos.

Dois ângulos opostos pelo vértice são ....

Você em ação

1 **Vamos fazer este caça-palavras? Nele existem 11 palavras relacionadas a ângulos. Você poderá encontrá-las na horizontal ou na vertical, em posição normal ou invertida.**

I	N	C	R	A	R	O	D	I	R	E	F	S	N	A	R	T	Y
N	G	O	E	V	O	F	T	A	P	H	E	C	I	T	R	E	V
O	N	N	C	F	C	O	R	G	N	E	J	C	D	O	T	A	G
I	L	S	I	R	O	R	E	U	E	B	A	B	D	A	E	F	C
O	E	E	V	N	M	T	A	D	J	A	C	E	N	T	E	S	O
N	A	C	I	F	P	F	N	O	A	N	I	G	G	I	Q	A	G
E	S	U	E	H	L	C	G	D	G	J	A	P	X	A	C	S	R
T	I	T	I	A	E	U	B	I	S	S	E	T	R	I	Z	U	O
E	C	I	T	R	M	V	O	L	E	P	S	T	K	S	O	P	O
T	H	V	A	J	E	L	C	M	O	N	O	O	L	G	I	L	A
E	S	O	F	N	N	A	N	Q	C	O	L	S	P	I	C	E	E
G	O	S	E	J	T	G	D	O	B	T	U	S	O	A	F	M	H
L	C	N	M	A	A	O	A	T	E	C	N	S	R	G	L	E	D
P	H	D	U	A	R	G	I	E	J	F	O	B	U	X	M	N	C
C	F	E	A	U	E	G	F	R	M	H	A	V	Q	K	L	T	F
M	U	L	G	X	S	V	H	E	I	Z	U	O	S	V	P	O	N

As palavras são:

1. transferidor
2. ....
3. ....
4. ....
5. ....
6. ....
7. ....
8. ....
9. ....
10. ....
11. ....

2 Sem medir, classifique os ângulos.

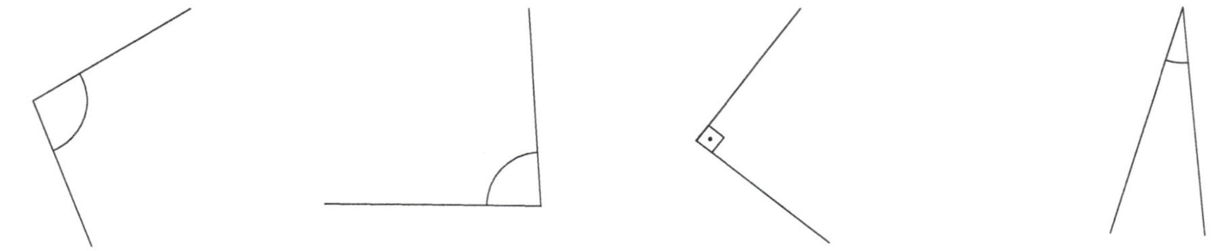

....

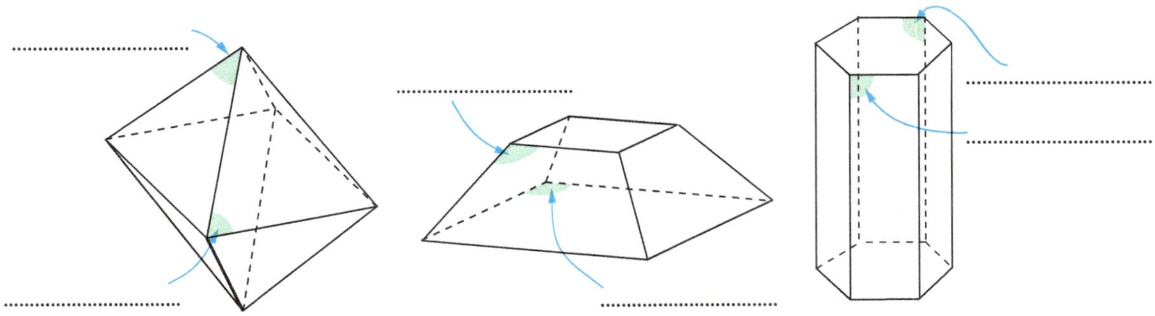

3 Complete com base na figura.

Nota:
λ (lâmbda)
δ (delta)

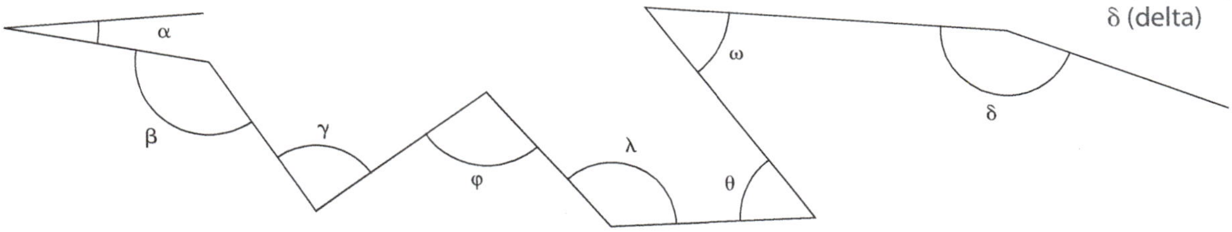

a) Os ângulos agudos têm medidas indicadas pelas letras gregas ....

b) Os ângulos obtusos têm medidas indicadas pelas letras gregas ....

c) A letra γ indica o único .... da figura.

4 Classifique os ângulos de acordo com as medidas dadas.

a) 29° ....

b) 125° ....

c) 44°30′ ....

d) 90° ....

e) 91° ....

f) 179° ....

g) 1° ....

h) 160° ....

i) 89° ....

5 Indique a posição relativa de cada par de ângulos apresentados.

a)

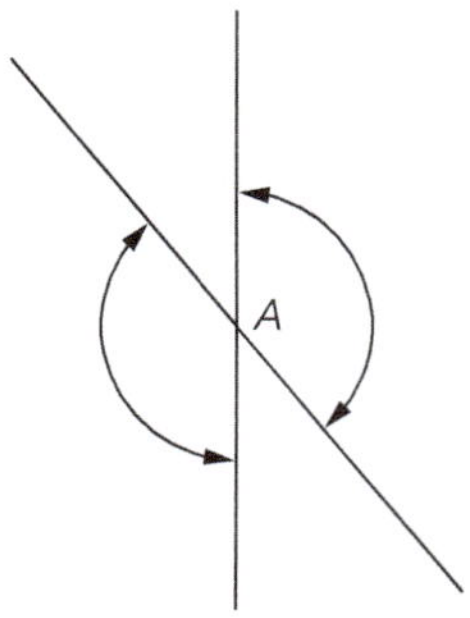

b)

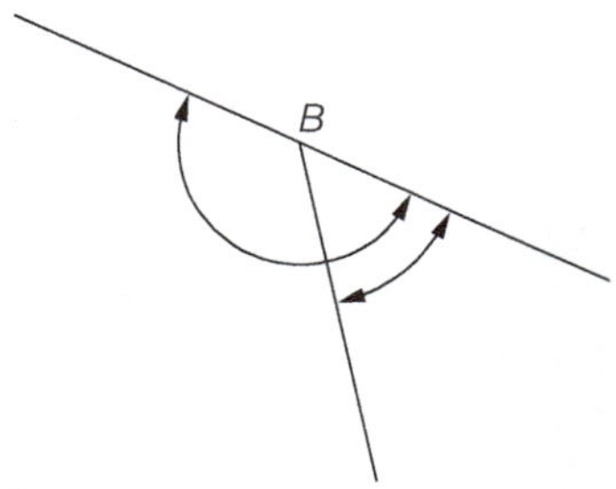

c)

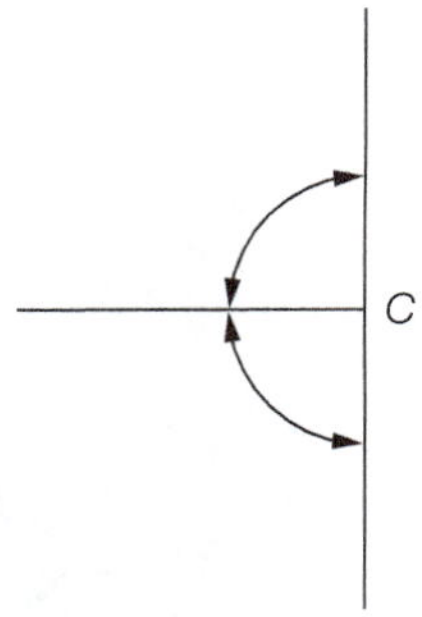

....

6 Considerando a soma das medidas dos ângulos dados, classifique-os.

a)

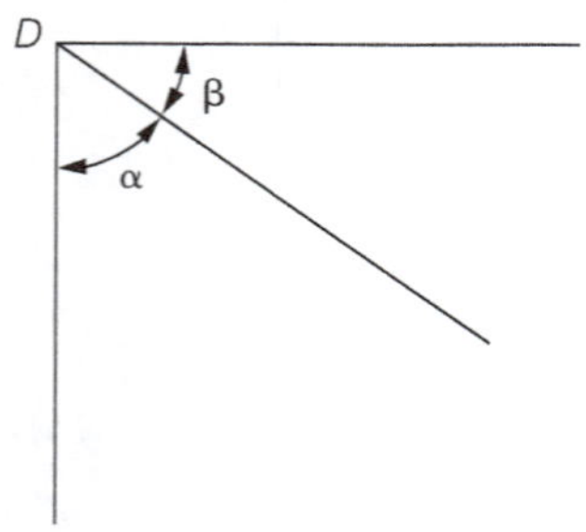

b)

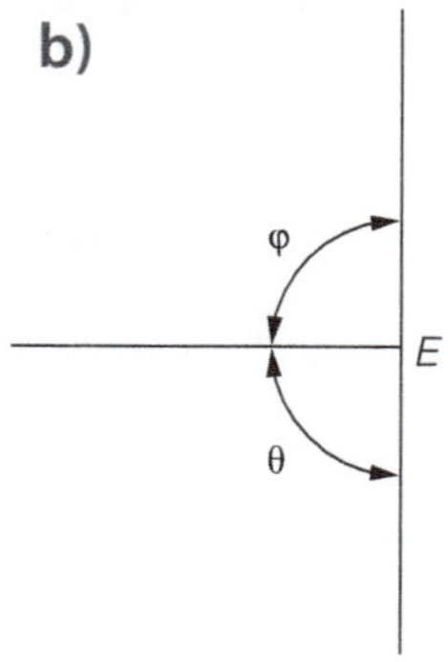

c)

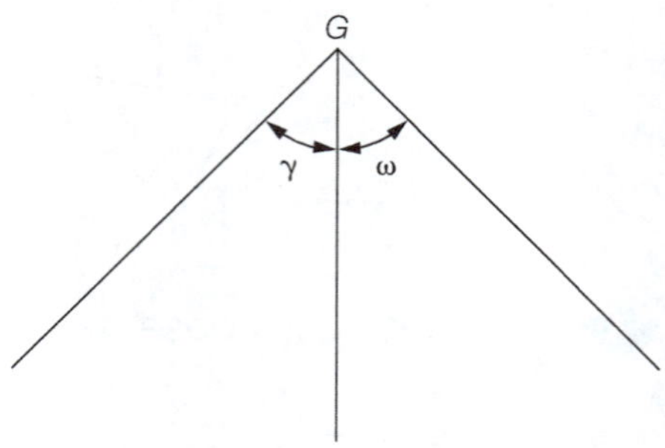

....

....

7 Analise a figura e classifique os ângulos quanto à posição relativa e também quanto à soma de suas medidas.

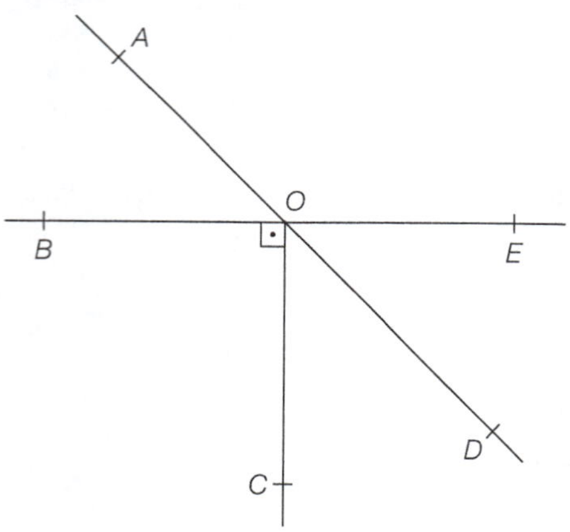

$C\hat{O}D$ e $D\hat{O}E$: .... e ....

$A\hat{O}B$ e $D\hat{O}E$: .... e ....

$A\hat{O}B$ e $A\hat{O}E$: .... e ....

$A\hat{O}B$ e $A\hat{O}C$: ....

$C\hat{O}E$ e $D\hat{O}E$: ....

$B\hat{O}D$ e $A\hat{O}E$: ....

8 Há ângulos congruentes na figura do exercício anterior? Se há, quais são eles? Justifique.

....

....

9 Para cada ângulo dado, desenhe outro, tal que os dois sejam:

a) consecutivos

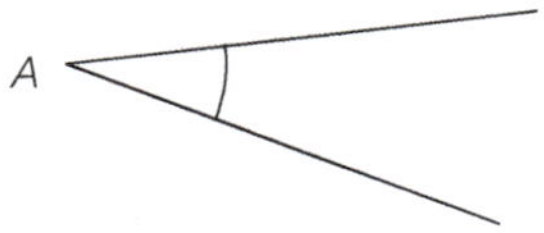

d) adjacentes

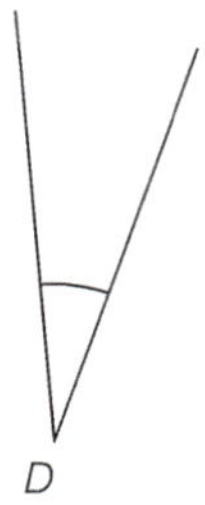

b) O.P.V.

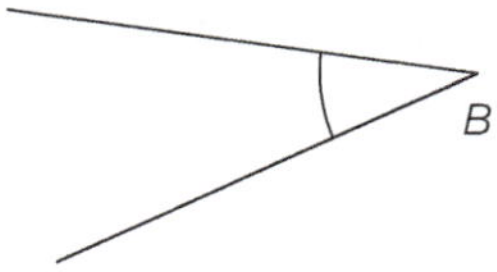

e) congruentes

c) suplementares

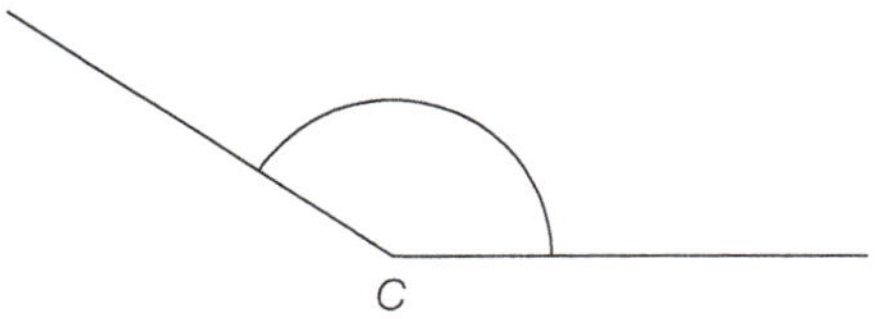

f) complementares

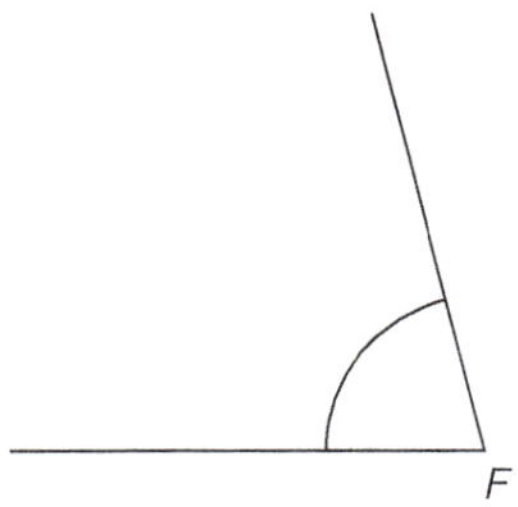

10 Desenhe o complemento dos ângulos de medidas α, β e γ e o suplemento dos ângulos de medidas φ, ω e θ.

a)

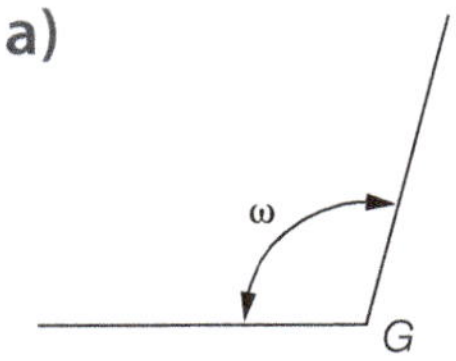

c)

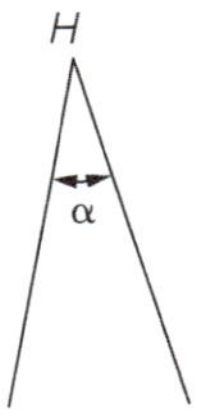

e)

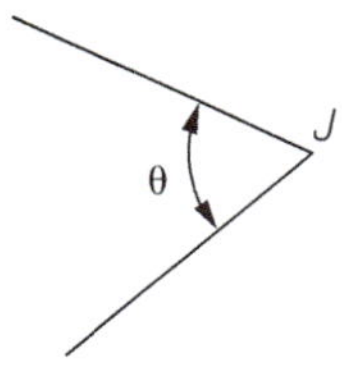

b)

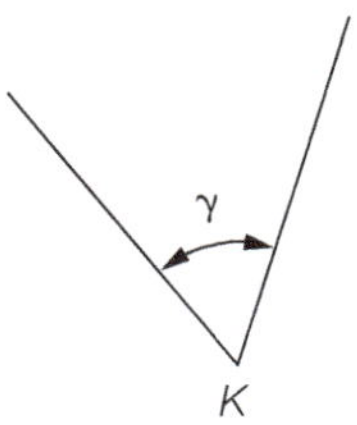

d)

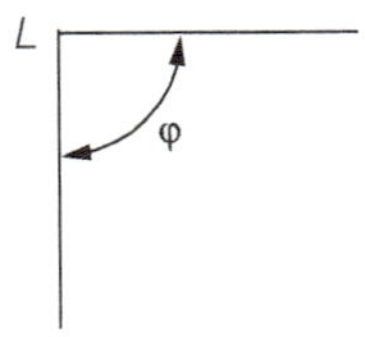

f)

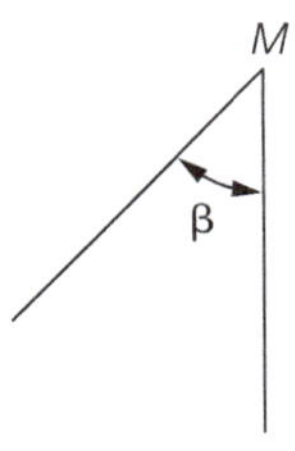

11 Desenhe um ângulo de medida 45° e o seu O.P.V. Indique os ângulos suplementares da figura.

12 Desenhe um ângulo $M\hat{N}O$ de medida 120° tal que ele seja consecutivo, porém não adjacente ao ângulo $P\hat{V}Q$ dado.

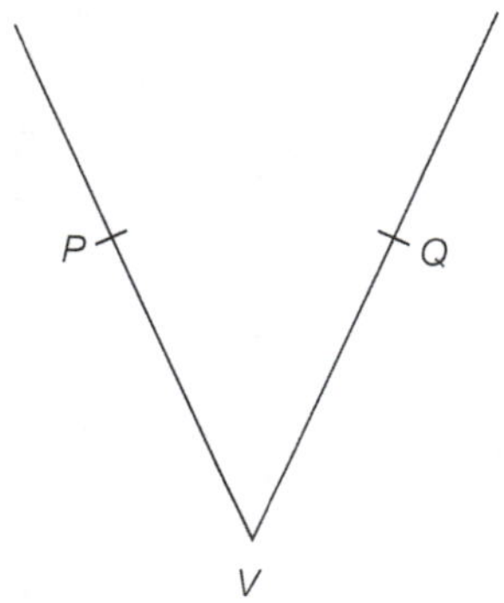

13 Desenhe um ângulo $A\hat{B}C$ de medida 30° e um único ângulo $D\hat{E}F$ que sejam adjacentes e complementares. Indique as medidas de $D\hat{E}F$ e de $D\hat{B}C$.

Olhando ao redor

1 No início deste capítulo, perguntamos se a prática de esportes tem algo a ver com a Geometria. Se você respondeu que sim, acertou. Tem a ver com Geometria, Física, Biologia e Arte. Agora que você aprendeu muitas coisas sobre ângulos, já pode reconhecê-los nas posições dos atletas ao praticarem suas modalidades esportivas. Encontre três ângulos agudos, três retos e três obtusos nestas imagens.

Robert Cianflone/Getty Images

Kristian Dowling/Getty Images

Nado sincronizado.

Rick Egan/The Salt Lake Tribune/AP Photo/Glow Images

Ginástica na trave.

Patrik Giardino/Getty Images

Corrida com barreiras.

Mark Dadswell/Getty Images

Salto em altura.

Ryan McVay/Getty Images

Ginástica nas argolas.

2 O Minotauro é um ser mitológico da Grécia antiga, com cabeça e cauda de touro num corpo de homem. Segundo a lenda, essa criatura vivia escondida num perigoso labirinto e devorava as pessoas que lhe eram enviadas.

Um dia, o herói grego Teseu foi a Creta para matar o Minotauro e apaixonou-se por Ariadne, filha do rei. Ela lhe entregou um novelo de fio de ouro para marcar o caminho e poder sair do labirinto. Teseu conseguiu atacar o monstro de surpresa e salvar os jovens que lá estavam.

Imagine que o labirinto do Minotauro fosse igual ao ilustrado nesta página. Quantas mudanças de direção (ângulos) Teseu fez dentro do labirinto até chegar ao Minotauro?

....

....

3 Para manter o equilíbrio nas curvas, o piloto e a moto devem se inclinar juntos. Isso significa que o corpo do piloto e a moto formam ângulos de igual medida. Qual é a medida do ângulo formado pelo piloto e a pista ao realizar a curva representada na figura ao lado?

....

4 Veja como é fácil construir figuras de humanos com volume e movimento, usando apenas uma folha de papel.

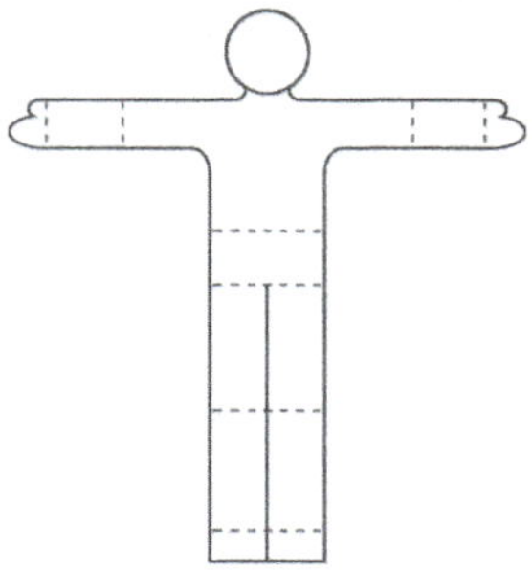

1º) Faça o modelo em papel sulfite ou cartolina.

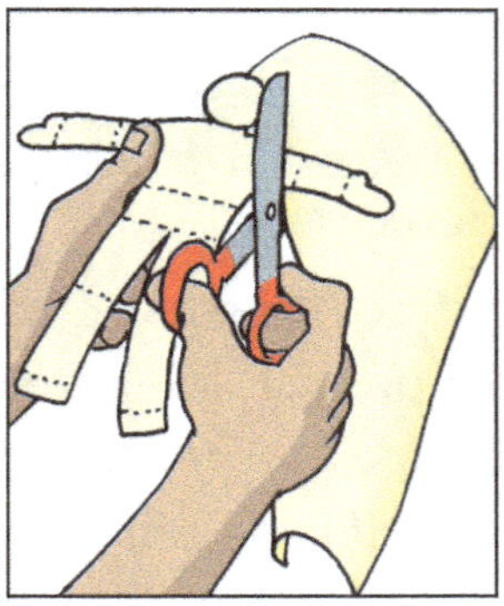

2º) Recorte a figura pelas linhas contínuas.

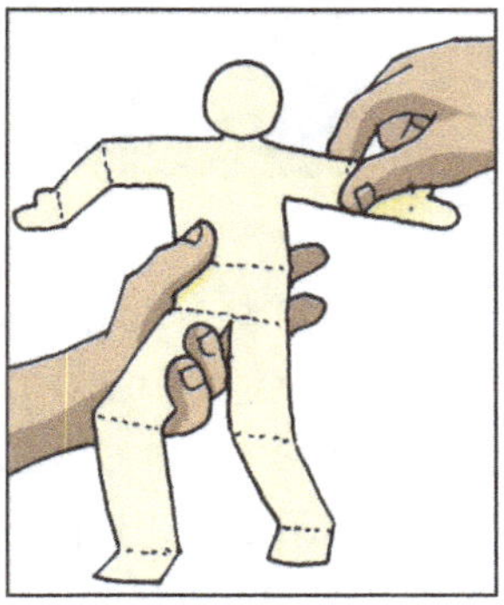

3º) Dobre nas linhas tracejadas, formando ângulos para a frente ou para trás, conforme o movimento ou a posição desejada.

Experimente outros movimentos e posições. Você também pode montar uma maquete com várias dessas figuras, basta escolher um tema e dar asas à imaginação!

5 Em um momento emocionante de uma partida de futebol, o árbitro apita falta. Para cada caso abaixo, o jogador poderá fazer o gol se chutar a bola dentro de um ângulo de que medida?

a) ....

b) ....

Cobrança 1.

Cobrança 2.

6 Quem transita por rodovias estaduais já deve ter percebido que elas são identificadas por um nome e uma sigla expressa em letras e números. As letras correspondem à sigla do estado e o número indica a localização da rodovia.

Se uma rodovia é identificada por um número ímpar, significa que ela não passa pela capital e esse número corresponde à menor distância entre a rodovia e a capital.

As rodovias indicadas por números pares ligam-se à capital, e esse número corresponde ao número de graus contados a partir da direção norte (0°), no sentido horário.

Veja, pelas figuras a seguir, como foi determinada a sigla SP-280 para a rodovia Castello Branco.

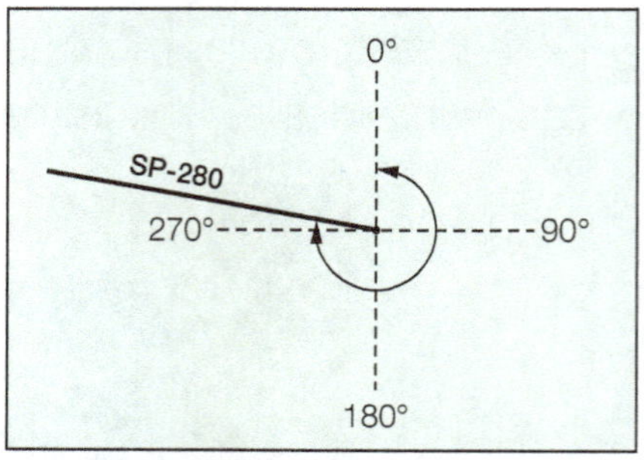

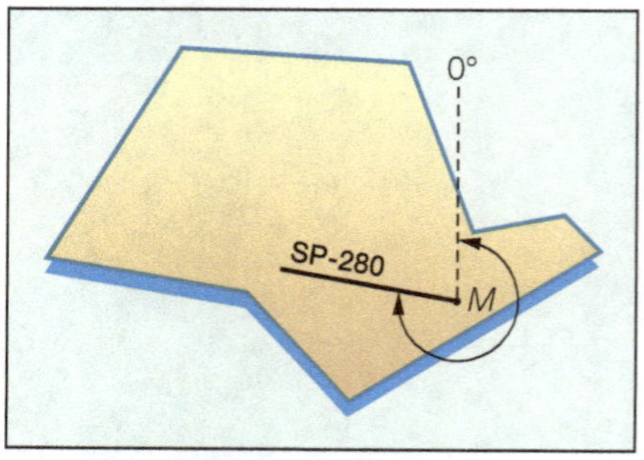

M: marco zero (Praça da Sé, SP)

Com base no texto:

a) identifique as rodovias desenhadas.

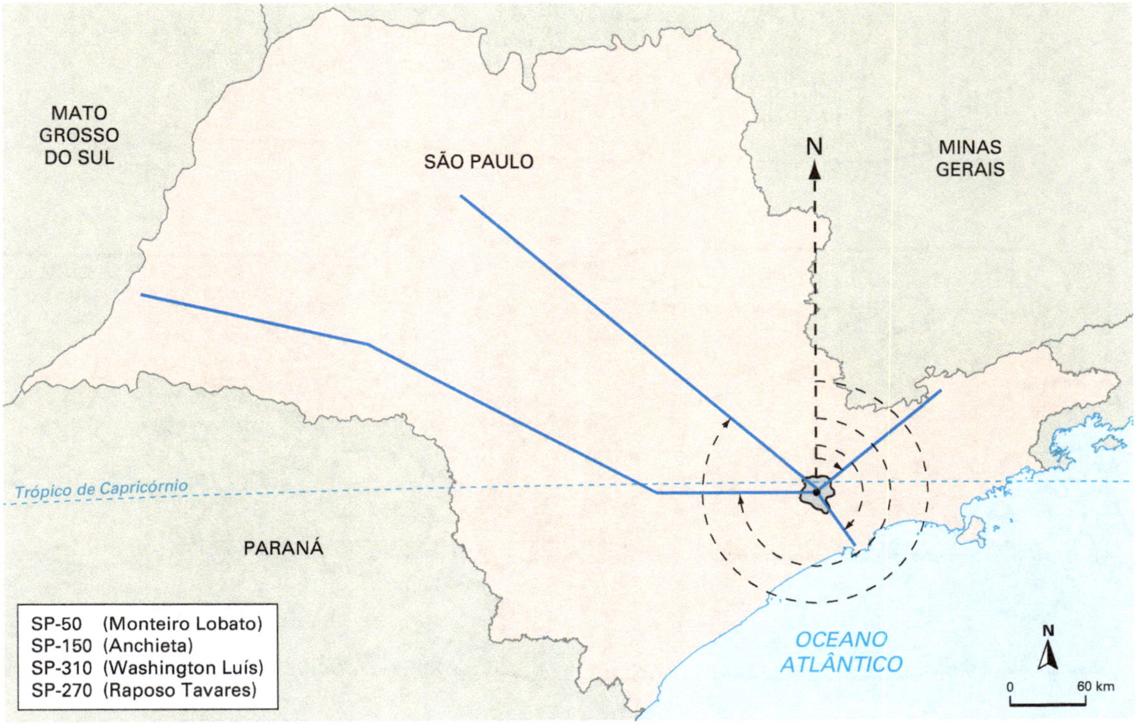

Fonte: *Google Maps.*

b) desenhe a direção destas rodovias.

Fonte: *Google Maps.*

7

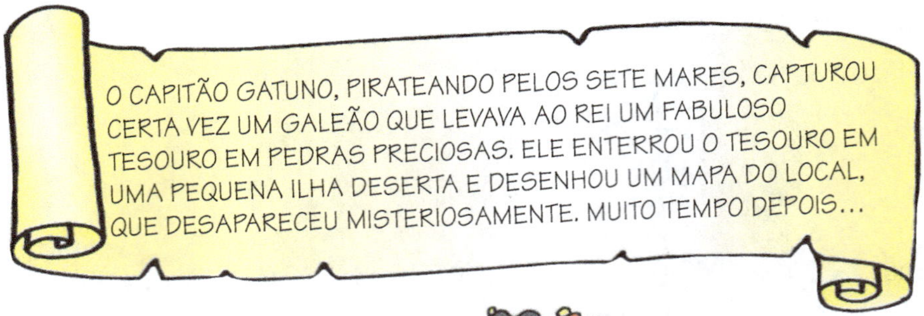

Considerando cada passo correspondente a 1 mm no mapa, desenhe o trajeto desde o desembarque até o esconderijo do tesouro.

8 No **jogo de bilhar**, a trajetória da bola segue uma constante: o seu ângulo de chegada é sempre congruente ao ângulo de saída.

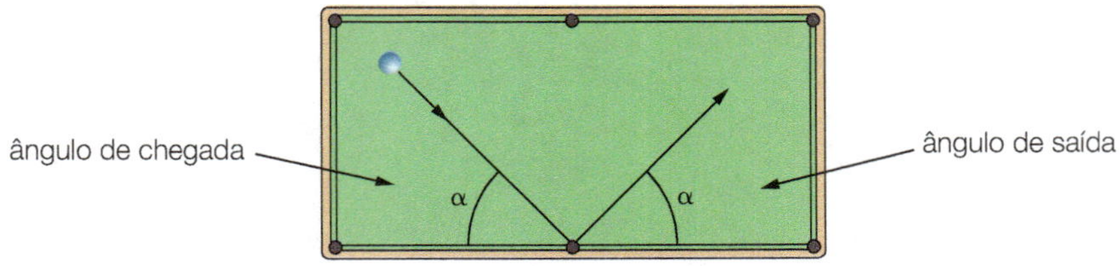

Vamos fazer uma jogada? No nosso jogo, vence quem acertar primeiro uma das caçapas.

Comece lançando a bola do ponto *P*, de modo que ela passe por *M*, bata na lateral $\overline{BC}$ (P_1) e volte para $\overline{AD}$, parando em P_2.

Boa tacada! Agora é minha vez.

Lanço a bola do ponto *K*, que passa por *T* e bate em $\overline{AD}$ (K_1), é rebatida para $\overline{BC}$ (K_2) e torna a rebater, chegando ao lado $\overline{DC}$ (K_3).

É você novamente. Lance a bola de P_2, tal que o ângulo de saída seja o mesmo que o ângulo de chegada. Após bater em $\overline{BC}$ (P_3), sua bola é rebatida para $\overline{DC}$.

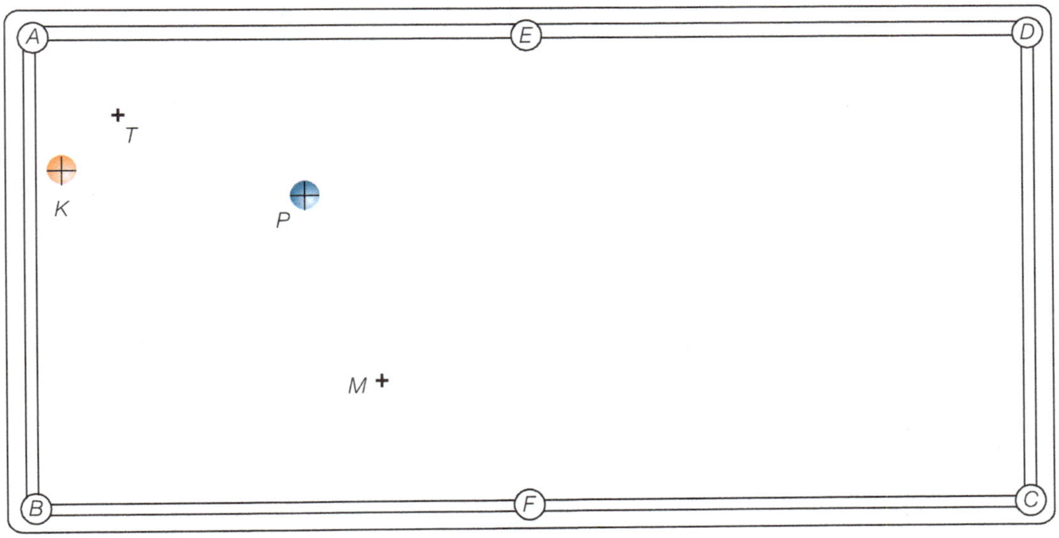

Você acertou a caçapa? ....

CAPÍTULO 6

Retas: perpendiculares e oblíquas

Nesta pintura, da artista brasileira Tarsila do Amaral, você pode observar como ela criou belas formas utilizando traços. Neste capítulo você irá descobrir que esses traços lembram retas perpendiculares e oblíquas.

Romulo Fialdini/Tempo Composto/Acervo particular

A Gare, Tarsila do Amaral, 1925.

Compreendendo ideias

Retas perpendiculares

Acompanhe a experiência a seguir.

1º) Dobre uma folha de papel ao meio, no sentido horizontal.

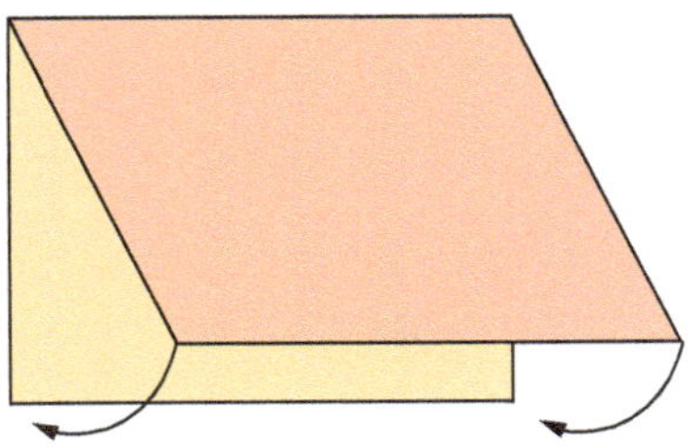

2º) Trace uma reta *x* sobre a dobra.

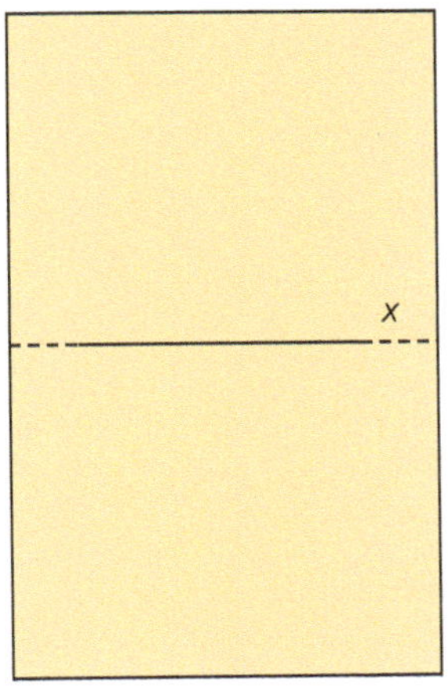

3º) Dobre a folha no sentido vertical.

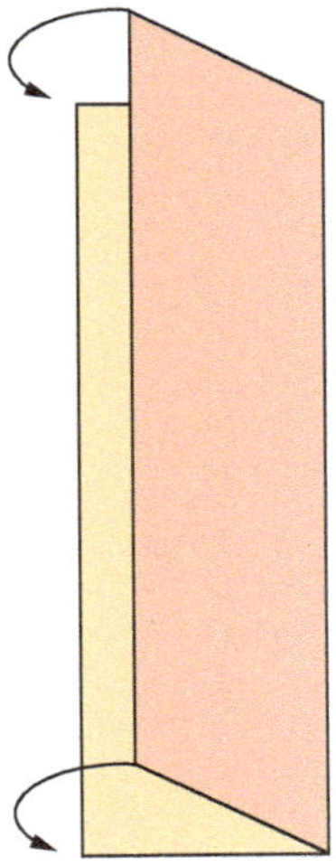

4º) Trace uma reta *y* sobre a nova dobra.

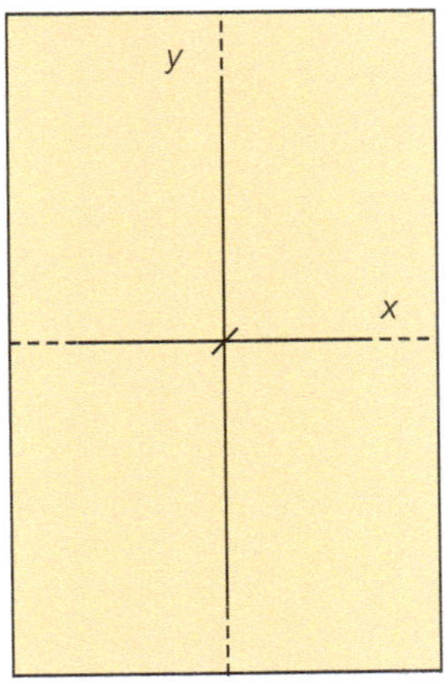

5º) Nomeie de *P* o ponto comum a *x* e *y*.

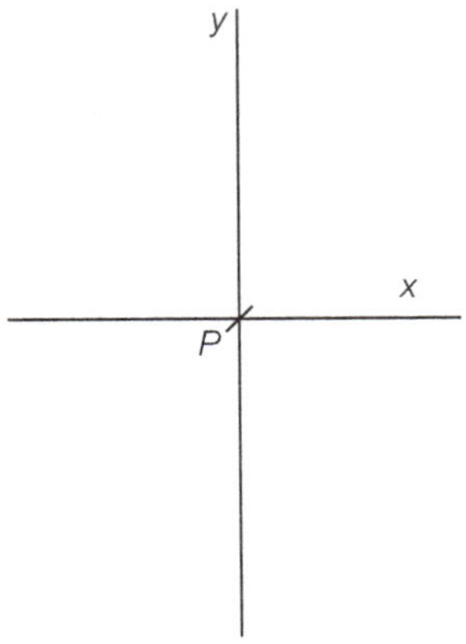

◆ Agora, analise as retas *x* e *y*.

Elas são ...., pois têm um ponto comum.

Dividem o plano em quatro .... iguais.

Esses ângulos são ...., pois medem ....

Por essas características, as retas *x* e *y* são chamadas de **retas perpendiculares**.

◆ Defina:

Retas perpendiculares são retas .... que formam ângulos ....

O símbolo $\perp$ indica a perpendicularidade.
Usando esse símbolo, podemos escrever: $x \perp y$.
(Lê-se: a reta *x* é perpendicular à reta *y*.)

Retas oblíquas

Considere a figura abaixo.

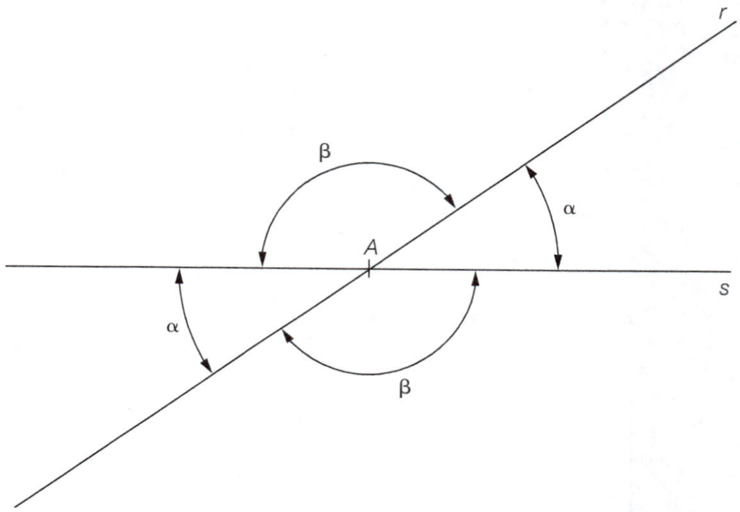

◆ Agora, complete:

Se $\{A\} = r \cap s$, então *r* .... *s*.

α .... 90°

β .... 90°

Então: $r \angle s$.

(Lê-se: a reta *r* é oblíqua à reta *s*.)

Então, o que são retas oblíquas?

Retas oblíquas são retas .... que formam ângulos diferentes de ....

Mediatriz de um segmento de reta

Vamos descobrir o que é uma mediatriz?

1º) Trace um segmento $\overline{AB}$, inclinado, em um pedaço de papel transparente (celofane, vegetal ou papel de seda).

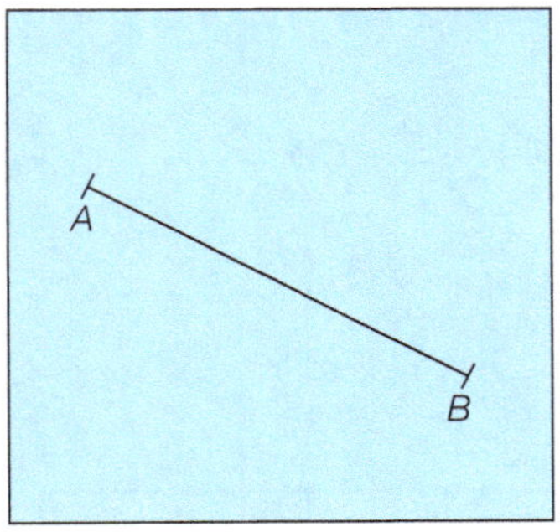

2º) Dobre o papel, fazendo o ponto *A* coincidir com o ponto *B*.

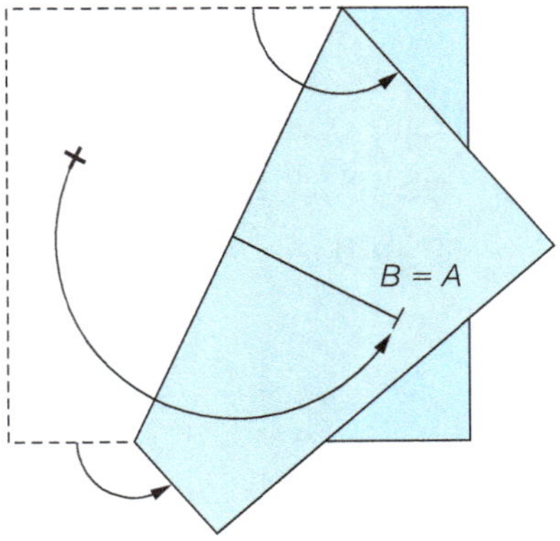

3º) Trace uma reta *m* sobre a dobra. Nomeie *M* o ponto comum entre $\overline{AB}$ e a reta *m*.

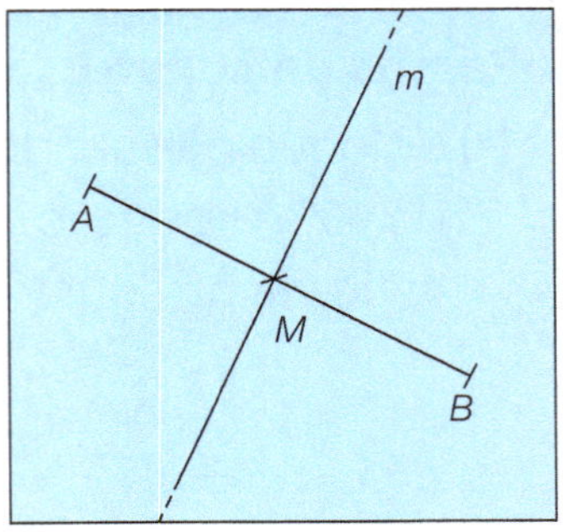

◆ Analise a figura que você obteve e complete:

Os quatro ângulos formados pela reta *m* e por $\overline{AB}$ são ângulos .... e, por isso, podemos dizer que a reta *m* é .... a $\overline{AB}$.

Indique: $m(\overline{AB}) =$ .... cm

$m(\overline{AM}) =$ .... cm

$m(\overline{BM}) =$ .... cm

Compare: $m(\overline{AM})$ .... $m(\overline{BM})$ .... $\dfrac{m(\overline{AB})}{2}$

O ponto *M* é chamado de **ponto médio** de $\overline{AB}$.

A reta *m* é a **reta mediatriz** de $\overline{AB}$ (abreviamos *mtz*).

◆ Podemos definir:

Ponto médio é o ponto que divide um segmento em ....

Mediatriz é a reta .... que passa pelo .... de um segmento.

Construindo imagens

Construção de uma reta perpendicular a uma reta dada, por um ponto conhecido, usando o par de esquadros

• **Dados:** 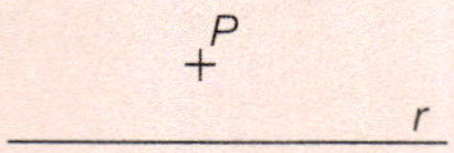

• **Construir:** $s \perp r$ por P

Passos da construção:

1º) Coloque o esquadro de 45° na posição indicada na figura.

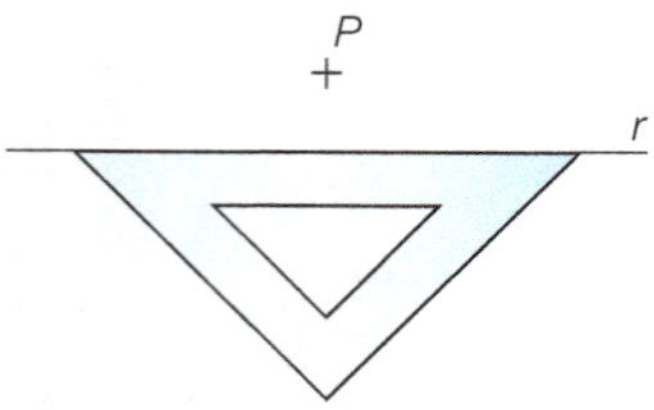

2º) Utilize o outro esquadro como apoio, mantendo-o fixo.

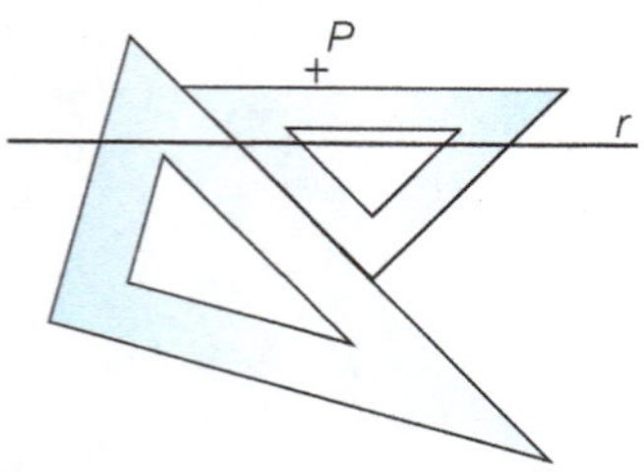

3º) Gire o esquadro de 45°, conforme mostra a figura.

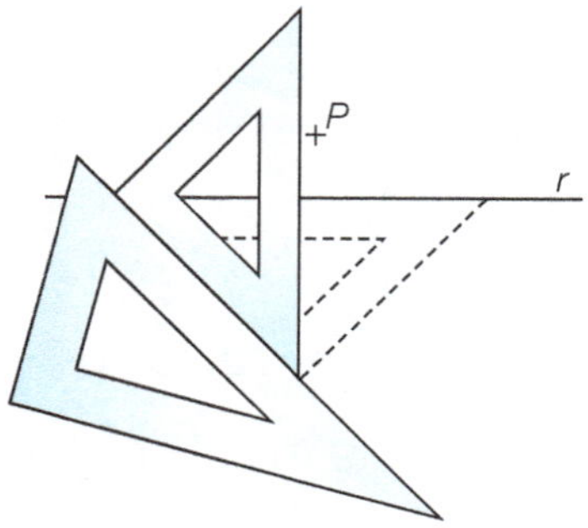

4º) Deslize o esquadro de 45° até o ponto P e trace a reta s.

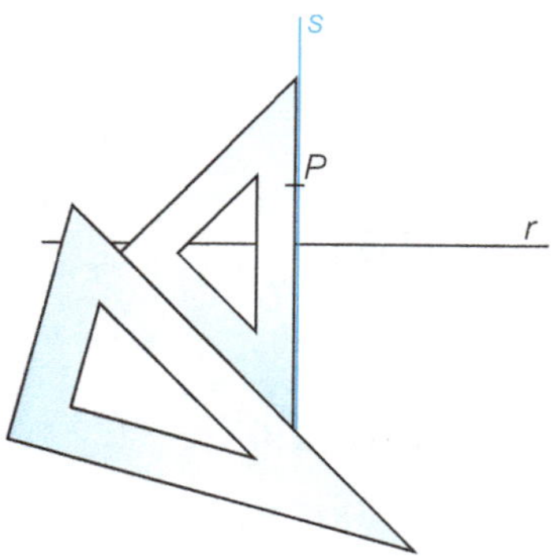

5º) $P \in s$ e $s \perp r$.

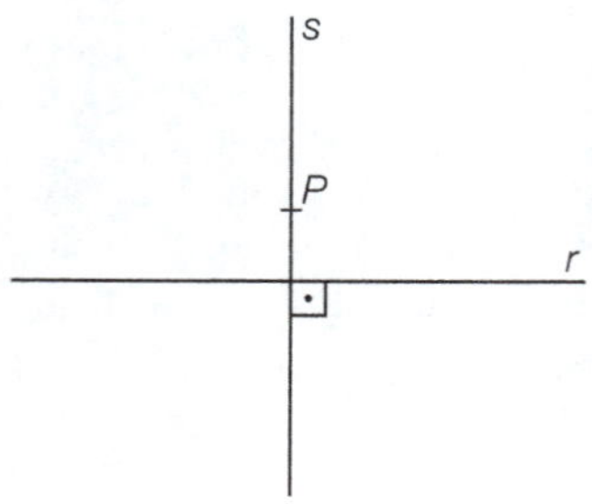

Para você construir:

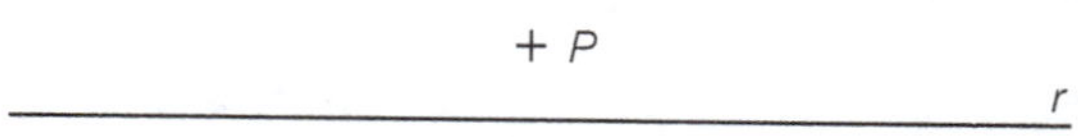

Usando tecnologia

Construção de um par de retas perpendiculares

Nesta seção, você vai construir um par de retas perpendiculares utilizando o *software* de Geometria dinâmica GeoGebra, que pode ser encontrado no endereço <https://www.geogebra.org>. Esse *software* apresenta ferramentas que podem facilitar diversas construções geométricas, como a construção de retas perpendiculares.

Passos da construção:

1º) Utilize a ferramenta  para construir uma reta qualquer clicando em dois lugares distintos da tela. A reta construída passa por esses dois pontos.

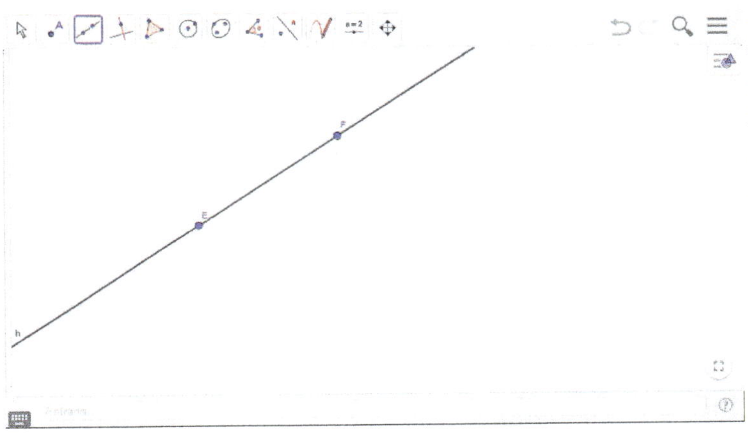

Reprodução/www.geogebra.org.

2º) Utilize a ferramenta 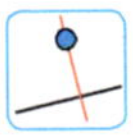 e clique na reta que já foi construída e em um ponto qualquer. As retas construídas são perpendiculares.

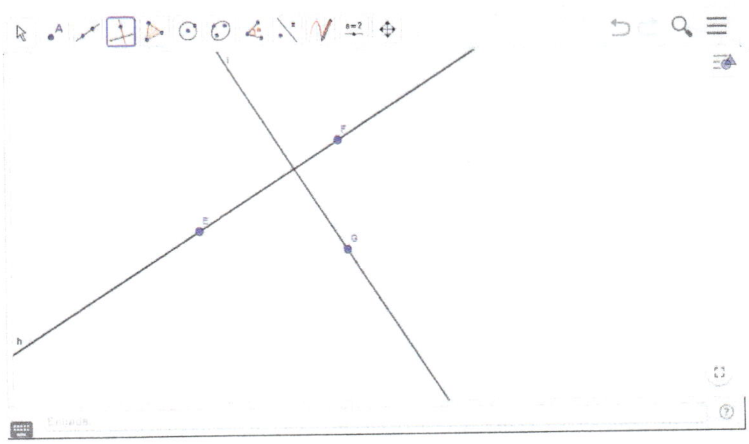

Reprodução/www.geogebra.org.

Para você construir:

Construa, no *software* de Geometria dinâmica GeoGebra, duas retas perpendiculares, seguindo os passos indicados nesta seção.

Construindo imagens

Construção da reta mediatriz de um segmento dado, usando régua e o par de esquadros

- **Dados:** 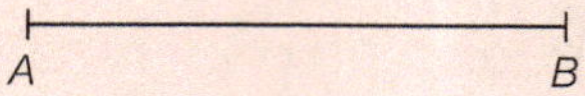

- **Construir:** m, mediatriz de $\overline{AB}$

Passos da construção:

1º) Meça $\overline{AB}$ e calcule a metade da sua medida.

$m(\overline{AB}) = 3{,}6$ cm $(3{,}6 \div 2 = 1{,}8$ cm$)$

2º) Marque o ponto $M \in \overline{AB}$, tal que $m(\overline{AM}) = 1{,}8$ cm.

3º) Trace, pelo ponto M, $m \perp \overline{AB}$, conforme procedimento explicado na construção de reta perpendicular.

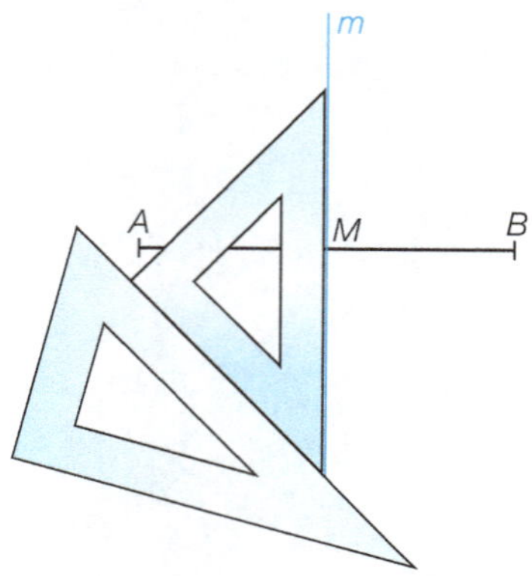

4º) M é ponto médio de $\overline{AB}$.

$$\left.\begin{matrix} M \in m \\ m \perp AB \end{matrix}\right\} \Rightarrow m \text{ é mediatriz de } \overline{AB}$$

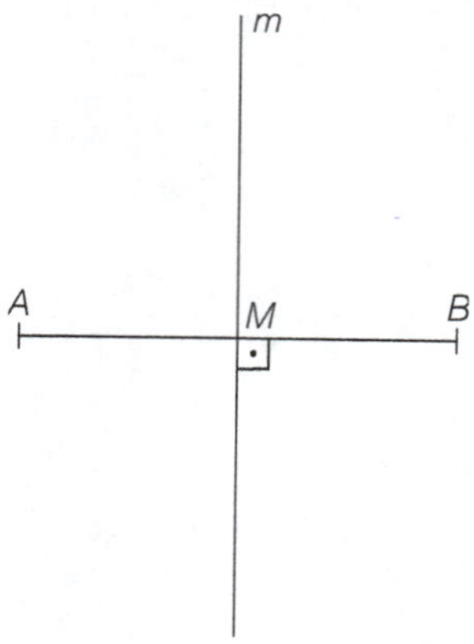

Para você construir:

Construção de retas oblíquas a retas dadas com ângulos dados, usando o par de esquadros

• Dados:

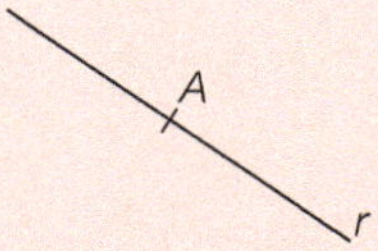

• Construir: $s \angle r$, por A, sendo $m(\hat{A}) = \alpha$

Procedimento para construção:

- Quando $\alpha = 60°$

  Use o esquadro de 45° como apoio e posicione o esquadro de 60° de modo que o vértice do ângulo de 60° do esquadro coincida com o ponto *A*. Trace a reta *s*.

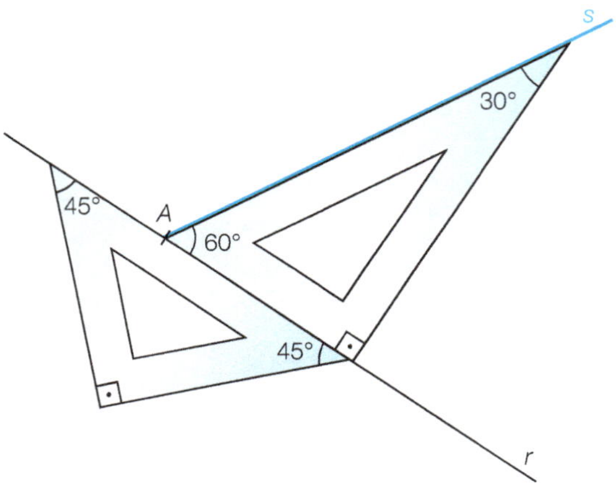

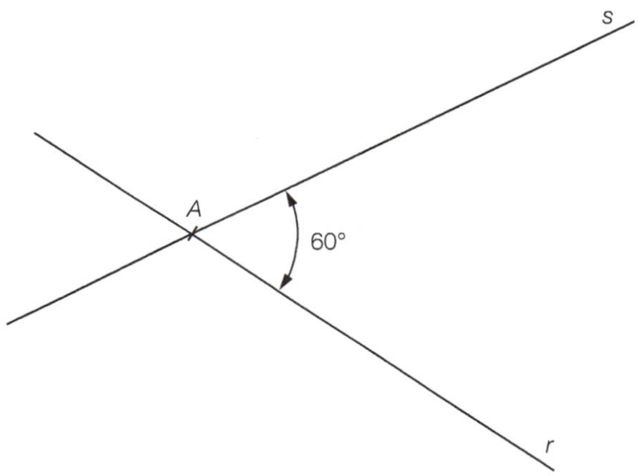

- Quando $\alpha = 30°$

  Use o esquadro de 45° como apoio e posicione o esquadro de 60° de modo que o vértice do ângulo de 30° do esquadro coincida com o ponto *A*. Trace a reta *s*.

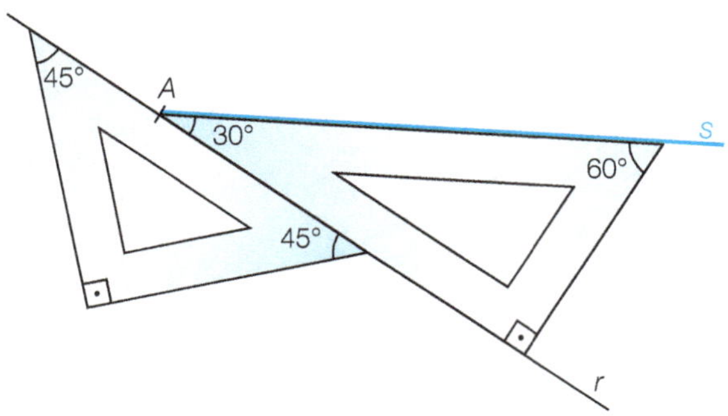

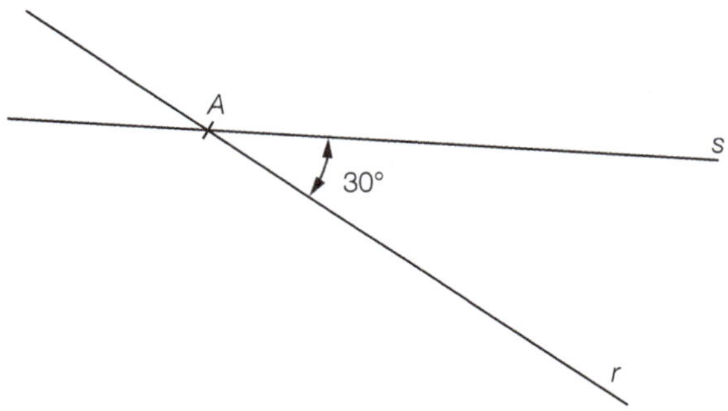

- Quando $\alpha = 45°$

  Use o esquadro de 60° como apoio e posicione o esquadro de 45° de modo que o vértice do ângulo de 45° do esquadro coincida com o ponto *A*. Trace a reta *s*.

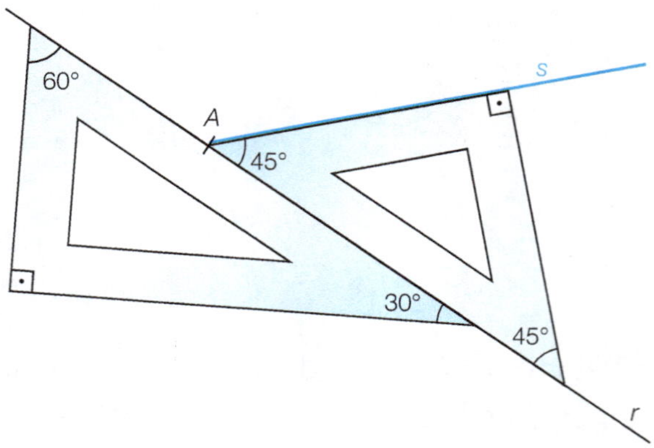

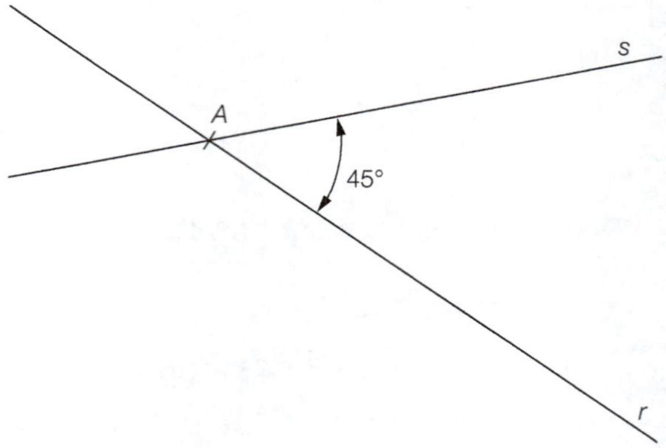

Para você construir:

$\alpha = 30°$

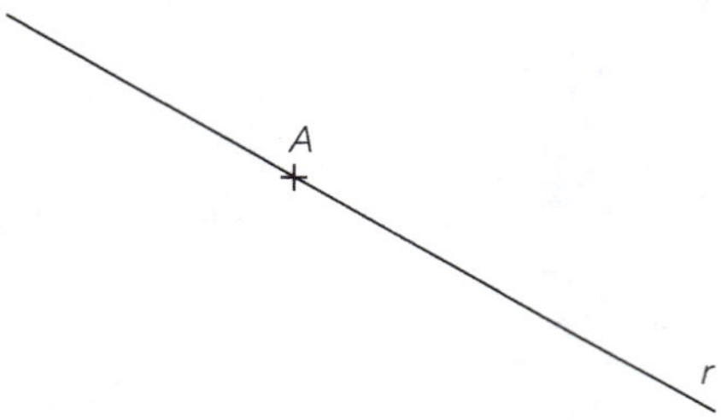

$\alpha = 45°$

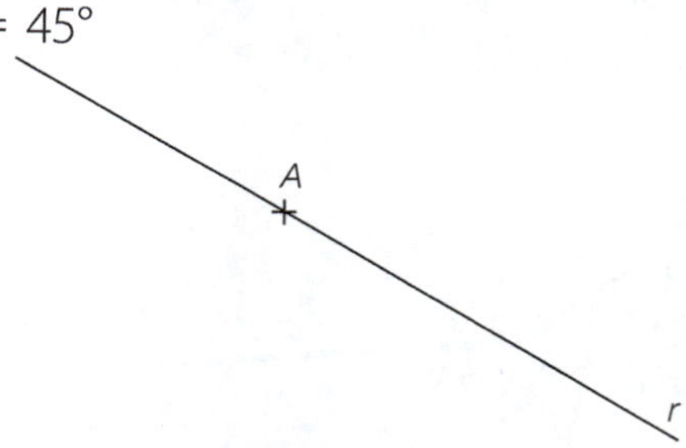

$\alpha = 60°$

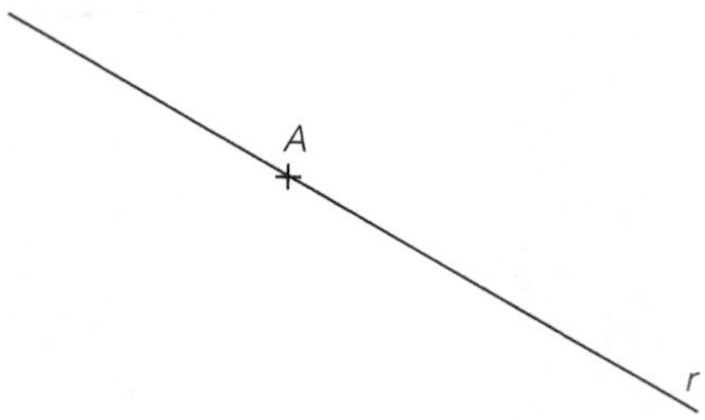

Você em ação

1 Complete:

1. Retas que têm um único ponto comum.

2. Retas que têm todos os pontos comuns.

3. Retas que não têm ponto comum.

4. Retas que se cruzam e formam ângulo de 90°.

5. O mesmo que concorrente.

6. Retas do mesmo plano.

7. Perpendicular pelo ponto médio de um segmento.

8. Retas que se cruzam e formam ângulos diferentes de 90°.

2 Verifique a frase formada pelo encaixe e diga se ela é verdadeira ou falsa.

3 Escreva o nome e o símbolo das retas da figura, classificando-as:

a) quanto à posição relativa:

a*, *b		
r*, *b*, *d		
r*, *s		

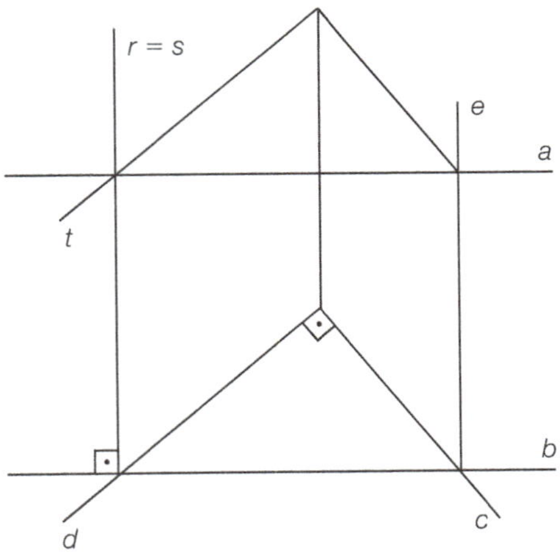

b) quanto aos ângulos formados:

b*, *r		
t*, *a		
b*, *c		
c*, *d		

4 Na figura abaixo faça as medições necessárias e, em seguida, complete o texto.

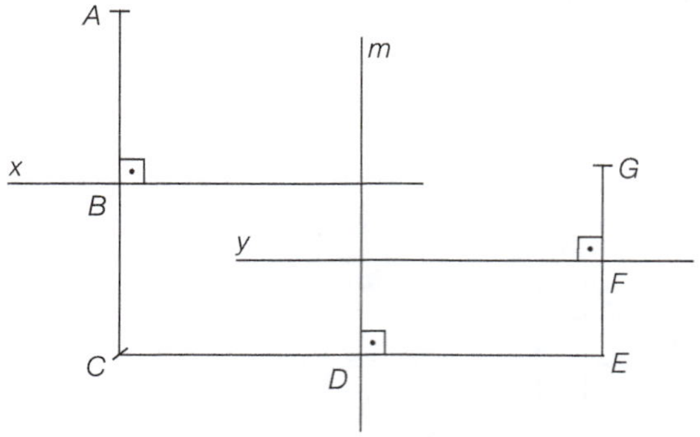

.... é ponto médio de $\overline{EG}$.

m é .... de $\overline{CE}$.

B é .... de $\overline{AC}$.

D é .... de ....

x é .... de ....

5 Construa o que se pede, usando o par de esquadros.

a) $t \perp d$, sabendo que $M \in t$.

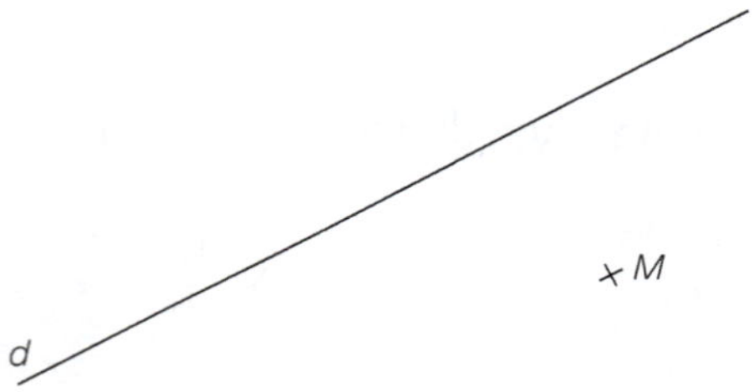

b) *m*, mediatriz de $\overline{AB}$, e *M*, ponto médio de $\overline{AB}$.

6 Construa o que se pede, usando o par de esquadros.

a) $x \angle w$ (60°), por *A*.

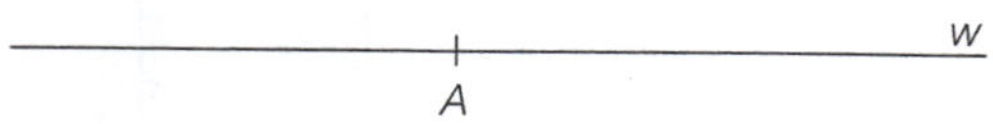

b) $n \angle a$ (30°), por *R*.

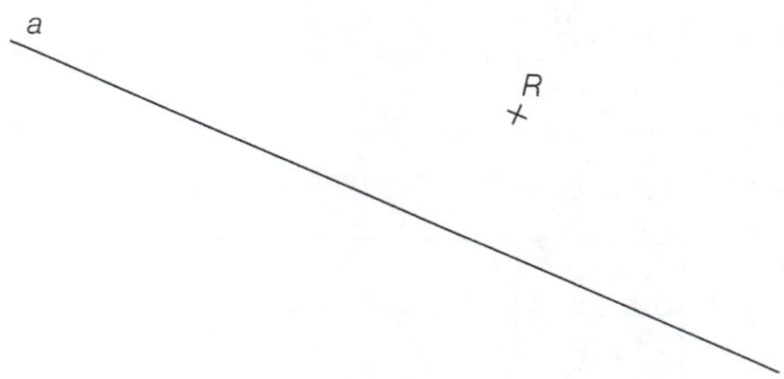

7 Determine o ponto *P*, interseção das retas *a* e *b*, sendo a reta *a* oblíqua a 45° em relação à reta *x* e sabendo que o ponto *N* pertence à reta *a*.

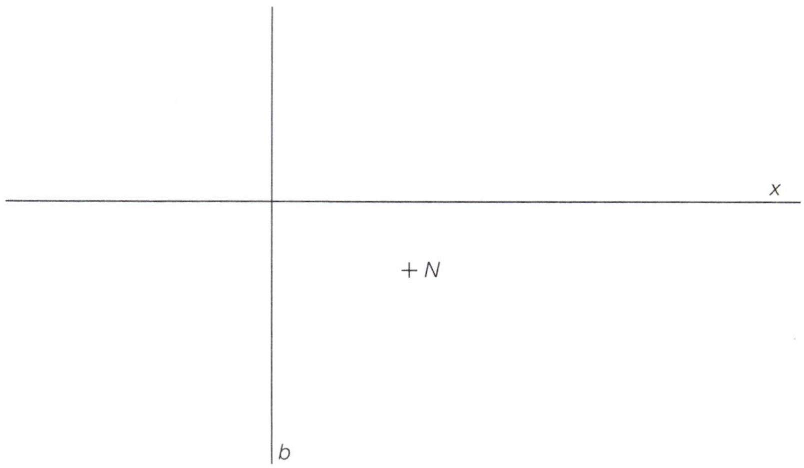

8 Pelo ponto médio (*M*) do segmento *CD*, trace uma reta *r* perpendicular à reta *s* dada.

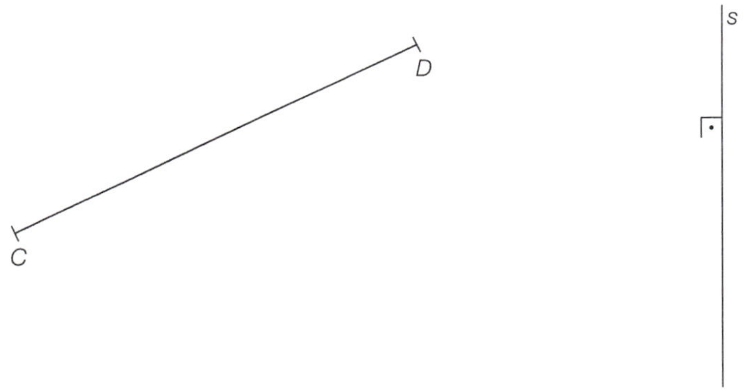

9 Determine os pontos *K* e *L*, interseção da mediatriz (*m*) de $\overline{AB}$ com as retas *y* e *w*, respectivamente.

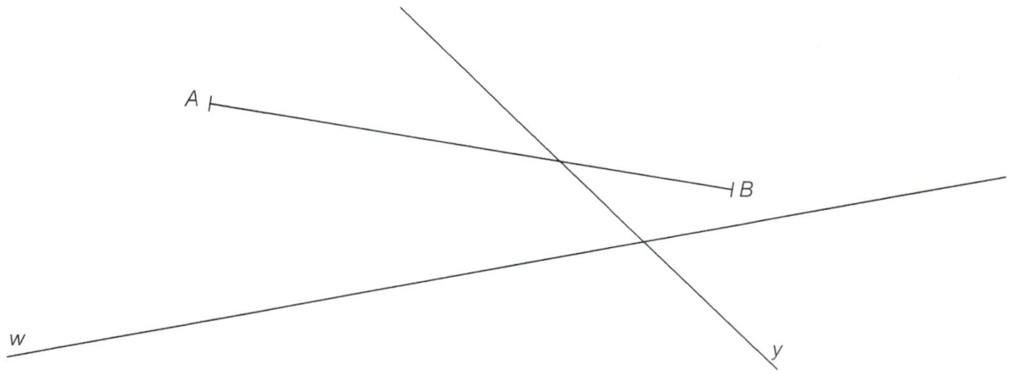

10 Determine os pontos médios dos segmentos *EF*, *FG* e *GH*. Nomeie-os respectivamente de *M*, *N* e *Q*. Depois, desenhe as retas *r* e *s*, sendo *r* determinada por *M* e *N* e *s* determinada por *N* e *Q*.

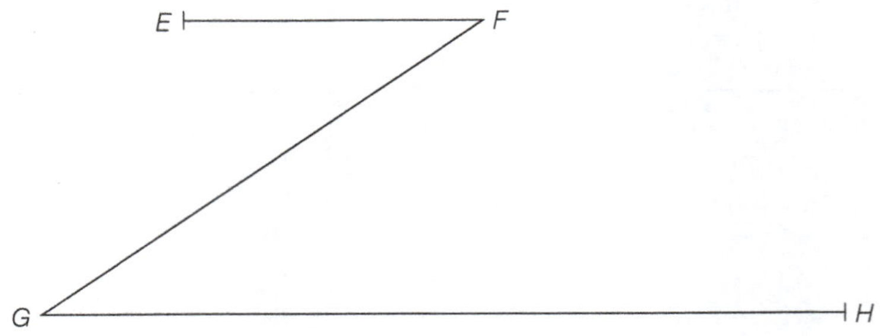

11 Dados os pontos *A*, *B* e *C*, construa o que se pede.

- $x \parallel \overline{AB}$, tal que $C \in x$.
- $y \perp \overline{CB}$, tal que $A \in y$.
- $z \perp \overline{CB}$ por *D*, sendo $D = x \cap y$.

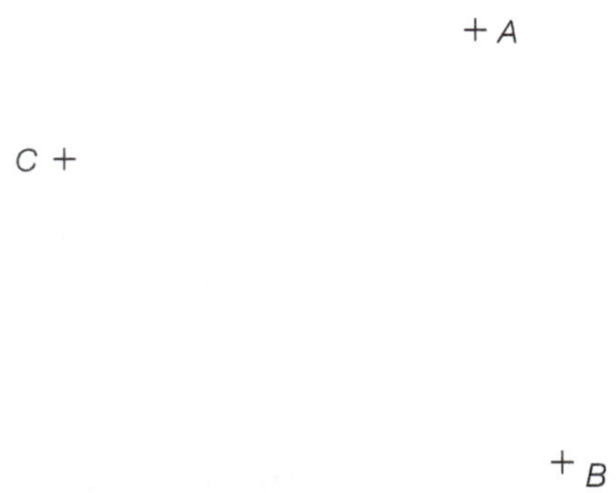

12 Desenhe $\overline{AB}$ de medida 4 cm, sabendo que $\overleftrightarrow{MP}$ é mediatriz de $\overline{AB}$ e que *M* é seu ponto médio.

Olhando ao redor

1. Olhe bem para as figuras e responda.

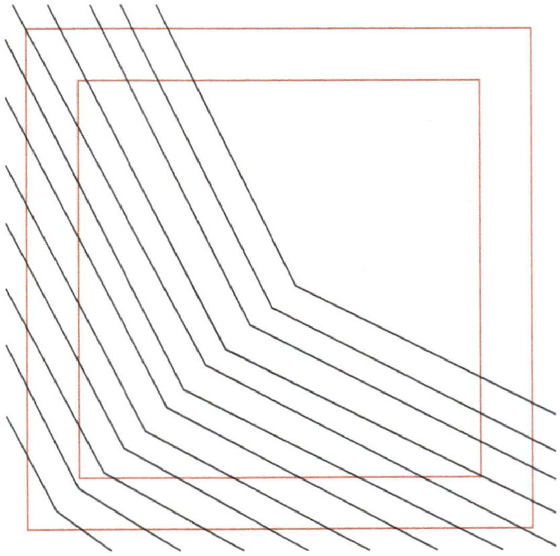

As linhas vermelhas formam ângulos retos? ....

Confira medindo-os com o transferidor.

As linhas cinza são perpendiculares entre si? ....

Confira com a régua e com o esquadro.

2 Esta obra chama-se *Quarto em Arles* e foi pintada por Vincent van Gogh em 1888.

Reprodução/Instituto de Arte de Chicago, Chicago, EUA

Quarto em Arles, Vincent van Gogh, 1888. Óleo sobre tela, 73 cm × 92 cm.

O desenho abaixo reproduz somente suas linhas principais. Destaque nele dois pares de segmentos perpendiculares, dois pares de segmentos oblíquos e dois pares de segmentos paralelos. Depois, divirta-se colorindo a obra a seu gosto.

3 Na música "Sampa", Caetano Veloso canta: "Alguma coisa acontece no meu coração / que só quando cruzo a Ipiranga e a Avenida São João..." ("Sampa", Caetano Veloso, CD *Caetanear*, Universal Music, 1996).

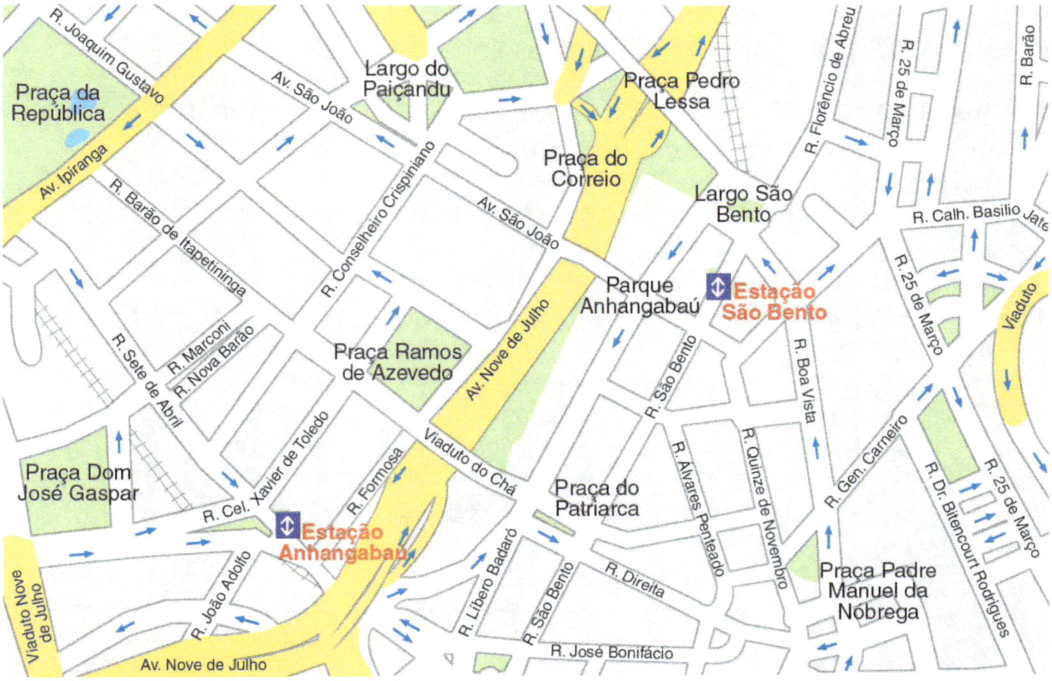

Fonte: *Google maps.*

a) O mapa mostra esse famoso cruzamento. Utilizando o transferidor, para verificar a medida dos ângulos formados por essas avenidas, você pode constatar que elas são ....

b) A rua Conselheiro Crispiniano e a rua Barão de Itapetininga formam um ângulo .... e, por isso, são ....

c) A rua Boa Vista é .... à rua General Carneiro porque elas formam ângulos ....

d) Por sua posição relativa, as ruas 25 de Março e Dr. Bitencourt Rodrigues são ....

e) A estação São Bento do metrô fica na rua São Bento, que é oblíqua à rua ....

f) A rua Direita é perpendicular às ruas .... e ....

g) Imagine que você está no Viaduto do Chá e alguém lhe pergunta sobre a rua Líbero Badaró. Para que a pessoa tenha noção da direção que deve tomar, você diz que essa rua é .... à rua onde estão.

4 **A figura abaixo representa a planta simples e inacabada de um campo de futebol.**

Para completá-la, faça o que se pede.

a) Trace a linha central $(\overline{HJ})$, contida na mediatriz de $\overline{AB}$.

b) Obtenha os pontos *L* e *M* (centro das linhas dos gols).

c) Obtenha os pontos *N* e *O* (marcas de pênalti), que pertencem a $\overline{LM}$, sabendo que estão a 0,8 cm de *L* e *M*, respectivamente.

d) Determine o ponto *K* (centro do campo), sabendo que os pontos *L*, *N*, *K*, *O* e *M* são colineares.

e) Desenhe a grande área e a pequena área que estão faltando na figura.

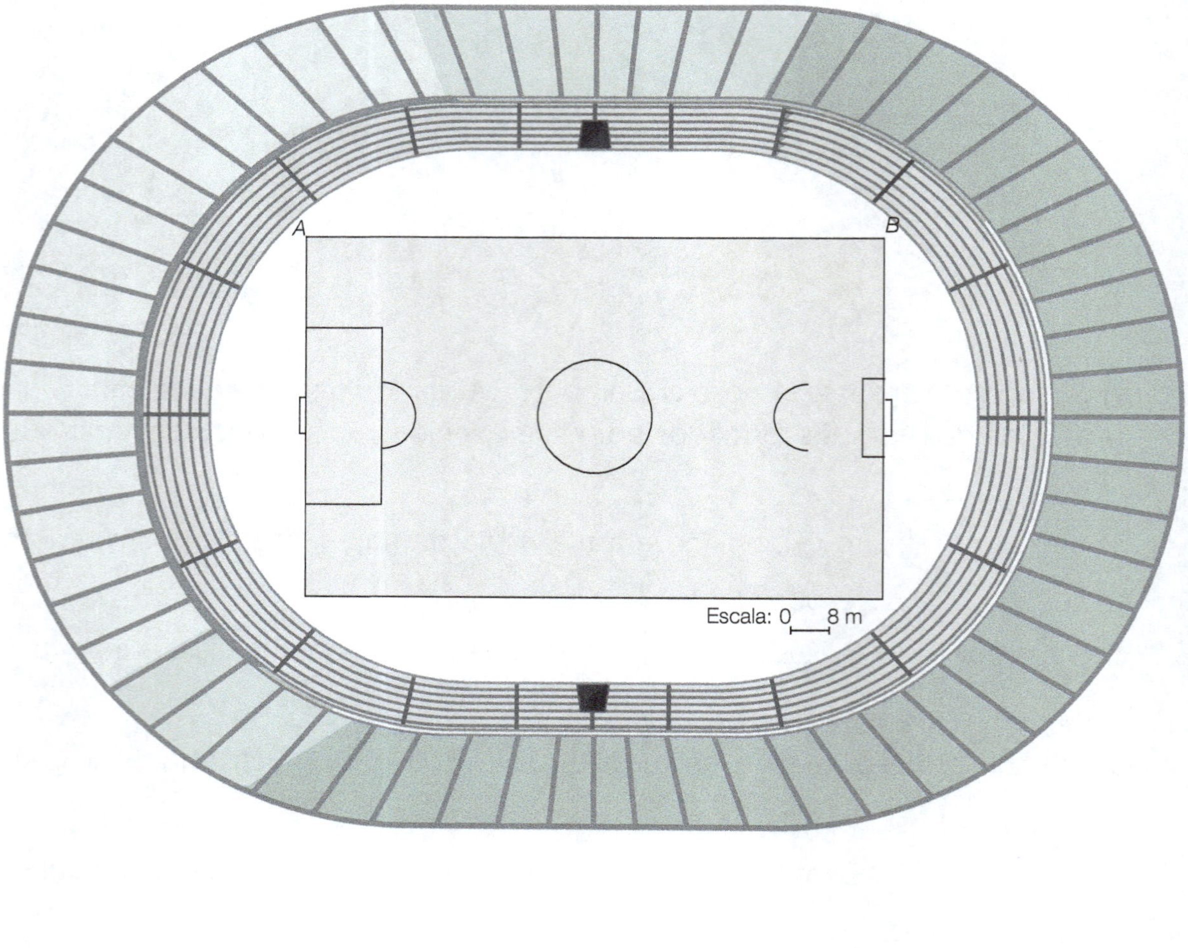

5 Faça uma planta simples das ruas ao redor da sua casa (ou escola).

a) Tomando como referência a rua que passa na frente da sua casa (ou escola), responda:

- Há alguma rua perpendicular a ela? ....

  O nome de uma delas é ....

- Há alguma rua paralela a ela? ....

  Dê um exemplo: ....

- Indique pelo menos um exemplo de rua oblíqua a ela, se houver. ....

b) Indique no seu desenho, usando os símbolos da legenda, onde se encontram (se houver):

- o pronto-socorro;
- a biblioteca;
- a farmácia;
- o supermercado;
- a parada de ônibus;
- a padaria;
- os locais de interesse público (parques, *shoppings*, igrejas, cinemas...).

6 Vamos fazer uma "viagem" pelo Brasil?

Nós indicamos o roteiro e você desenha o trajeto no mapa. (As medidas são dadas em centímetros, apropriadas ao tamanho do mapa.)

Partindo da capital gaúcha, seguimos na direção norte percorrendo uma distância de 2,2 cm. Desse ponto, viramos 40° para a esquerda e percorremos 1,4 cm. Chegamos a ...., capital de ....

Viramos 85° em direção ao oceano Atlântico e, depois de percorrer 7,8 cm, chegamos a ...., capital do Ceará. Mudamos a rota em 120° à esquerda e percorremos 3,4 cm. Chegamos a ...., capital do ....

Agora, giramos 30° para a esquerda e nessa direção avançamos mais 3,9 cm. Desse ponto viramos 90° para a direita e percorremos 2,5 cm. Chegamos ao final da viagem. Onde estamos? ....

Por quais estados passamos? ....

Fonte: IBGE. *Atlas geográfico escolar*. Rio de Janeiro, 2007.

CAPÍTULO 7

Distância e simetria

A simetria é um fenômeno fascinante que pode ser observado na natureza. Ela pode nos remeter às ideias de equilíbrio, ordem e harmonia que tanto agradam ao nosso senso estético.

Na fotografia, a face do tigre tem elementos correspondentes quando comparamos o lado direito com o lado esquerdo.

Você já notou essa característica em outros seres vivos?

KAMONRAT/Shutterstock

Compreendendo ideias

O que é distância

◆ Desenhe três caminhos diferentes para ir de Nova York a Paris, sendo o primeiro uma linha curva, o segundo uma reta e o terceiro uma poligonal.

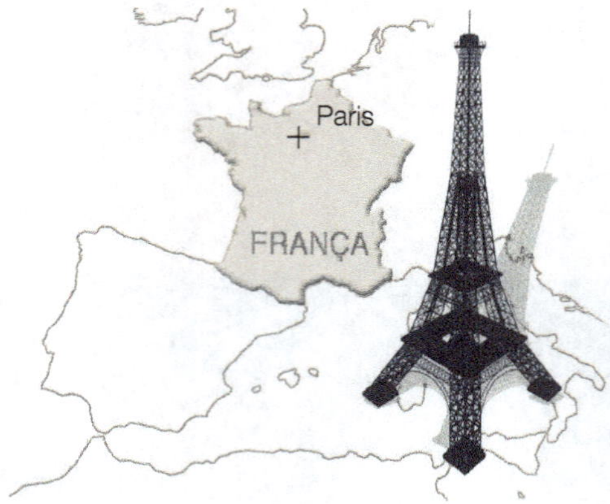

Alex Silva/Arquivo da editora

Qual das linhas representa o caminho mais curto? ....

A linha .... nos dá a ideia de caminho mínimo, cuja medida chamamos **distância**.

A distância é expressa por um número seguido de uma unidade de comprimento. Por exemplo, a distância entre Nova York e Paris na ilustração acima é de 7,3 cm.

Como se mede uma distância

Distância entre dois pontos

◆ Trace o caminho mínimo entre os pontos *M* e *R* e determine a sua medida.

+ M + R

$m(\overline{MR}) =$ ....

A medida do segmento de reta com extremidades em *M* e *R* é chamada distância entre os pontos *M* e *R*.

Indica-se: $d(M, R) = 6$ cm. (Lê-se: a distância entre os pontos *M* e *R* é 6 cm.)

Dizemos que o segmento de reta *MR* é a imagem dessa distância.

Distância entre ponto e reta

- Observe as figuras e dê a medida de $\overline{AB}$ em cada caso.

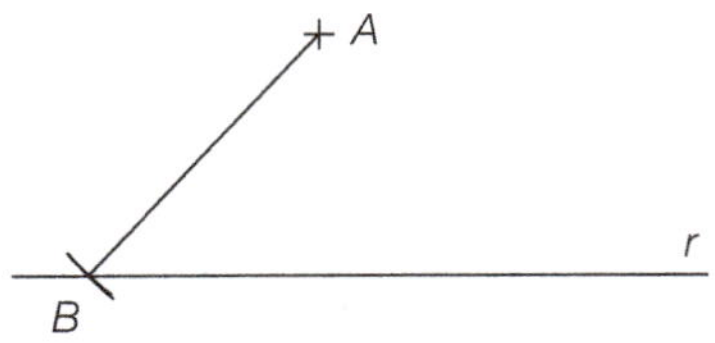

Figura 1

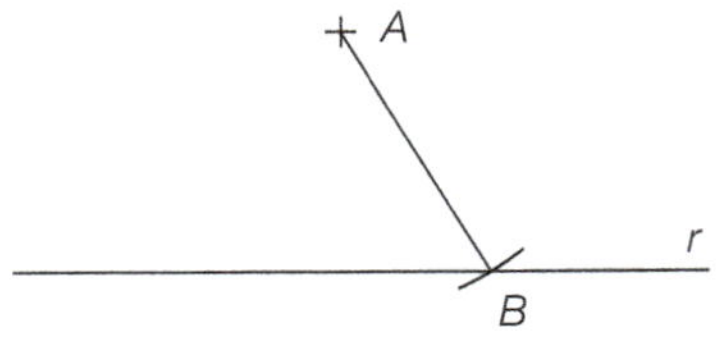

Figura 2

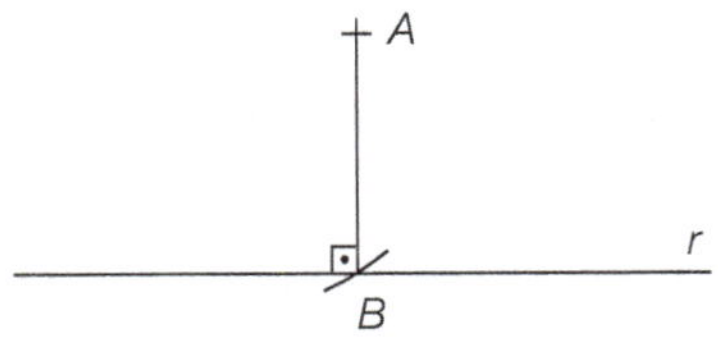

Figura 3

$m(\overline{AB})$ = ... $m(\overline{AB})$ = ... $m(\overline{AB})$ = ...

Em qual dos casos $\overline{AB}$ tem a menor medida? ....

Observando essa figura, notamos que $\overline{AB}$ .... *r*.

O caminho mínimo de um ponto *A* a uma reta *r* é um .... de reta .... à reta *r* que passa pelo ponto *A*.

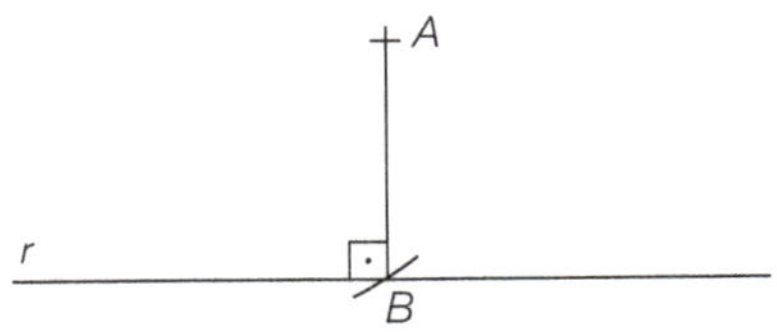

Indica-se: d(*A*, *r*) = ... cm.

(Lê-se: a distância do ponto *A* à reta *r* é .... cm.)

$\overline{AB}$ é a imagem dessa distância.

Distância entre duas retas paralelas

Nesta figura, temos duas retas, *x* e *y*, paralelas entre si, e um segmento *RS* perpendicular, que representa o caminho mínimo entre essas retas.

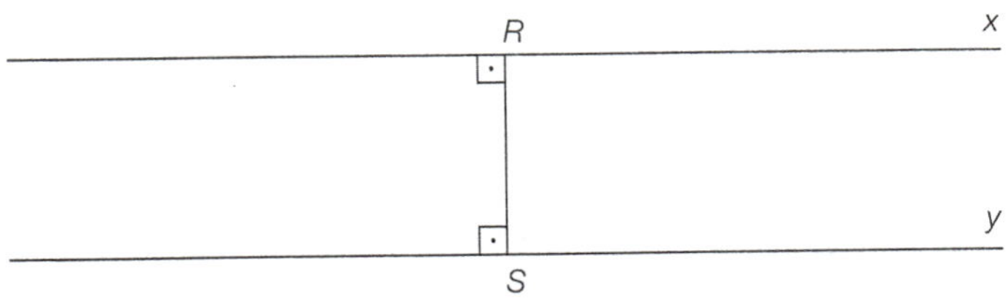

- Analise a figura e complete.

  d(*R*, *y*) = d(*S*, *x*) = d(*x*, *y*) = m(....................................)

  Concluímos que a distância entre duas retas paralelas é a .... do segmento .... a essas duas retas com uma extremidade em cada reta.

Indica-se: d(*x*, *y*) = 1,8 cm. (Lê-se: a distância entre as retas *x* e *y* é 1,8 cm.)

RS é a imagem da distância entre as retas.

Equidistância

Equi significa "igual".

Equidistância significa "igual distância".

Ser equidistante significa "estar a igual distância".

Ponto equidistante de dois pontos

◆ Complete, de acordo com a figura.

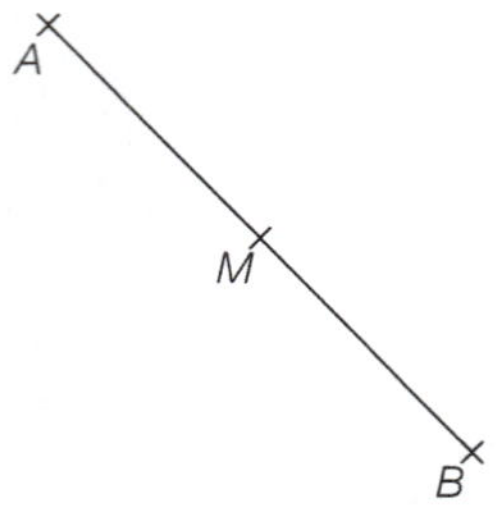

d(M, A) = ...

d(M, B) = ...

m($\overline{MA}$) .... m($\overline{MB}$)

M é equidistante de A e B.

Ponto equidistante de duas retas

◆ Complete com base na figura.

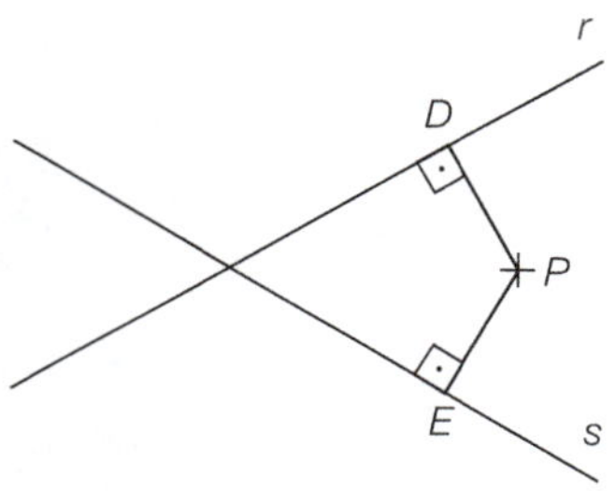

d(P, r) = ...

d(P, s) = ...

m($\overline{PD}$) .... m($\overline{PE}$)

P é equidistante de r e s.

Reta equidistante de duas retas

◆ Sendo $x \parallel a \parallel y$, complete.

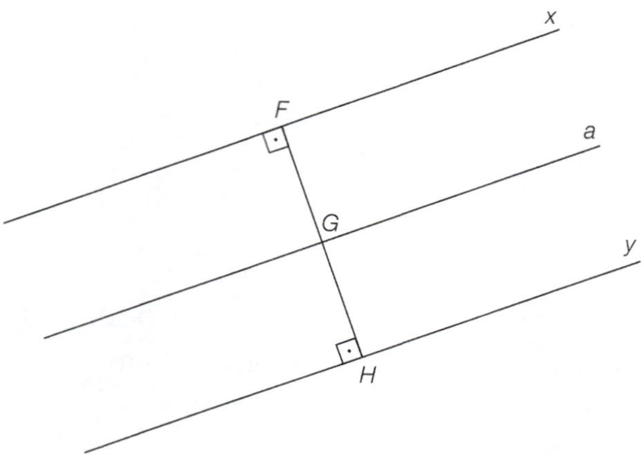

d(a, x) = ...

d(a, y) = ...

m($\overline{GF}$) .... m($\overline{GH}$)

a é equidistante de x e y.

Construindo imagens

Construção de uma reta perpendicular a uma reta dada, por um ponto conhecido, usando o par de esquadros

- **Dados:**

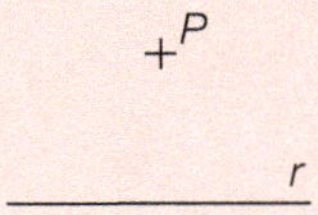

- **Construir:** d(*P*, *r*)

Passos da construção:

1º) Coloque o esquadro de 45° na posição indicada na figura.

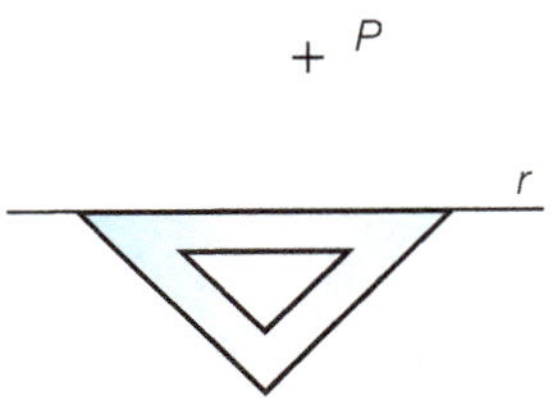

2º) Utilize o outro esquadro como apoio, mantendo-o fixo.

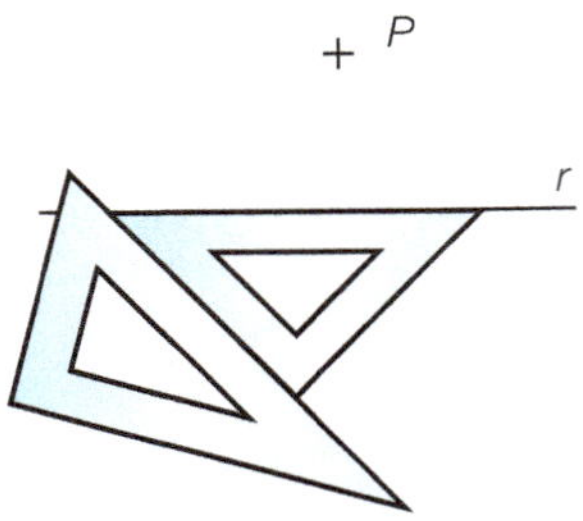

3º) Gire o esquadro de 45°, conforme mostra a figura.

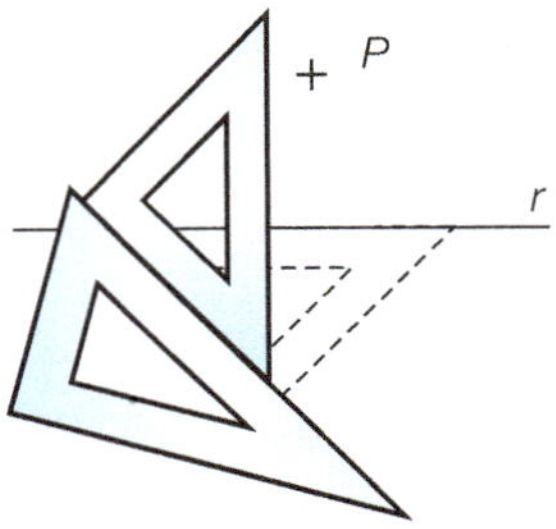

4º) Deslize o esquadro de 45° até o ponto *P* e trace $\overline{PA}$.

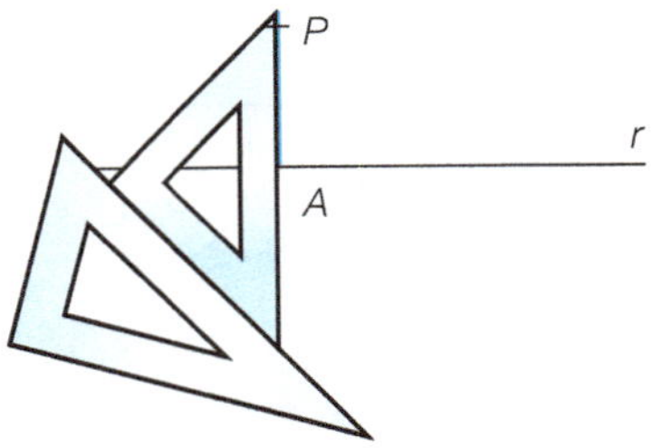

5º) d(*P*, *r*) = $\overline{PA}$ = 1 cm

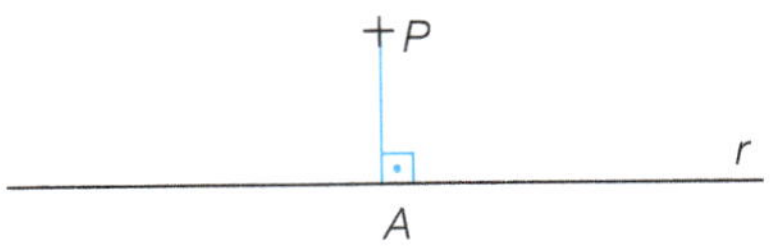

Para você construir:

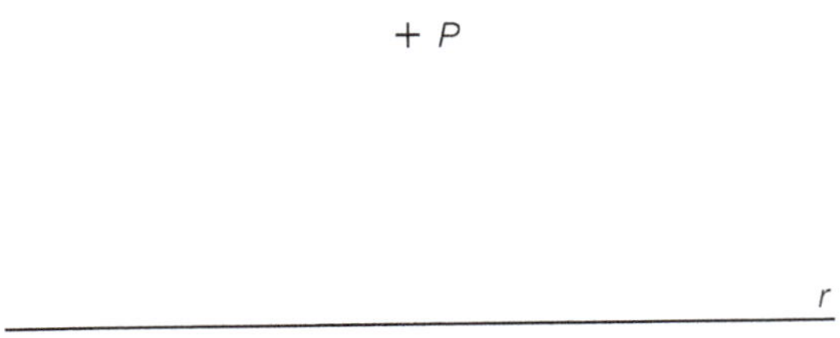

Complete: d(*P*, *r*) = ...

Determinação da distância entre duas retas paralelas, usando o par de esquadros

• **Dados:**

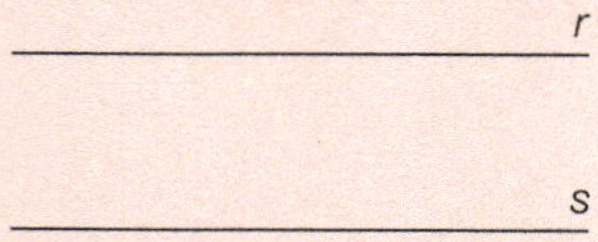

• **Construir:** d(*r*, *s*)

Passos da construção:

1º) Destaque um ponto *A* qualquer da reta *s* (ou da reta *r*).

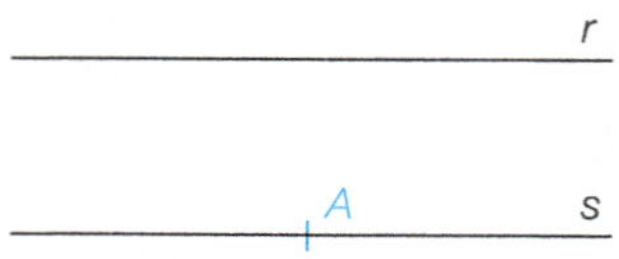

2º) Coloque o esquadro de 45° junto à reta *s*. Utilize o outro esquadro como apoio, mantendo-o fixo.

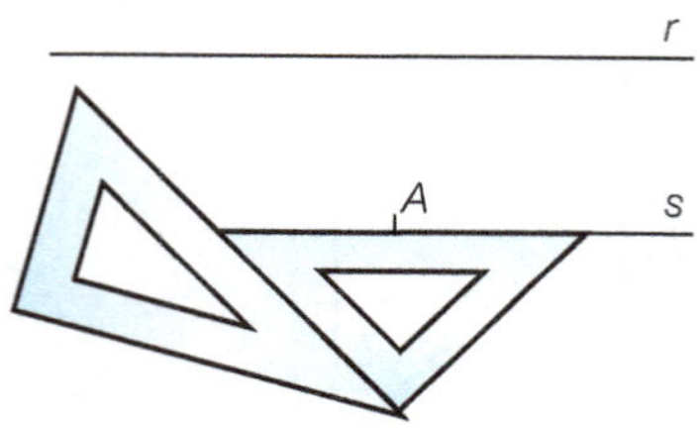

3º) Gire o esquadro de 45° conforme mostra a figura.

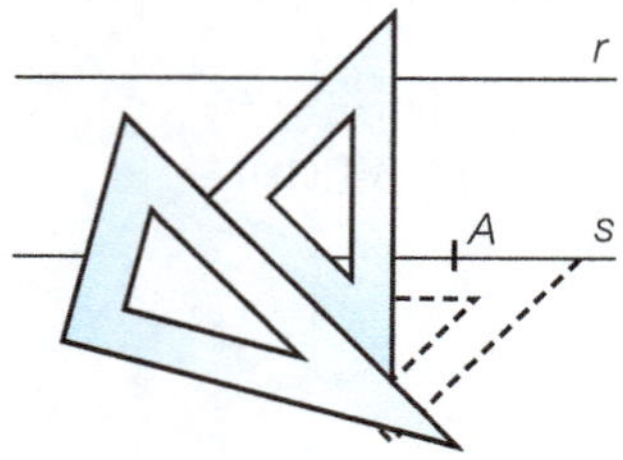

4º) Deslize o esquadro de 45° até o ponto *A* e trace *AB*, com *B* na reta *r*.

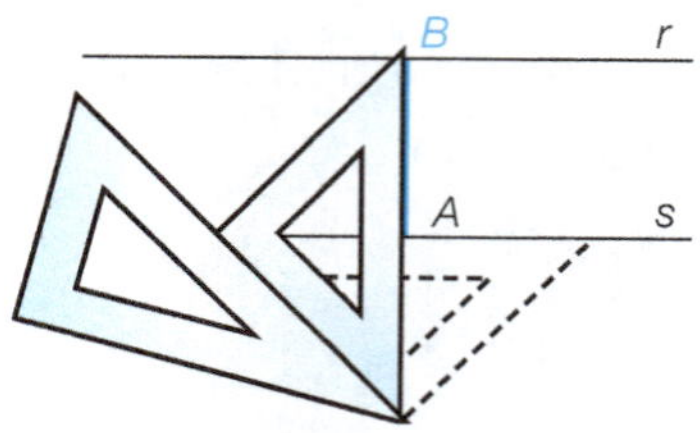

5º) d(r, s) $=$ AB $=$ 1,2 cm

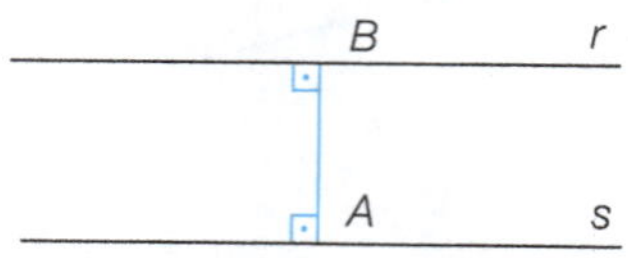

Para você construir:

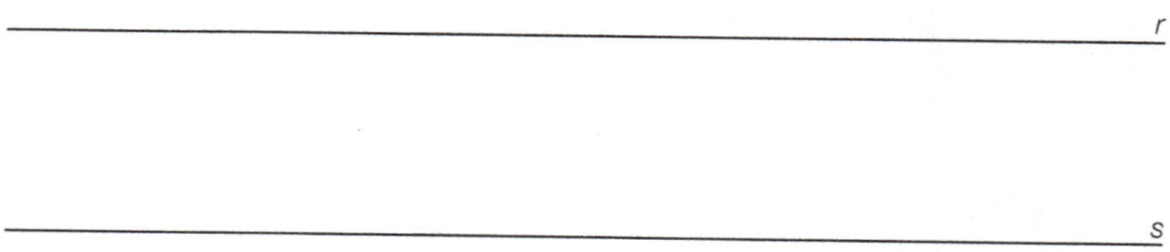

Complete: d(r, s) $=$ ....

Compreendendo ideias

O que é simetria

Para compreender bem o que é simetria, vamos fazer algumas experiências.

- Corte uma maçã ou pera ao meio no sentido do cabo para a base e coloque um espelho encostado na face do corte. Observe a imagem refletida no espelho. O que você percebe?

....

- Verifique se isso também ocorre com as imagens do cachorro e do jarro abaixo.

As imagens não estão representadas em proporção.

Manekina Serafima/Shutterstock

Dimedrol68/Shutterstock

....

Essas experiências mostram que algumas formas têm duas metades opostas iguais. Por isso elas são chamadas de **formas simétricas**.

As **formas assimétricas** são aquelas que não podem ser divididas em duas partes idênticas.

Simetria de reflexão

- Copie o desenho da metade da borboleta em uma folha de papel.

  Dobre o papel ao meio pela linha tracejada. Recorte a borboleta e, colocando-a sobre o vidro de uma janela, copie no lado em branco todos os detalhes do desenho. Pinte-a com as mesmas cores dos dois lados.

  Abra e feche as asas de sua borboleta e note que cada parte de um lado corresponde a uma parte do outro. Essa correspondência é de forma e de tamanho, evidenciada pelas cores.

  A linha que passa pelo meio do seu corpo é chamada **eixo de simetria**.

  Através da reflexão, a imagem é invertida em relação a seu eixo, formando-se uma imagem espelhada da original.

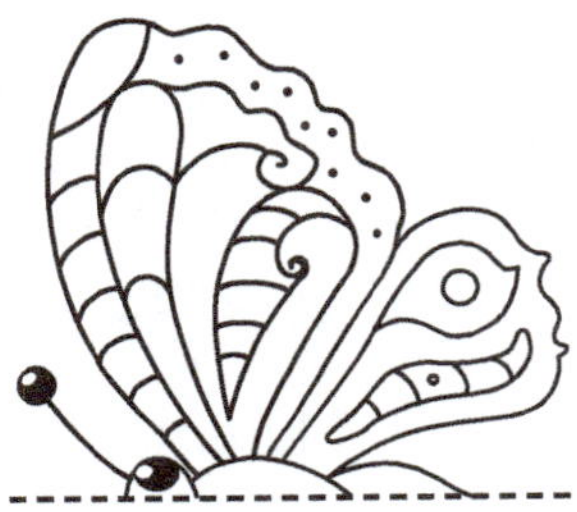

Thinkstock/Getty Images

Eixo de simetria.

Há muitas formas simétricas na natureza e nas produções humanas.

- Você consegue perceber se existe e onde está o eixo de simetria de cada uma destas imagens?

As imagens não estão representadas em proporção.

Josh Westrich/Easypix do Brasil

Tatjana Krausma/Shutterstock

Thinkstock/Getty Images

Sergey Kohl/Shutterstock

- Mire-se em um espelho e pisque o olho direito: não parece ser o da esquerda da imagem que está piscando do outro lado? Percebe como o seu reflexo está invertido? Estique o braço e toque o dedo no espelho (eixo de simetria) e o reflexo vai se juntar ao original. Então, note que a sua cabeça e a imagem refletida dela estão à mesma distância do eixo.

- Com base na experiência com o espelho, responda:
  - As formas se conservam ou se modificam? ....
  - E o tamanho, continua igual ou se modifica? ....
  - As medidas dos ângulos se mantêm? ....
  - A posição fica invertida? ....
  - Cada ponto tem o seu correspondente (simétrico) do outro lado do eixo? ....
  - Os pontos simétricos são equidistantes do eixo? ....

Na estrela-do-mar, os pontos *A* e *A'* são simétricos em relação ao eixo *e*? Para responder a essa questão, você precisa verificar se eles atendem a duas condições:

- se o segmento *AA'* é perpendicular ao eixo de simetria (reta *e*);
- se *A* e *A'* estão equidistantes do eixo de simetria.

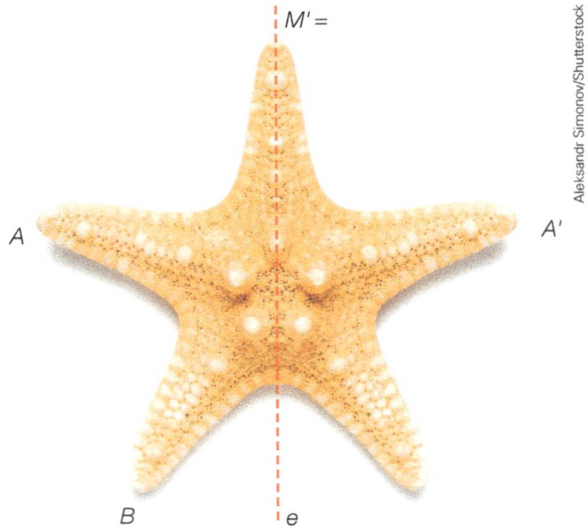

Aleksandr Simonov/Shutterstock

◆ E, então, os pontos *A* e *A'* são simétricos? ....
Indique no desenho onde estão o ponto *B'* (o simétrico do ponto *B*) e o ponto *M*.

◆ Agora que você já entendeu bem o que é simetria, veja dois belíssimos projetos do arquiteto Oscar Niemeyer: a Catedral de Brasília e o Congresso Nacional. Analise a imagem da vista frontal (fachada) destas construções e classifique-as como **simétricas** ou **assimétricas**.

Marcos André/Opção Brasil Imagens

....

Catedral de Brasília, Brasília.

Rosalba Matta-Machado/Shutterstock

....

Congresso Nacional, Brasília.

Construindo imagens

Determinação de pontos simétricos

• **Dados:** +P

– · – · – · – · – eixo de simetria

• **Construir:** P' simétrico de P

Passos da construção:

1º) Determine a distância de P ao eixo de simetria.

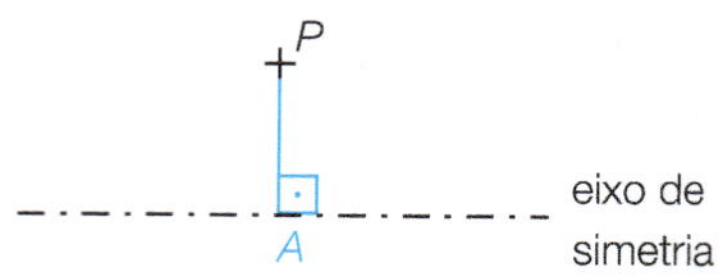

2º) Prolongue $\overline{PA}$ e marque $AP' = AP$.

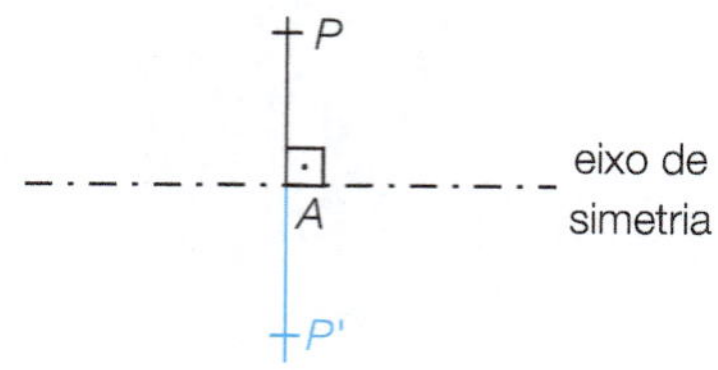

Para você construir:

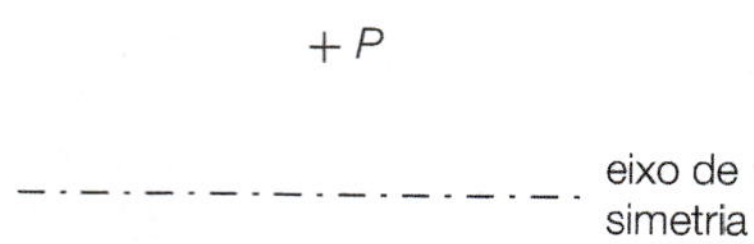

Determinação do eixo de simetria

• **Dados:** +P +P'

• **Construir:** e (eixo de simetria)

Passos da construção:

1º) Trace $\overline{PP'}$ e determine o seu ponto médio.

2º) Por M, trace $e \perp \overline{PP'}$.

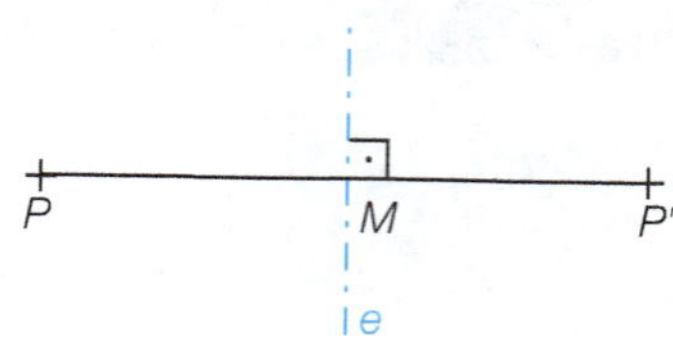

Para você construir:

Você em ação

1 Complete a frase utilizando os códigos a seguir.

São dois conceitos importantes para quem desenha:

D					N	C			■		■			M			R		
	●	▲	♥	✱			●	✱		♣		▲	●		♣	♥		●	✱

✱ Sem ela, a garra é só um GRR.

● Tem o mesmo som que o *y*.

♣ Segunda vogal do alfabeto.

♥ 7ª letra do alfabeto após o *m*.

▲ Letra utilizada para formar o plural das palavras.

2 Determine as distâncias pedidas e desenhe suas imagens.

a) Distância entre os pontos *F*, *G* e *H*:

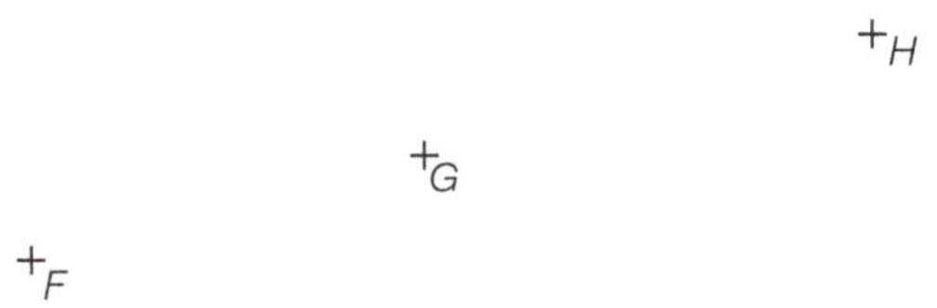

d(..................., ...) = ...

d(..................., ...) = ...

d(..................., ...) = ...

b) Distância do ponto *Y* à reta *m*:

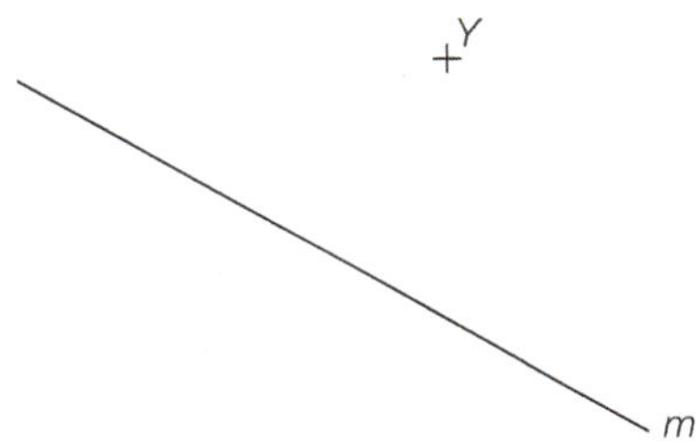

d(*Y*, *m*) = ...

3 Desenhe a imagem da distância entre as retas paralelas *x* e *y* e indique a distância entre elas.

4 Na figura dada, indique qual é a imagem da distância em cada caso.

a) entre *P* e *K*? ....

b) de *P* a *r*? ....

c) entre *r* e *s*, *r* // *s*? ....

d) entre $\overline{LT}$ e *r*, $\overline{LT}$ // *r*? ....

e) de *M* a *s*? ....

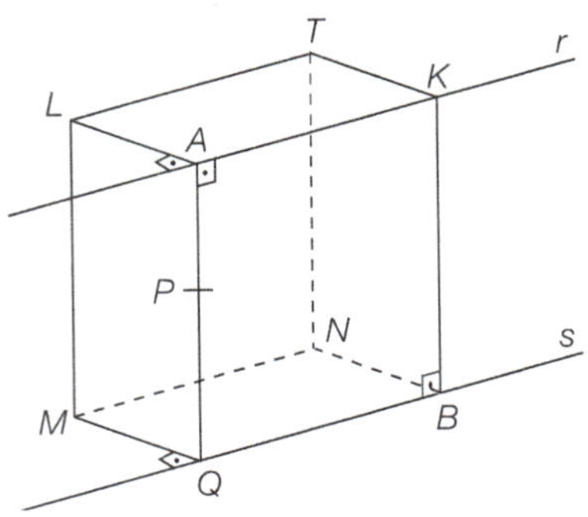

5 Desenhe o eixo de simetria *e*, sabendo que os pontos *P* e *H* têm seus simétricos em *P′* e *H′*.

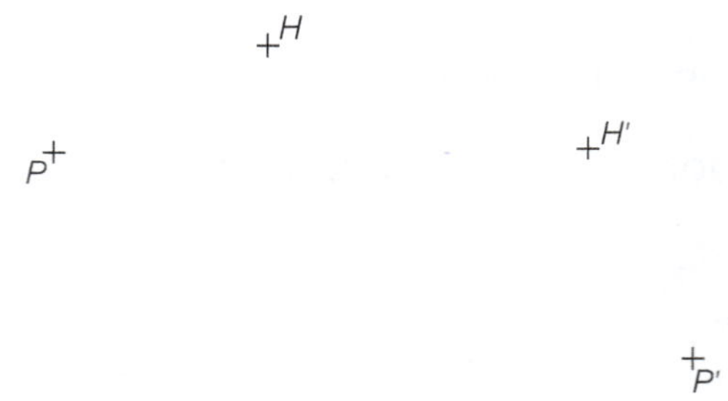

6 Sendo a reta *x* o eixo de simetria, desenhe *A′* e *B′* simétricos de *A* e de *B* em relação a *x*.

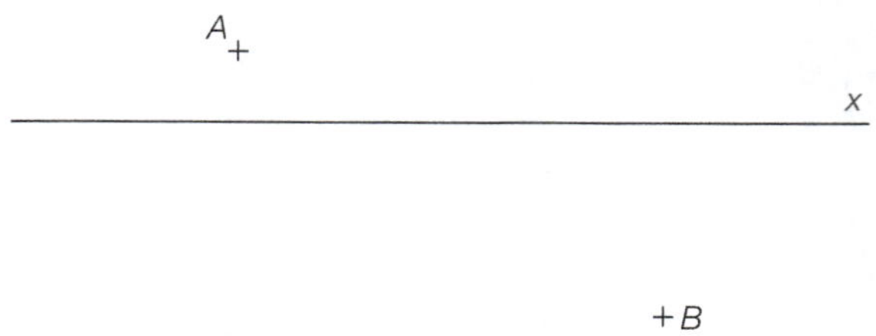

7 Compare as distâncias entre os pontos da figura, completando a legenda com os símbolos adequados.

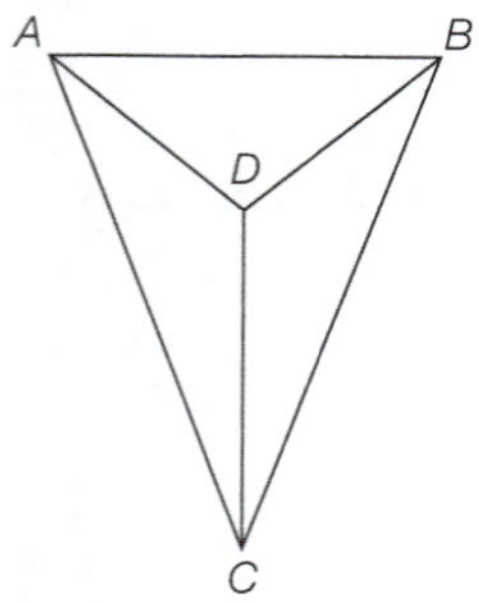

d(*A*, *C*) .... d(*B*, *C*) d(*C*, *D*) .... d(*C*, *A*)

d(*D*, *A*) .... d(*D*, *B*) d(*A*, *C*) .... d(*A*, *B*)

d(*B*, *A*) .... d(*B*, *C*) d(*D*, *B*) .... d(*D*, *C*)

Há casos de equidistância entre os pontos? Se houver, indique-os.

....

....

8 Identifique os pontos *O*, *P* e *Q* na figura, sabendo que d(*P*, *m*) = 1,8 cm, d(*Q*, *m*) = = 2,2 cm e d(*O*, *n*) = 1,1 cm.

Algum desses pontos é equidistante das retas *m* e *n*?

....

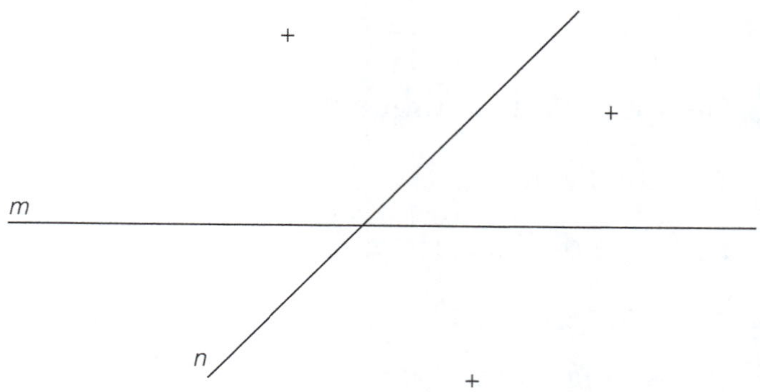

9. Verifique se há retas equidistantes na figura. Se houver, indique-as e justifique.

10. Obtenha o ponto *A* da reta *r*, sendo d(*A*, *m*) = 1,5 cm.

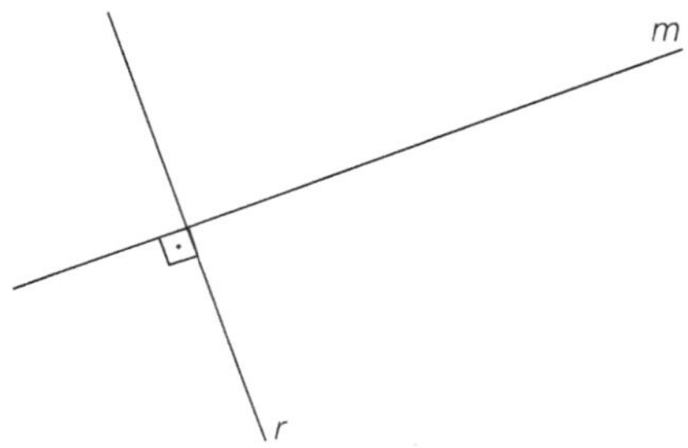

11. Trace a reta *m* paralela à reta *n*, sendo d(*m*, *n*) = 35 mm.

12. Trace a reta *x*, paralela às retas *a* e *b* dadas, sabendo que *a* // *b* e que d(*x*, *a*) = d(*x*, *b*).

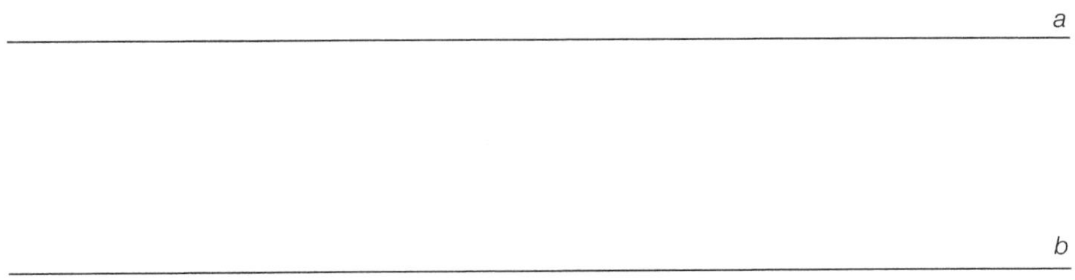

Compreendendo ideias

Ampliação e redução de figuras

Desenhar é fácil! Você pode fazer bons desenhos de qualquer tamanho. Veja como ampliar um desenho.

1º) Vamos fazer uma ampliação, triplicando o tamanho deste barco.

2º) Trace uma malha quadriculada sobre a figura, fazendo retas paralelas e perpendiculares que formem quadradinhos de 0,5 cm de lado (ℓ). Para figuras maiores, o lado do quadrado pode ser maior. Nomeie as linhas usando letras e números.

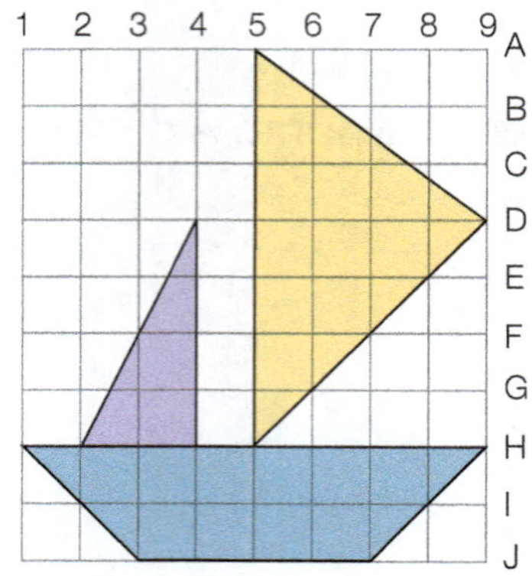

No espaço ao lado, amplie a malha, fazendo o mesmo número de quadradinhos, porém agora com a medida dos lados igual a 2 vezes ℓ.

Para desenhar o barco, siga a figura do 2º passo, copiando o desenho de cada quadrado no seu correspondente na malha maior.

Você em ação

1 **Siga os passos para fazer a redução da figura.**

1º) Trace uma malha quadriculada, fazendo retas paralelas e perpendiculares que formem quadradinhos de 1 cm de lado sobre a figura.

2º) Nomeie as linhas usando letras e números.

3º) Construa outra malha com o mesmo número de quadrados, com a medida dos lados igual a 0,5 cm.

4º) Reduza a figura e pinte-a como quiser!

Olhando ao redor

1 Diego quer pegar o ônibus, mas o ponto fica do outro lado da rua.

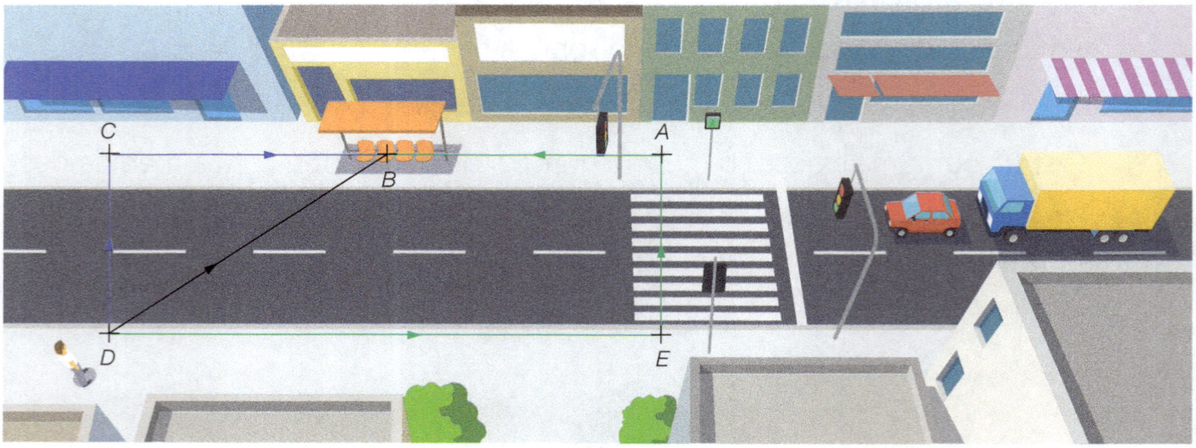

Analise a figura e responda:

- Qual é o menor caminho entre Diego (*D*) e o ponto de ônibus (*B*)? ....
- Qual é o caminho mais seguro? .... Por quê?

....

2 Desenhe os eixos de simetria nas imagens que representam elementos naturais aparentemente simétricos.

S. Bonaime/Shutterstock

mexrix/Shutterstock

voraphong/Shutterstock

Fabio Colombini/Acervo do fotógrafo

As imagens não estão representadas em proporção.

Fabio Colombini/Acervo do fotógrafo

John Warden/Getty Images

Thinkstock/Getty Images

3 A figura ao lado mostra a diferença entre as distâncias denominadas **altura** e **altitude**. Um leitor explica:

"Altura é a distância vertical entre a superfície da Terra e um corpo situado acima dela.

Altitude é a distância vertical medida a partir do nível do mar."

Desenhe uma montanha com pico de 800 m (2 cm) de altitude e um avião que a sobrevoa a uma altura de 1 000 m (2,5 cm).

A que altitude voa o avião? ....

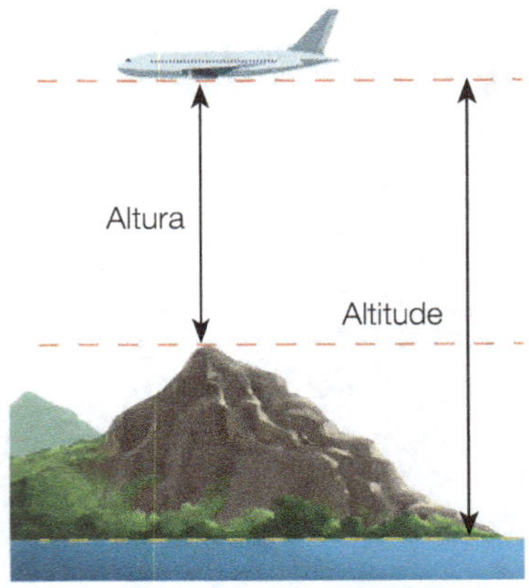

Nível do mar

4 Uma das características mais utilizadas para descrever e classificar os seres vivos se relaciona à existência ou não de simetria no seu corpo. Podemos considerar que a maioria dos animais tem simetria bilateral, isto é, aparentemente têm um único plano de simetria. A rigor não existe nenhum animal perfeitamente simétrico, pois, além de pequenas assimetrias no aspecto externo, somos bastante assimétricos internamente. No entanto, a grande semelhança vale tanto quanto a perfeita igualdade. As imagens mostram a simetria de reflexão em alguns animais.

As imagens não estão representadas em proporção.

PHOTO BY LOLA/Shutterstock
Urso panda

Susy Baels/Shutterstock
Girafa

On the Wing Photography/Shutterstock
Papagaio

Kris Wiktor/Shutterstock
Onça-pintada

Considerando a reta *x* como eixo de simetria, desenhe a outra metade da figura da vaca. Para isso, tome como base quatro pontos, construa seu simétrico e complete o desenho à mão livre.

5 Dois navios navegam um de encontro ao outro, com a mesma velocidade, entre o continente e uma ilha, conforme mostra o desenho a seguir.

Quando os navios estão nos pontos *A* e *B*, como mostra a figura, seus radares detectam uma iminente colisão. Os capitães ordenam alteração na rota, mas, por azar, as ordens foram idênticas: girar 30° em direção à ilha. Antes que possam reparar o erro, os navios colidem e naufragam.

Os sobreviventes dividem-se pelos botes salva-vidas e tomam rumos diferentes: os do navio *A* vão para a ilha e os do navio *B*, para o continente, porém todos percorrendo a menor distância possível e com a mesma velocidade.

Desenhe a trajetória, indicando o ponto de colisão (*C*) e os pontos de desembarque na ilha e no continente (*A'* e *B'*, respectivamente). Qual grupo se salvou primeiro?

....

De olho na mídia

A MÁGICA DA SIMETRIA

O estudo das simetrias é surpreendente também para fazermos mágica.

Alguns elementos das cartas do baralho apresentam simetria. Observe, por exemplo, os corações maiores da carta 2 de copas – o coração de cima pode ser sobreposto ao de baixo. Isso não acontece com o coração central do Ás.

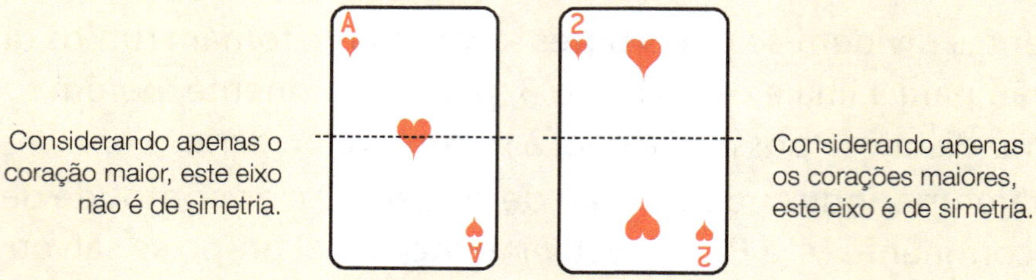

Veja o que acontece se girarmos as duas cartas:

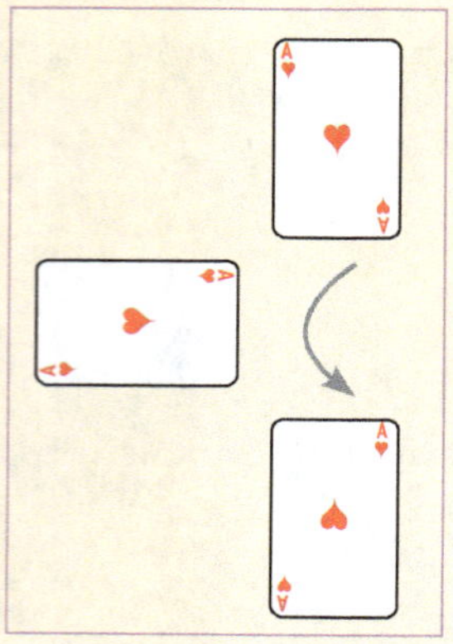

Figura 1

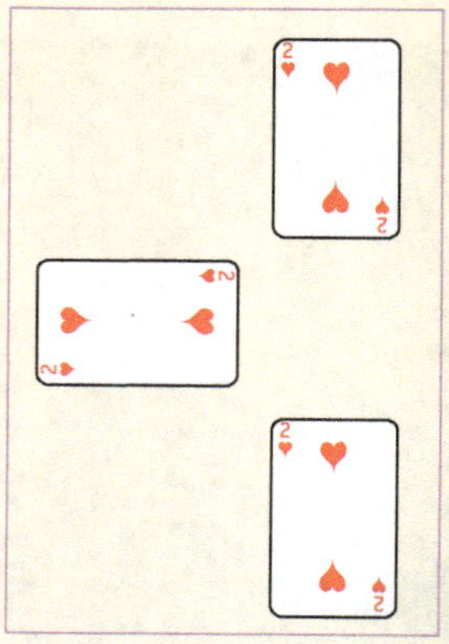

Figura 2

Observe que, quando invertido, o coração central do Ás fica de cabeça para baixo.

Agora você pode fazer um truque de baralho. Acompanhe os passos:

1º) Prepare todas as cartas de um baralho que tenham essa característica do Ás de copas e coloque-as com a figura central voltada para cima (por exemplo, coração de cabeça para cima).

2º) Embaralhe as cartas mantendo essa orientação.

3º) Peça a alguém que pegue uma carta e memorize-a.

4º) Discretamente, vire o baralho (faça uma rotação de 180° no maço) e peça à pessoa que recoloque a carta no baralho. É importante que a carta seja colocada de cabeça para baixo.

5º) Embaralhe e, depois, olhando as cartas, uma a uma, com olhar concentrado e misterioso, ache a carta que está de cabeça para baixo. Ela se destacará por ser a única invertida. O efeito na plateia é sempre excepcional.

Fonte de pesquisa: <http://cienciahoje.org.br/artigo/a-magica-da-simetria/>. Acesso em: 25 mar. 2019.

CAPÍTULO 8

Polígonos

O mosaico é uma técnica artística muito antiga. Aplicada até hoje em objetos do nosso cotidiano, essa técnica foi usada com maestria pelos árabes e pode ser encontrada nas fachadas e paredes de muitos palácios, templos e edifícios históricos. Um exemplo disso é esta fonte com belos padrões geométricos, em Rabat, capital do Marrocos (África).

Compreendendo ideias

O que é um polígono

Você já conhece as linhas poligonais e sabe que elas podem ser abertas ou fechadas. Sabe também que as linhas poligonais fechadas são formadas por segmentos de reta consecutivos e não colineares, certo?

◆ Observe a figura e responda.

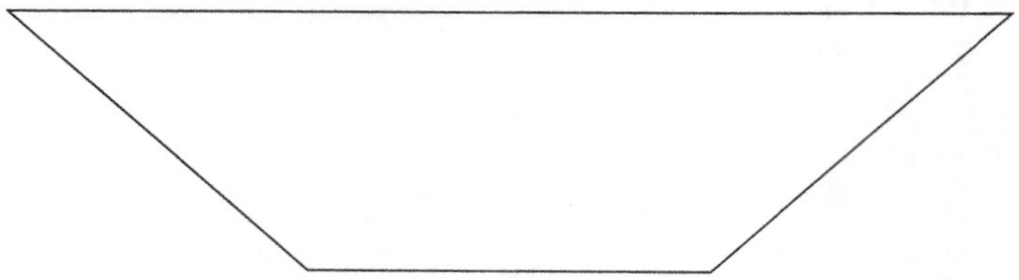

Ela tem segmentos colineares? ....

E segmentos consecutivos? ....

É aberta ou fechada? ....

Agora você verá que uma linha poligonal pode ser simples ou não simples. Veja os exemplos a seguir.

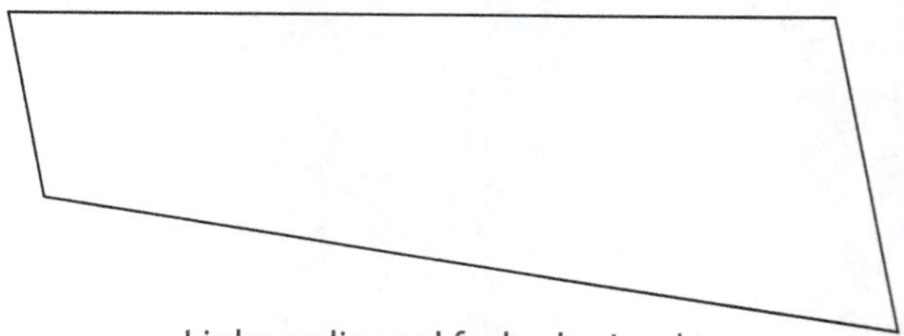

Linha poligonal fechada simples.

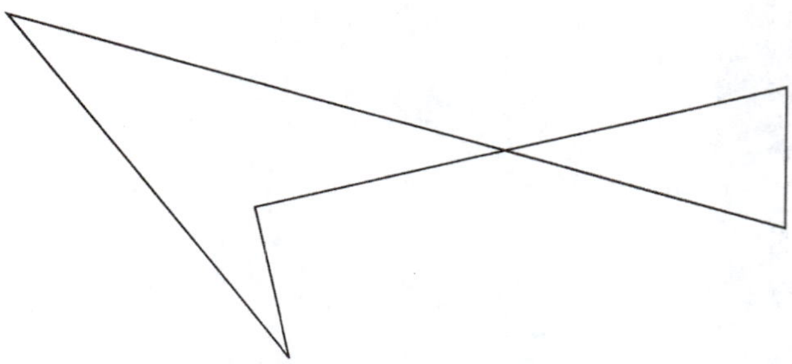

Linha poligonal fechada não simples.

◆ Qual é a diferença entre elas?

....

Verá também que uma linha poligonal fechada simples determina, em um plano, duas regiões: uma interna e outra externa. Note que essa linha limita a região interna, representando uma **fronteira** entre as duas regiões.

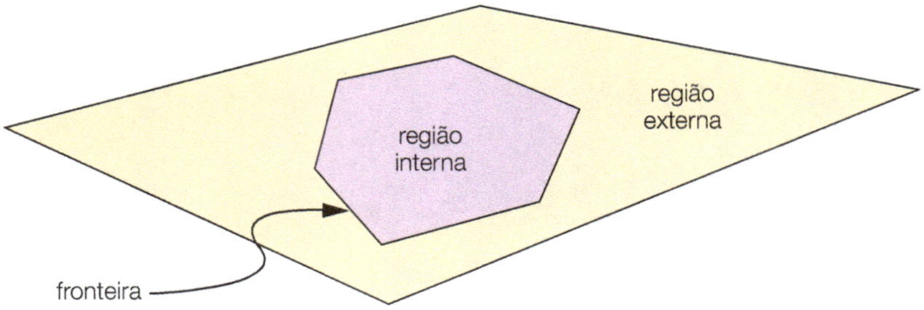

O conjunto da linha poligonal fechada simples com sua região interna é chamado de **polígono**.

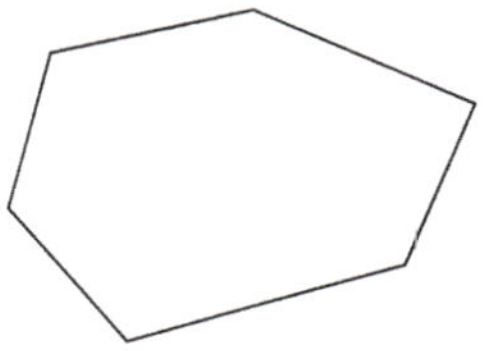

Linha poligonal fechada simples

Região interna

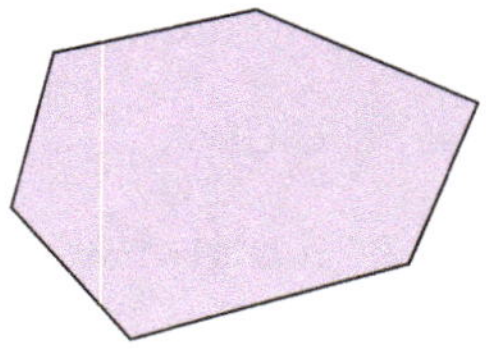

Polígono

A palavra **polígono**, de origem grega, é formada por: *poli*, que significa "muito", e *gono*, que significa "ângulo". Assim, a palavra polígono significa "muitos ângulos".

Agora você vai saber o que são polígonos convexos e polígonos côncavos.

◆ Para cada polígono, trace uma reta que cruze o maior número de vezes com a sua fronteira.

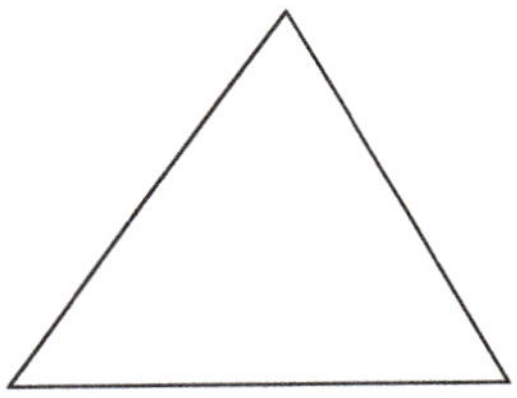

Figura 1

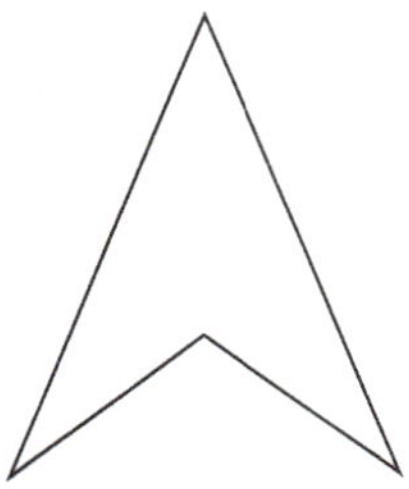

Figura 2

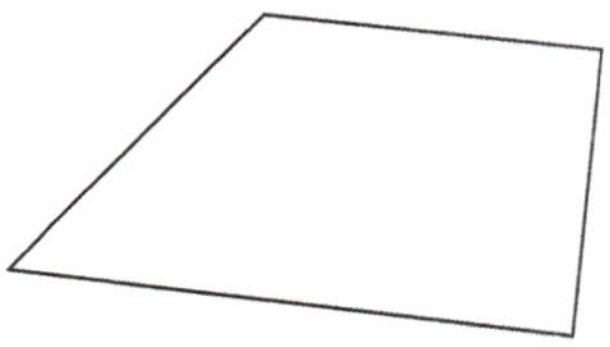

Figura 3

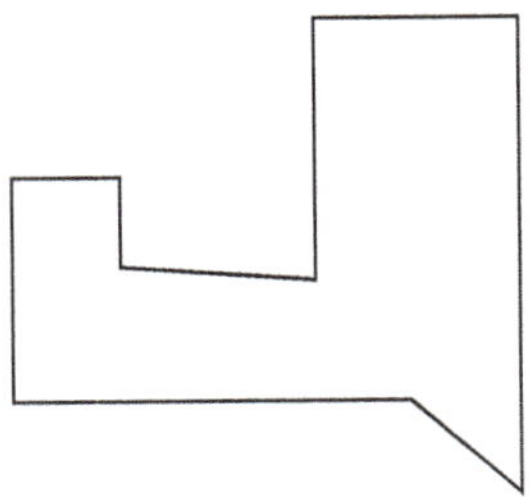

Figura 4

- Nas figuras ...., as retas cruzaram com as fronteiras dos polígonos em dois pontos, que determinam segmentos inteiramente contidos nos polígonos. Por essa razão, eles são chamados de **polígonos convexos**. Pinte-os de azul.

- Nas figuras ...., as retas cruzaram com as fronteiras dos polígonos em mais de dois pontos. Os segmentos não estão contidos inteiramente nos polígonos. Por isso, eles são chamados de **polígonos côncavos** (ou **não convexos**). Pinte-os de amarelo.

Elementos de um polígono

◆ Analise o polígono e complete:

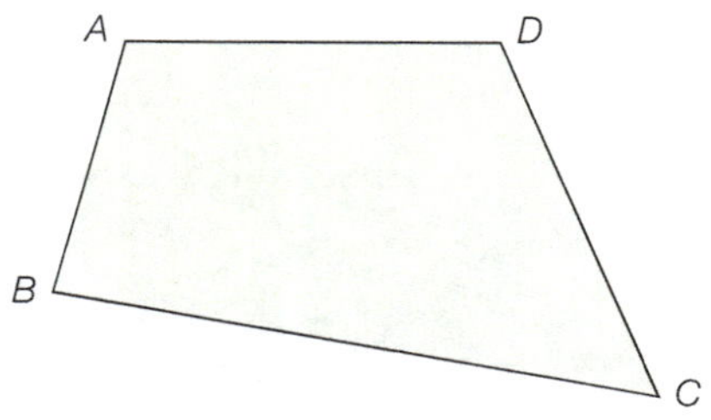

- Quantos segmentos de reta formam a sua fronteira? .... Quais são eles? ....

  Cada um desses segmentos é chamado **lado** do polígono.

- Quantos pontos são comuns aos lados desse polígono? .... Quais são eles? ....

  Cada um desses pontos é chamado **vértice** do polígono.

- Dois lados não consecutivos formam um **ângulo interno** do polígono.

  Quantos e quais são eles? ....

- Vértices não consecutivos são os que não pertencem ao mesmo lado. Quais são os da figura? ....

  Um segmento com extremidades em dois vértices não consecutivos é chamado de **diagonal** do polígono.

  Quais são as diagonais do polígono? .... Desenhe-as.

- Um polígono é indicado pelos nomes de seus vértices, na sequência, no sentido anti-horário (contrário ao dos ponteiros do relógio).

  Então, a figura analisada é um polígono .... que possui .... vértices, ... lados, ... ângulos internos e .... diagonais.

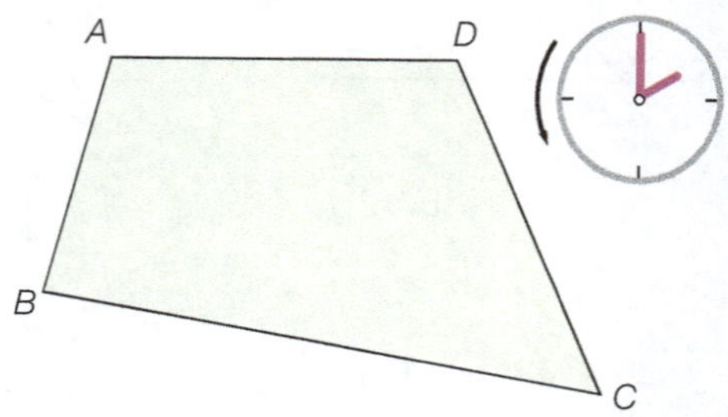

Dizemos que um polígono é um **polígono regular** quando ele tem todos os lados e todos os ângulos congruentes entre si.

Por exemplo:

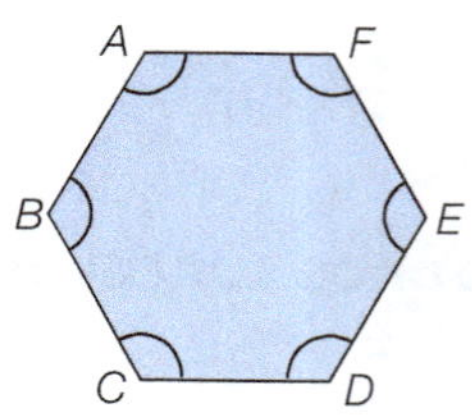

$\overline{AB} \cong \overline{BC} \cong \overline{CD} \cong \overline{DE} \cong \overline{EF} \cong \overline{FA}$

$\hat{A} \cong \hat{B} \cong \hat{C} \cong \hat{D} \cong \hat{E} \cong \hat{F}$

O hexágono *ABCDEF* é regular.

Classificação dos polígonos

Um polígono é classificado pelo número de lados ou de ângulos que tem. Seu nome começa pela indicação desse número e termina em *látero* (lado) ou *gono* (ângulo).

Observe os seguintes polígonos:

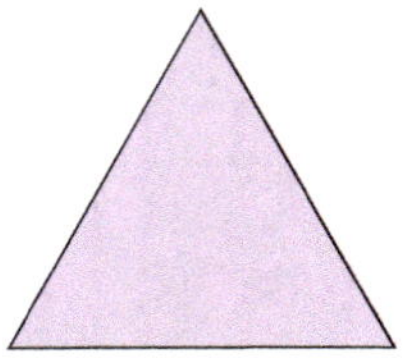 Triângulo	TRI = 3
 Quadrilátero	QUADRI = 4 (OU TETRA)
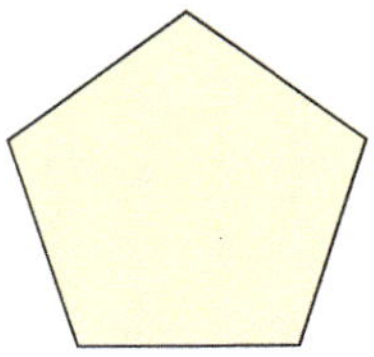 Pentágono	PENTA = 5
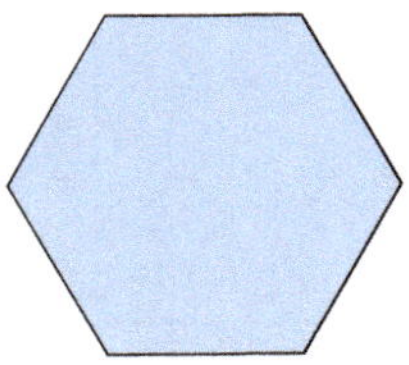 Hexágono	HEXA = 6

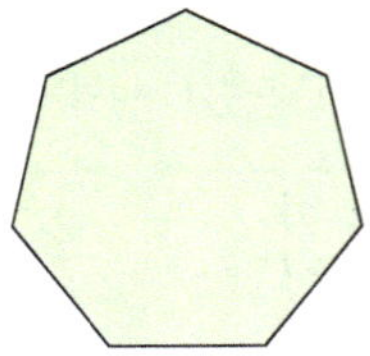 Heptágono	HEPTA = 7
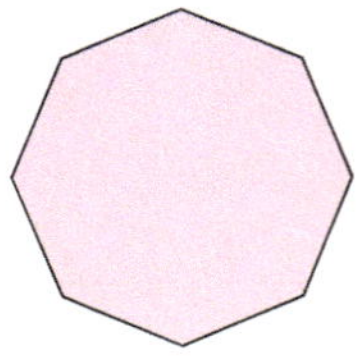 Octógono	OCTO = 8
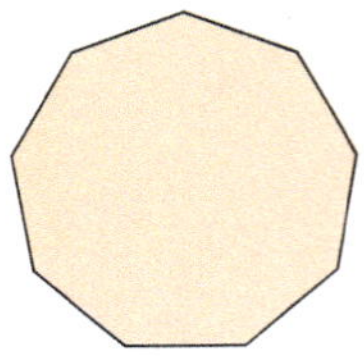 Eneágono	ENEA = 9
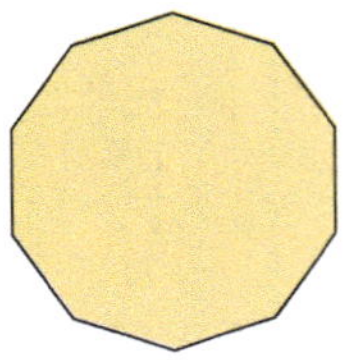 Decágono	DECA = 10

Veja outros exemplos de polígonos:

Undecágono	UM + DECA = 11
Dodecágono	DO + DECA = 12
Tridecágono	TRI + DECA = 13
Tetradecágono	TETRA + DECA = 14
Pentadecágono	PENTA + DECA = 15
Hexadecágono	HEXA + DECA = 16
Heptadecágono	HEPTA + DECA = 17
Octodecágono	OCTO + DECA = 18
Eneadecágono	ENEA + DECA = 19
Icoságono	ICOSA = 20

Você em ação

1 Em cada grupo de figuras, existe uma que apresenta alguma característica que a diferencia das demais.

Reproduza-a no quadro em destaque e aponte a característica

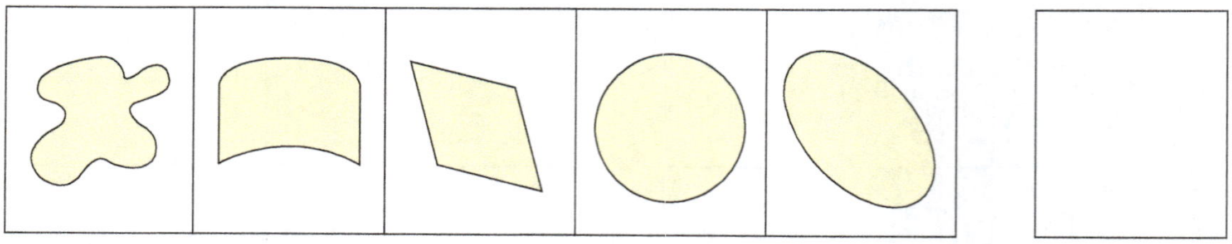

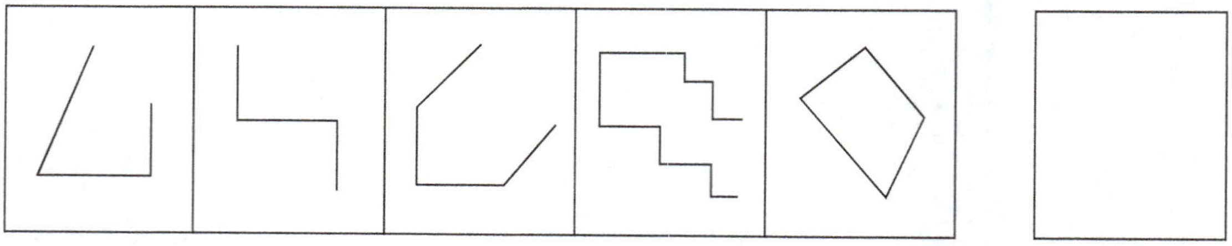

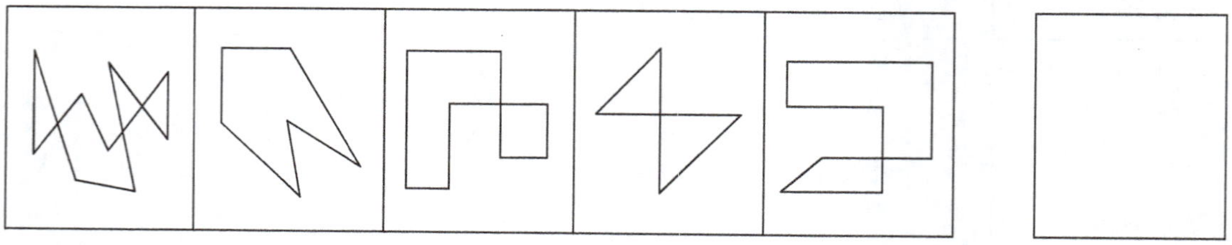

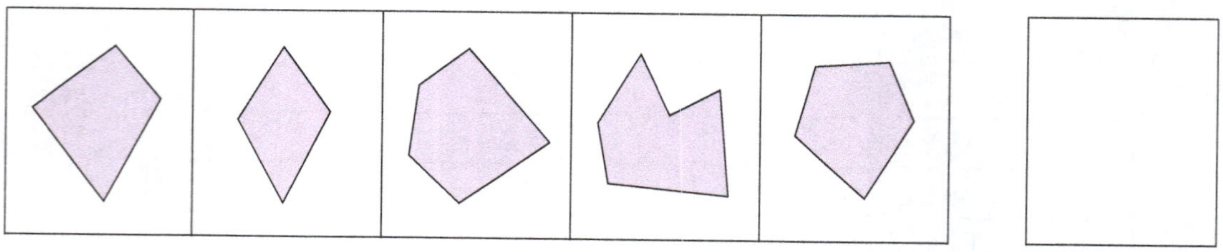

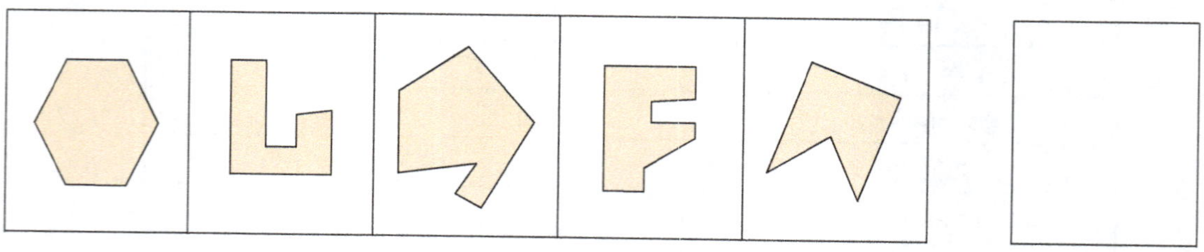

2. Classifique estas linhas poligonais.

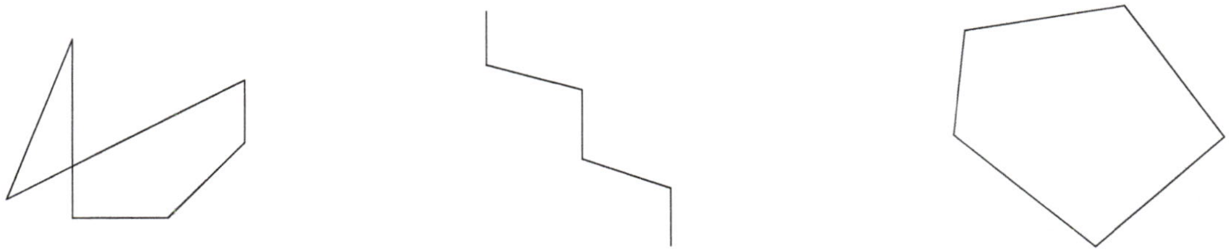

....

3. Identifique os polígonos, marcando-os com um asterisco.

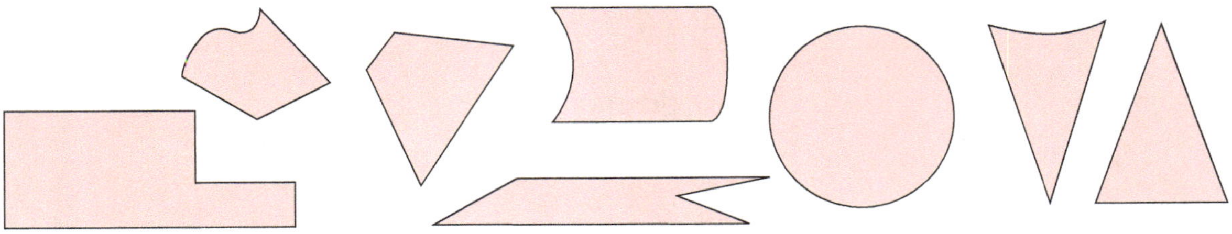

4. Dados os polígonos a seguir, classifique-os em convexos ou côncavos.

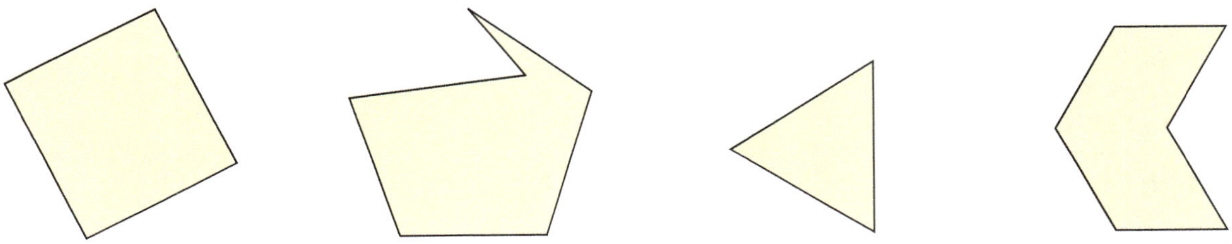

....

5. Em cada um destes polígonos, desenhe e indique os elementos pedidos.

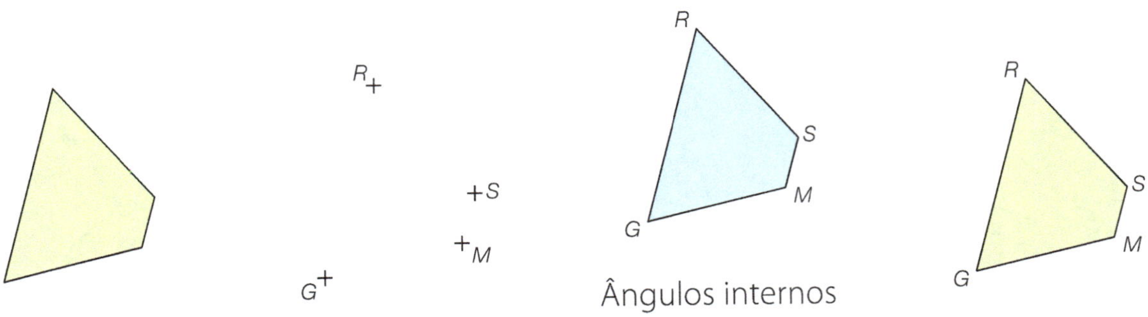

Vértices: Lados: Ângulos internos (pinte um de cada cor): Diagonais:

....

6 Complete as poligonais dadas, de modo que resultem em um polígono côncavo em **a** e um polígono convexo em **b**.

a)

b)

7 Trace o polígono *ABCDE*.

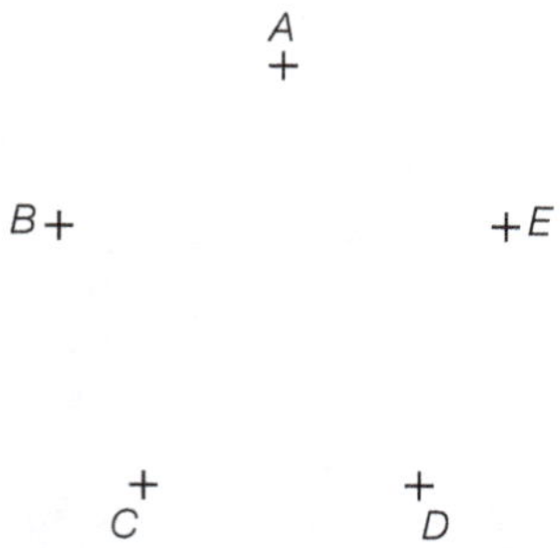

a) Quantos lados ele tem? ....

Identifique-os: ....

b) Quantos vértices ele tem? ....

Identifique-os: ....

Agora indique:

c) dois vértices consecutivos: ....

d) dois vértices não consecutivos: ....

e) dois lados consecutivos: ....

f) dois lados não consecutivos: ....

g) todas as diagonais: ....

8 **Escreva o nome de cada polígono dado, trace suas diagonais e indique quantas são.**

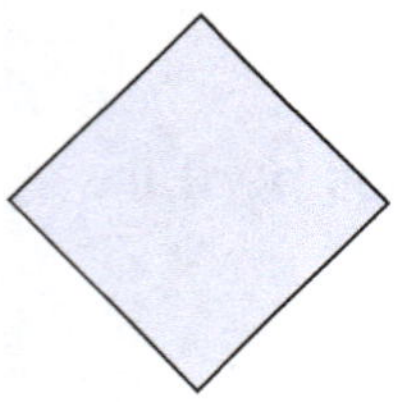

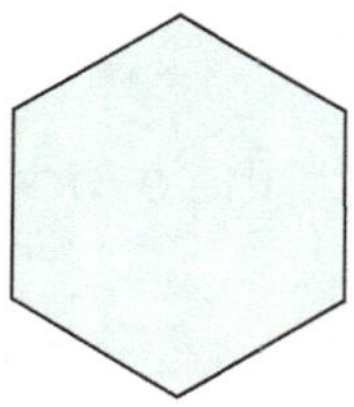

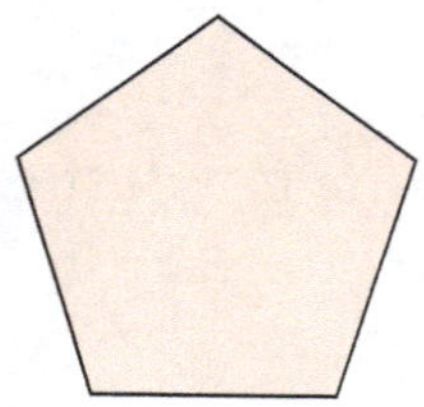

....

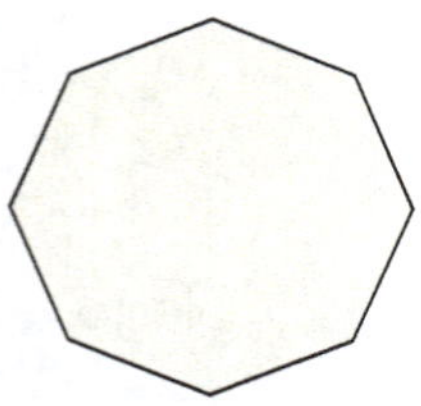

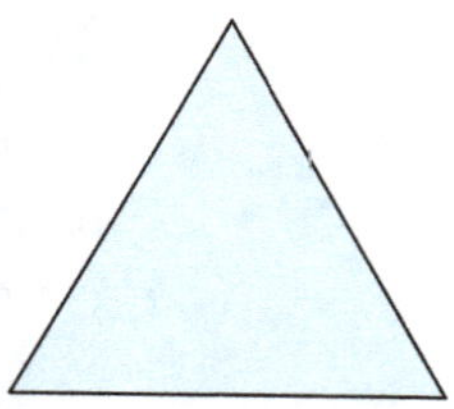

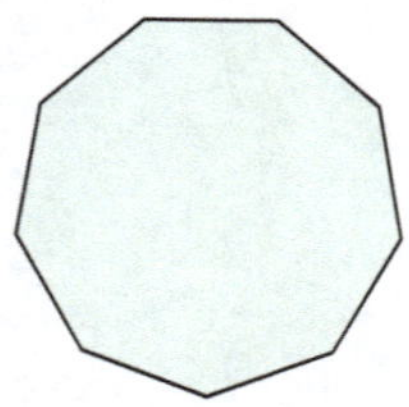

....

9. Desenhe os polígonos *RST* e *EFGH* e indique seus ângulos internos.

10. Como se chamam estes polígonos? Por quê?

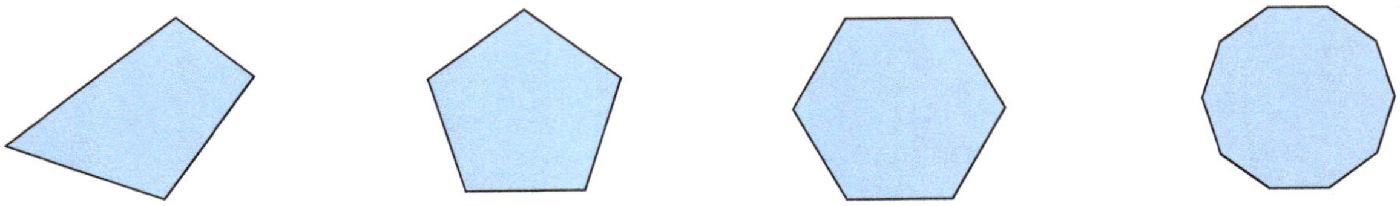

11. Dê o nome e o significado do nome de cada polígono colorido nas figuras abaixo.

a) 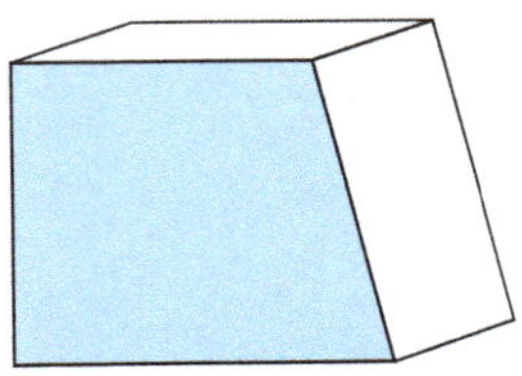

b) 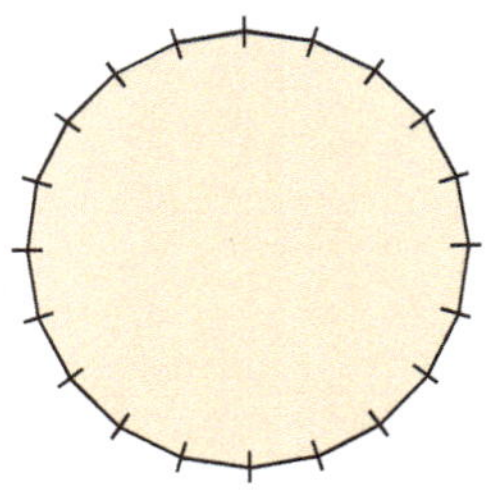

c) 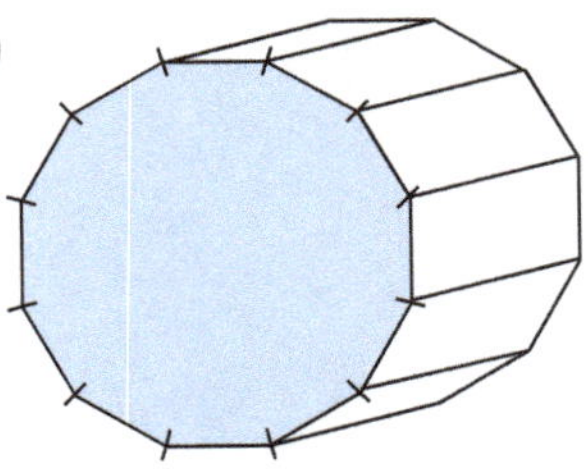

12. Contorne os polígonos regulares.

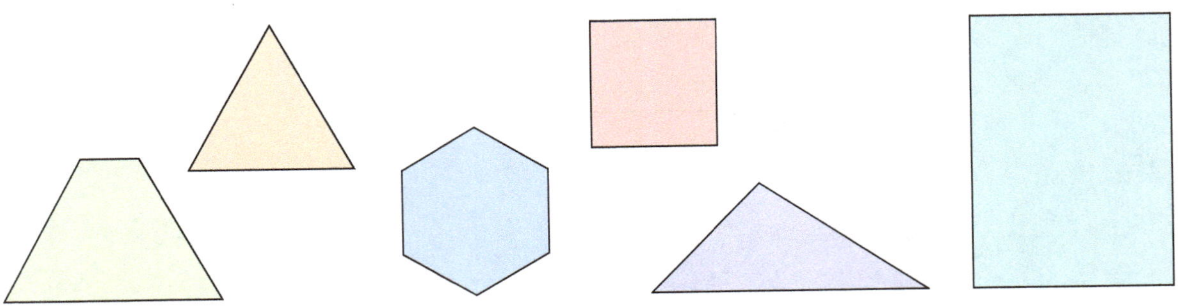

Compreendendo ideias

Os triângulos

◆ Dados os pontos A, B e C, desenhe os ângulos $A\hat{B}C$, $B\hat{C}A$ e $C\hat{A}B$. Pinte as regiões internas comuns aos três ângulos e você terá um **triângulo**.

Esse triângulo pode ser identificado assim: $\triangle ABC$
(o símbolo $\triangle$ indica triângulo)

◆ Complete de acordo com o triângulo que você desenhou.

Todo triângulo tem três lados: ...., três vértices: .... e três ângulos: ....

A medida de cada lado do triângulo é indicada pela mesma letra do vértice oposto, porém minúscula.

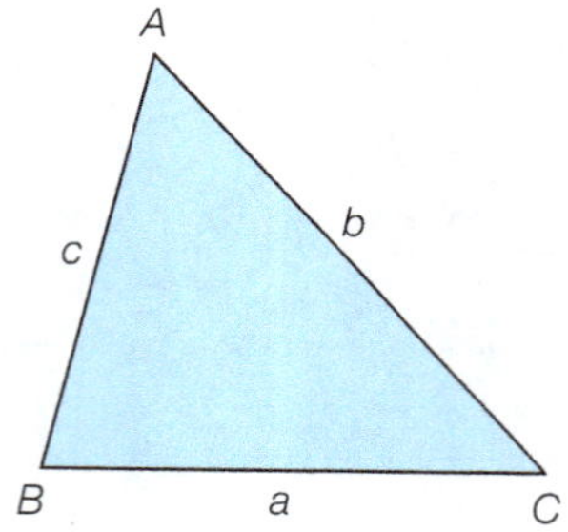

$m(AB) = c$
$m(BC) = a$
$m(CA) = b$

◆ Indique com letras as medidas dos lados deste triângulo:

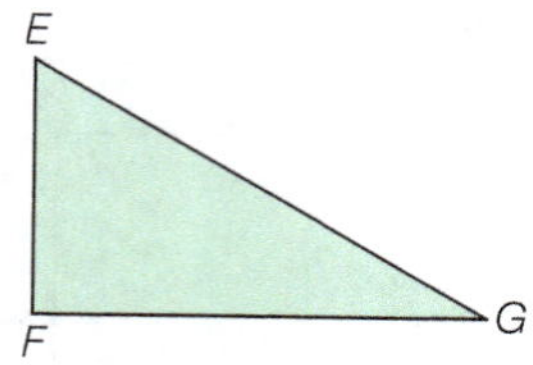

$m(EF) =$ ....

$m(FG) =$ ....

$m(GE) =$ ....

Classificação dos triângulos

De acordo com as **medidas dos lados**, um triângulo pode ser **equilátero**, **isósceles** ou **escaleno**.

◆ Meça e indique as medidas dos lados dos triângulos dados.

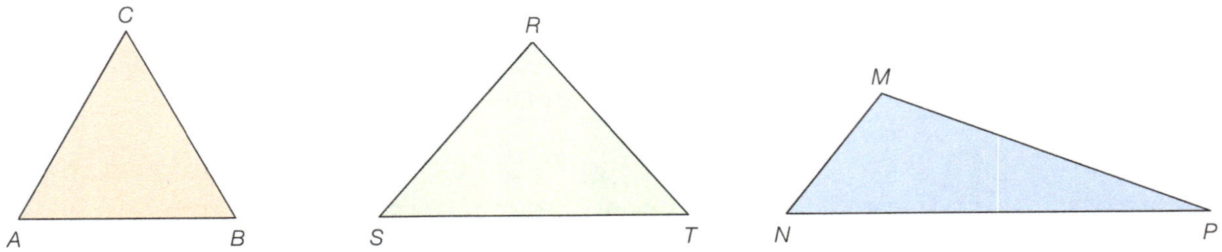

a = ...

b = ...

c = ...

r = ...

s = ...

t = ...

m = ...

n = ...

p = ...

◆ Analise as medidas e complete as sentenças a seguir.

No triângulo *ABC*, os três lados são .... e, por isso, ele é chamado **triângulo equilátero** (*equi* = igual; *látero* = lado).

No triângulo *RST*, ... lados são congruentes. Por essa razão, ele é chamado **triângulo isósceles**.

No triângulo *MNP*, as medidas dos três lados são .... Ele é um **triângulo escaleno**.

De acordo com as **medidas dos ângulos internos**, um triângulo pode ser **acutângulo**, **retângulo** ou **obtusângulo**.

◆ Usando o transferidor, indique as medidas dos ângulos internos dos triângulos dados.

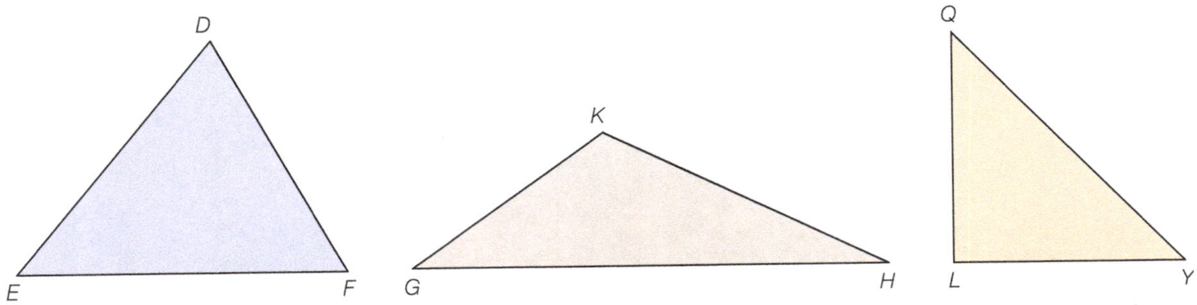

$m(\hat{D})$ = ...

$m(\hat{E})$ = ...

$m(\hat{F})$ = ...

$m(\hat{G})$ = ...

$m(\hat{H})$ = ...

$m(\hat{K})$ = ...

$m(\hat{L})$ = ...

$m(\hat{Q})$ = ...

$m(\hat{Y})$ = ...

◆ Analise as medidas dos ângulos dos triângulos da página anterior e complete:

No triângulo *DEF*, as medidas dos .... ângulos internos são menores que .... e esses ângulos são chamados ângulos ....
Por essa razão, o triângulo *DEF* é chamado **triângulo acutângulo**.

No triângulo *GHK*, há .... ângulo de medida maior que .... e menor que 180°. Esse é um ângulo .... e, por isso, o triângulo é chamado **triângulo obtusângulo**.

No triângulo *QLY*, há um ângulo de medida igual a ....

Por ter um ângulo ...., o triângulo *QLY* é chamado **triângulo retângulo**.
Para classificar um triângulo, devemos considerar tanto seus lados quanto seus ângulos internos.

◆ Faça a classificação do triângulo *REM*:

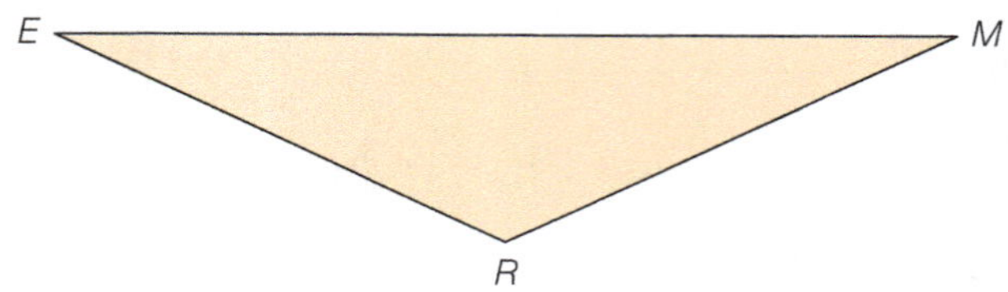

Quanto aos lados, o triângulo *REM* é .... porque ....

Quanto aos ângulos internos, o triângulo *REM* é .... porque ....

Os quadriláteros

Qualquer polígono de quatro lados é um **quadrilátero**.
Todo quadrilátero tem quatro lados, quatro vértices, quatro ângulos internos e duas diagonais. Identifique-os na figura abaixo:

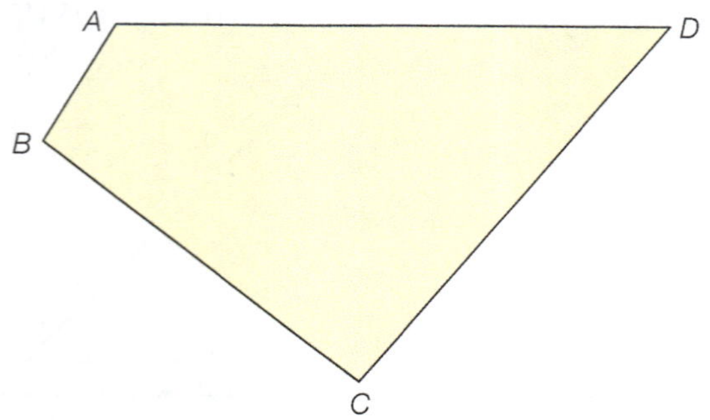

Quadrilátero *ABCD*

Vértices: ....

Lados: ....

Ângulos internos: ....

Diagonais: ....

No quadrilátero *ABCD*:

- o lado $\overline{AB}$ é oposto ao lado $\overline{CD}$ e o lado $\overline{AD}$ é oposto ao lado $\overline{BC}$;
- o ângulo $\hat{A}$ é oposto ao ângulo $\hat{C}$, da mesma forma que $\hat{D}$ é oposto a $\hat{B}$.

Classificação dos quadriláteros

Se um quadrilátero tem dois lados paralelos, ele é um **trapézio**.

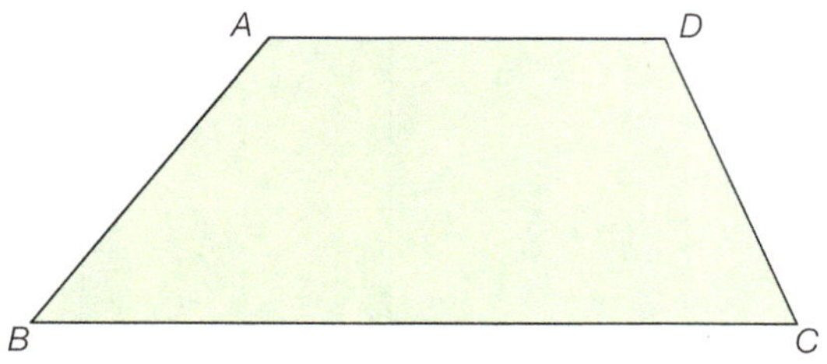

Trapézio *ABCD*

$\overline{AD} \parallel \overline{BC}$

Se um quadrilátero tem os lados opostos paralelos, ele é um **paralelogramo**.

Paralelogramo *EFGH*

$\overline{EH} \parallel \overline{FG}$

$\overline{EF} \parallel \overline{HG}$

Quando um quadrilátero não tem lados paralelos, é chamado simplesmente **quadrilátero**.

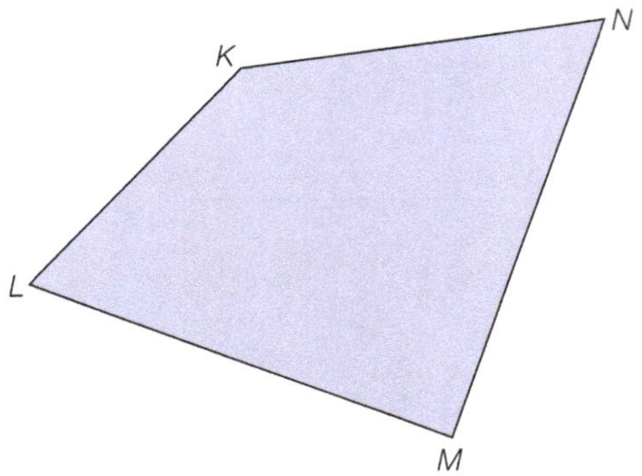

Quadrilátero *KLMN*

◆ Meça os lados e os ângulos dos trapézios.

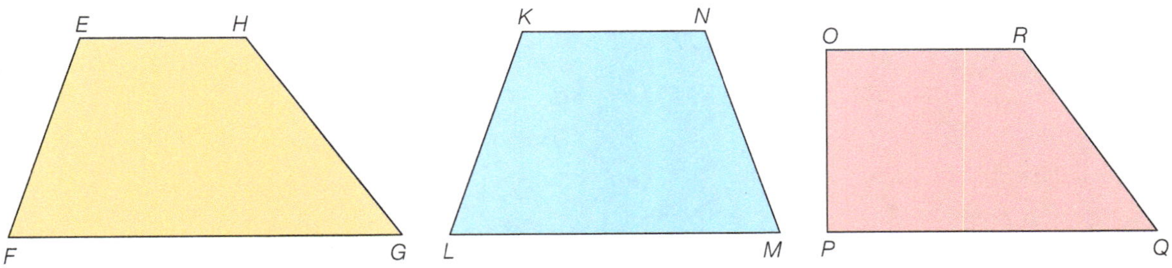

Agora, classifique-os:

O trapézio *EFGH* é **escaleno** porque tem lados ....

O trapézio *KLMN* é **isósceles** porque tem .... lados ....

O trapézio *OPQR* é **retângulo** porque tem ângulo ....

◆ Meça os lados e os ângulos dos paralelogramos, analise as medidas e aponte as características de cada um.

Paralelogramo

Retângulo

Características:

....

....

....

Características:

....

....

....

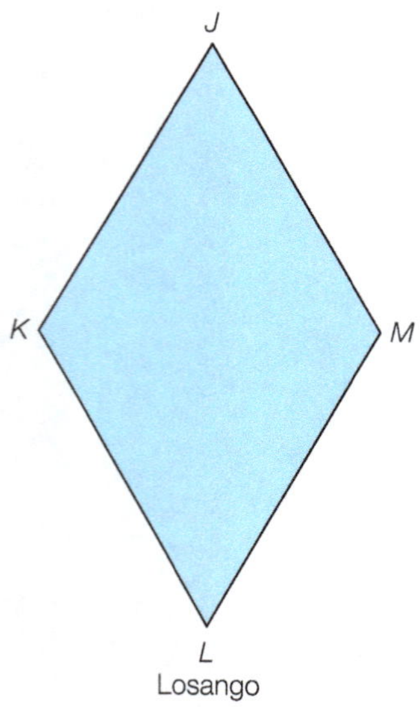

Losango

Quadrado

Características:

....

....

....

Características:

....

....

....

Quais são as características comuns a todos os paralelogramos?

....

Construindo imagens

Construção de um quadrado com medida do lado conhecida, usando o par de esquadros

- **Dados:** m($\overline{AB}$) = 2 cm

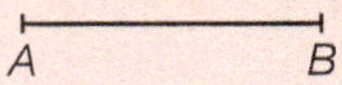

- **Construir:** quadrado *ABCD* com ℓ = m($\overline{AB}$)

Passos da construção:

1º) Trace $\overline{AB}$, que será um dos lados do quadrado. Use o esquadro para construir um ângulo reto com vértice no ponto *A*.

Retire o esquadro. Use a régua para marcar o ponto *D* distante 2 cm do ponto *A*.

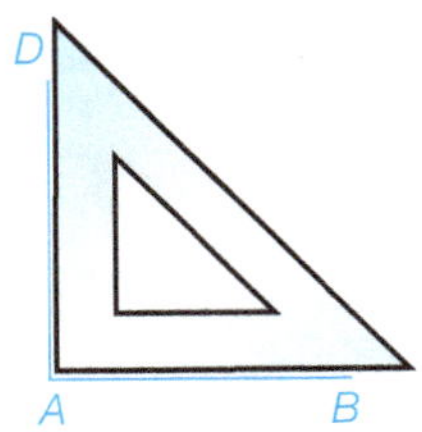

2º) Coloque o esquadro de 45° na posição indicada na figura a seguir. Utilize o outro esquadro como apoio, mantendo-o fixo.

Deslize o esquadro de 45° até o ponto *D* e trace a reta *s*.

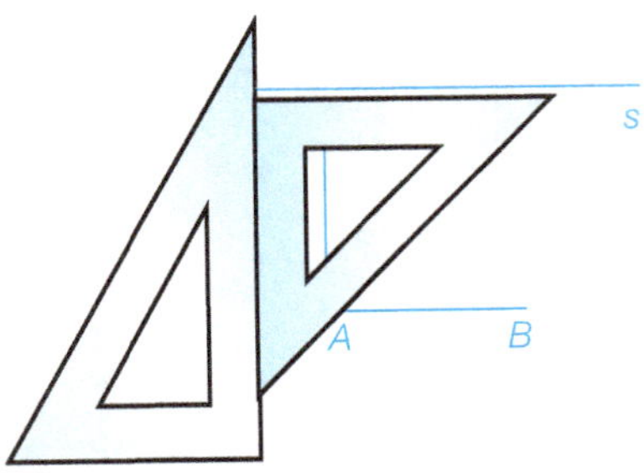

3º) Coloque o esquadro de 45° na posição indicada na figura a seguir. Utilize o outro esquadro como apoio, deslize o esquadro de 45° até o ponto *B* e trace a reta *r*. Marque o ponto *C* na interseção das retas *s* e *r*.

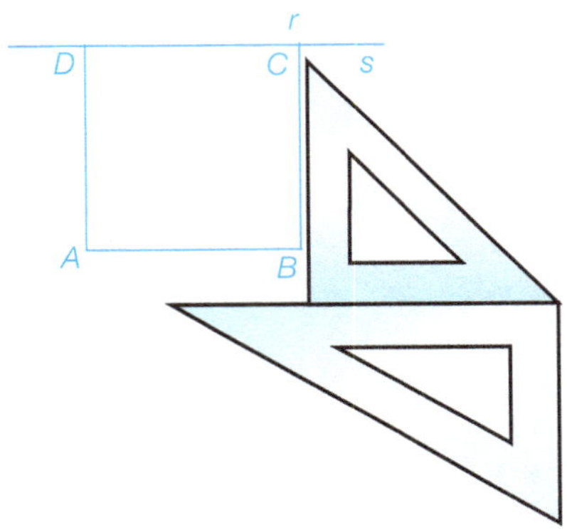

4º) Una os pontos *A*, *B*, *C* e *D*, obtendo o quadrado.

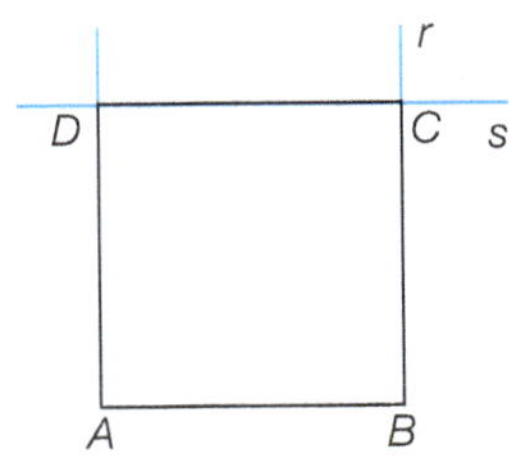

Para você construir:

Usando tecnologia

Construção de quadriláteros

Nesta seção, você vai construir um quadrilátero qualquer e um quadrado utilizando um *software* de Geometria dinâmica, GeoGebra, que pode ser encontrado no endereço <https://www.geogebra.org>. O *software* apresenta ferramentas que podem facilitar diversas construções geométricas, como a construção de polígonos quaisquer e de polígonos regulares.

Construção de um quadrilátero qualquer

Passos para a construção:

Para construir um quadrilátero qualquer, seguimos os passos abaixo:

1º) Utilize a ferramenta 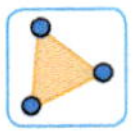 para construir um polígono. Clique em 4 pontos da tela que serão os vértices do quadrilátero.

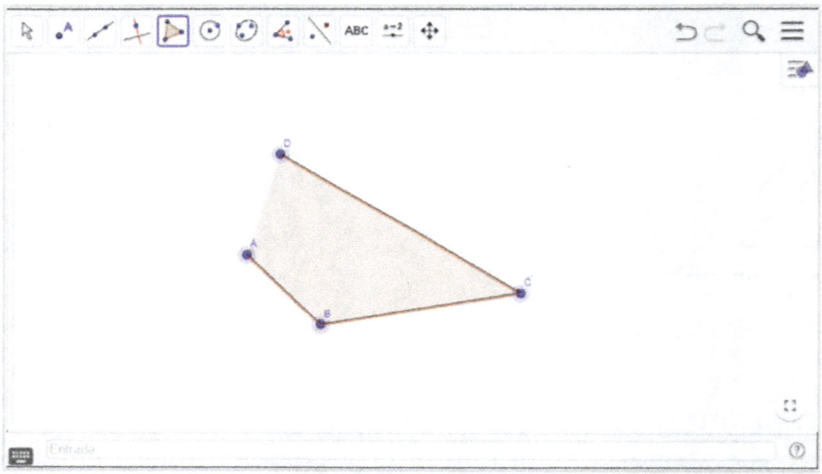

Reprodução/www.geogebra.org

2º) Por fim, clique no primeiro vértice construído no polígono para fechar o quadrilátero.

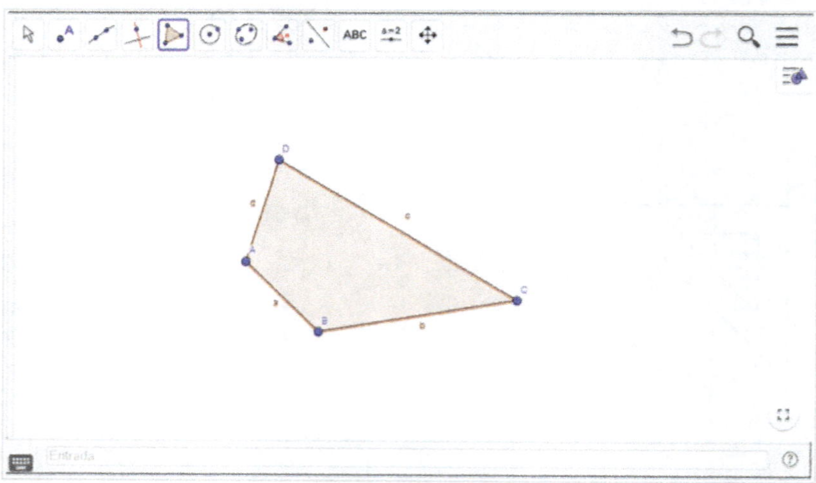

Reprodução/www.geogebra.org

Construção de um quadrado

Passos para a construção:

Para construir um quadrado, seguimos os passos abaixo:

1º) Utilize a ferramenta 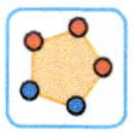 para construir um polígono regular e clique em dois pontos distintos da tela.

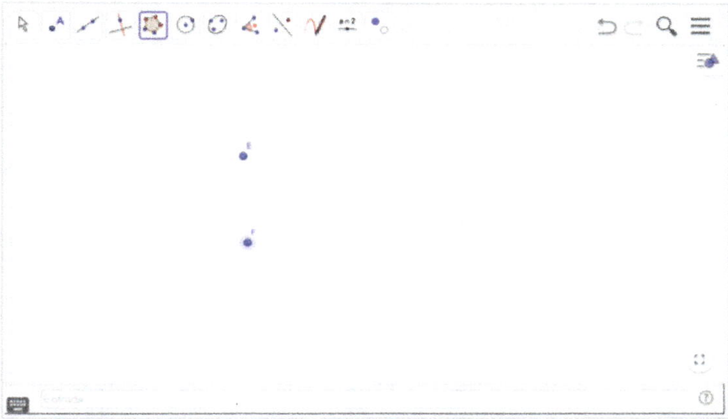

Reprodução/www.geogebra.org

2º) Digite o número 4 na janela com as informações do número de vértices do polígono regular e clique em "OK".

Reprodução/www.geogebra.org

O quadrado estará pronto.

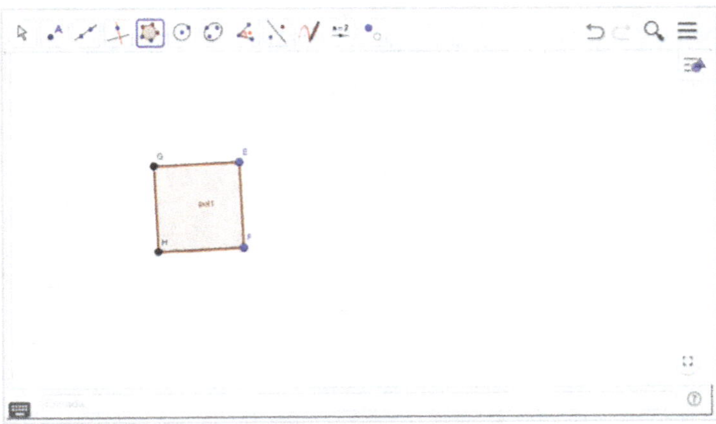

Reprodução/www.geogebra.org

Para você construir:

Construa, no *software* de Geometria dinâmica GeoGebra, um quadrilátero qualquer e um quadrado, seguindo os passos indicados nesta seção.

Você em ação

1 **Identifique o triângulo dado e indique seus elementos.**

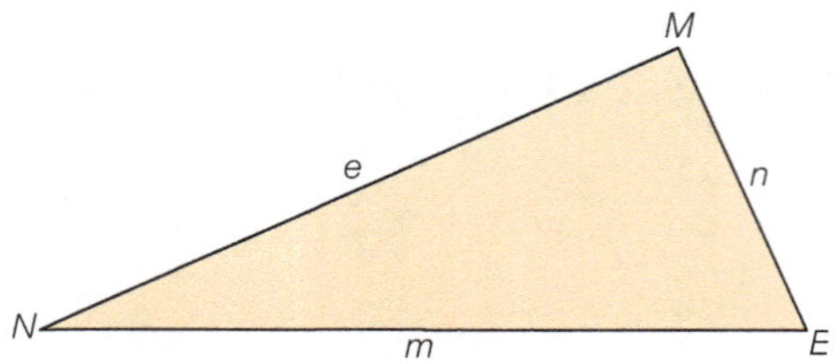

2 **Complete.**

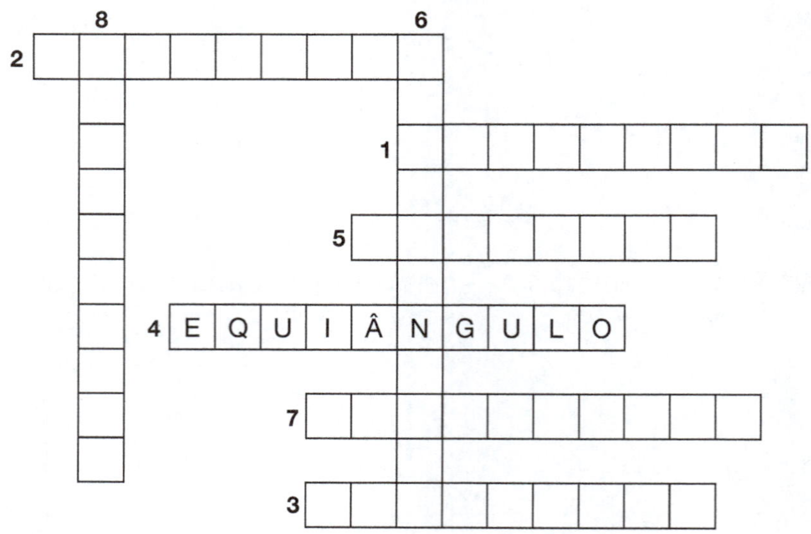

1. Polígono de três lados.
2. Triângulo que tem um ângulo reto.
3. Triângulo de dois lados congruentes.
4. Triângulo de ângulos congruentes.
5. Triângulo de três lados não congruentes.
6. Triângulo que tem um ângulo maior que 90°.
7. Triângulo de três ângulos menores que 90°.
8. Triângulo regular.

3 **Classifique as figuras dadas, pintando os triângulos de verde, os quadriláteros de laranja e os outros polígonos convexos de roxo.**

4 Quantos triângulos existem na figura? ....

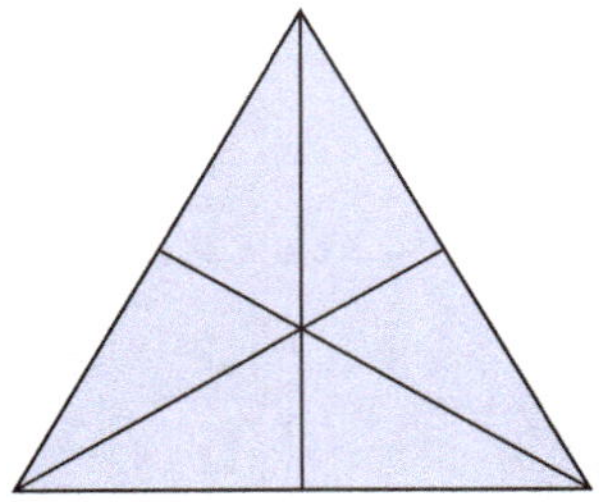

Represente nos triângulos abaixo todos os triângulos que você encontrou.

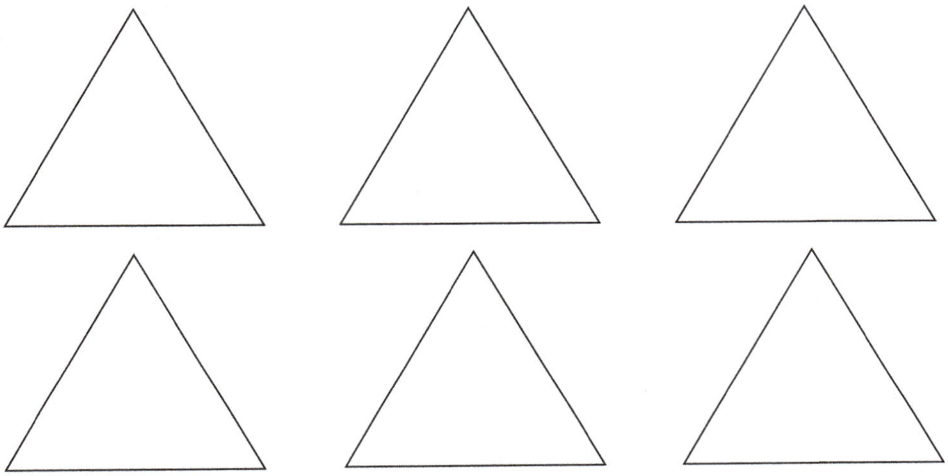

5 Classifique os triângulos dados quanto aos lados e quanto aos ângulos, justificando.

a)

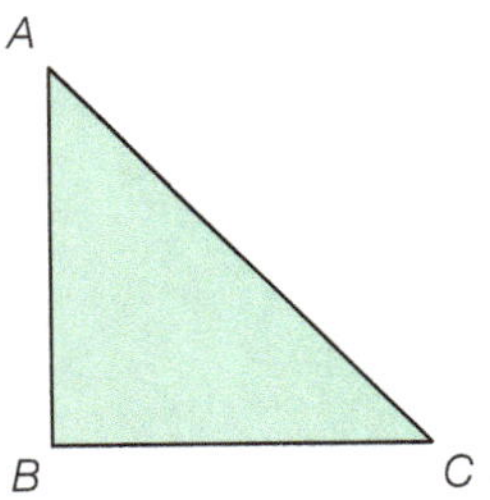

b)

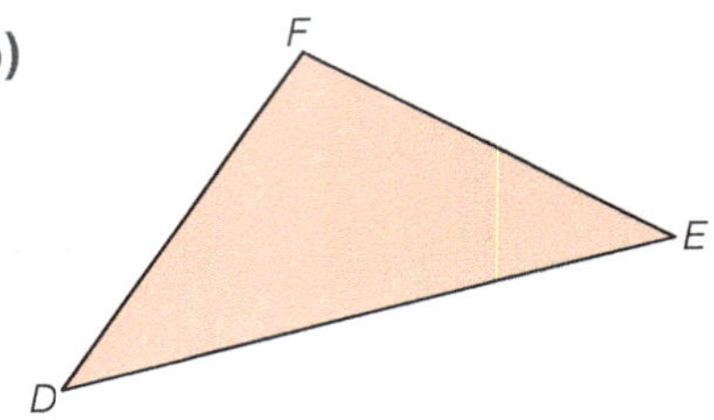

c)

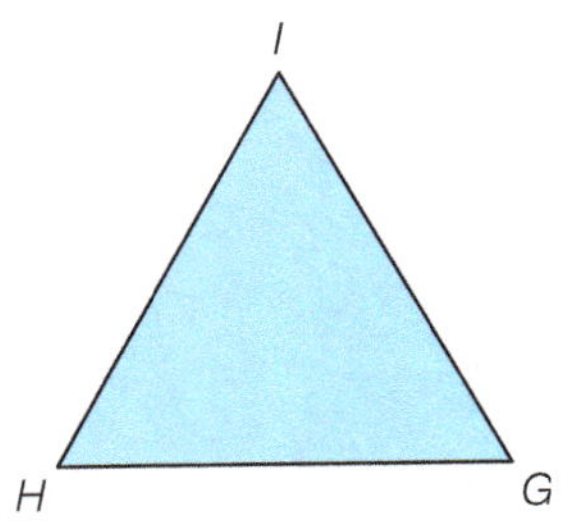

d)

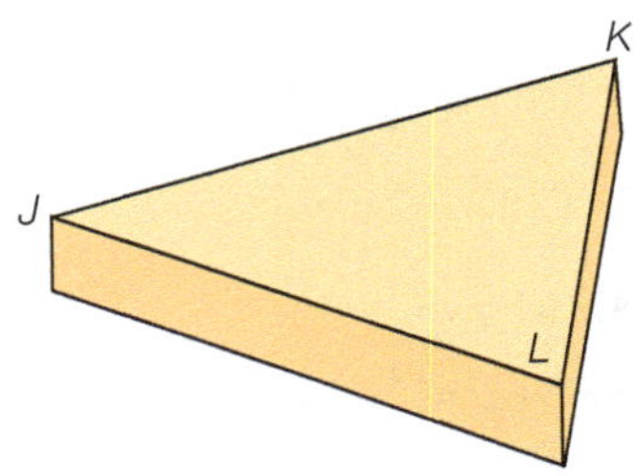

6 Identifique o quadrilátero dado e indique seus elementos.

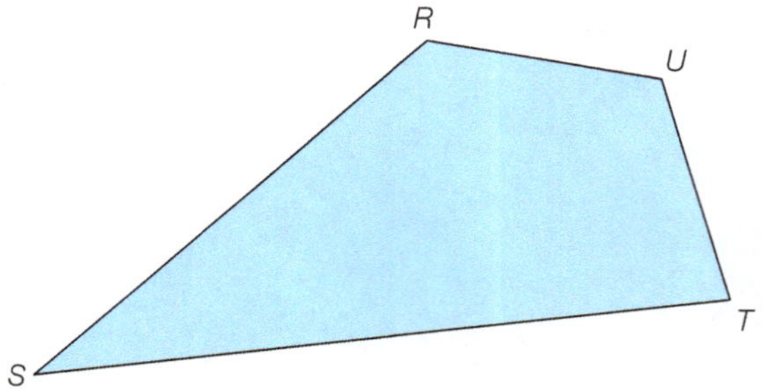

....

....

....

....

7 Preencha os quadrinhos e descubra qual é a palavra em destaque na vertical.

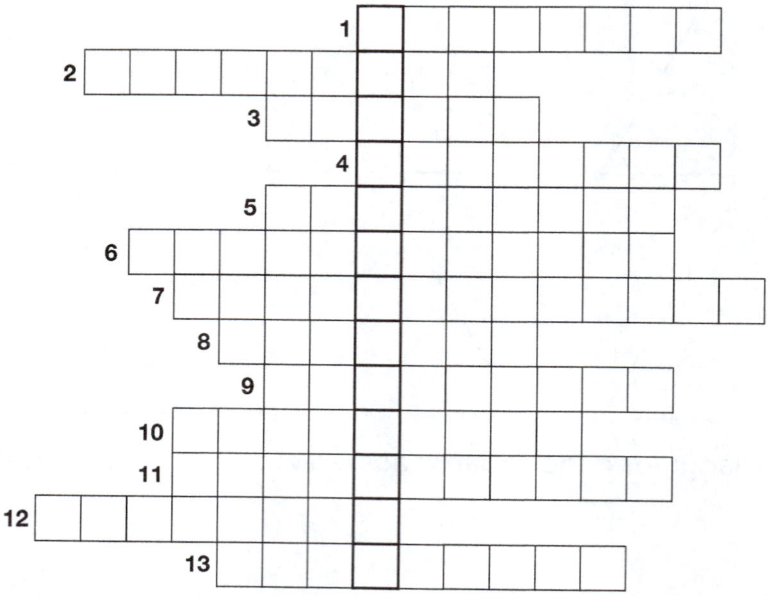

1. Tem quatro lados congruentes.

2. Tem quatro ângulos retos.

3. Número de ângulos internos de um quadrilátero.

4. Elemento que o triângulo não possui.

5. Os lados opostos de um paralelogramo são...

6. Tem quatro lados.

7. Tem dois ângulos agudos congruentes e dois ângulos obtusos congruentes.

8. Tem quatro lados congruentes.

9. Trapézio que tem dois ângulos retos.

10. Grupo de quadriláteros que têm dois lados paralelos.

11. Os paralelogramos têm dois pares de lados paralelos e...

12. Trapézio de lados não congruentes.

13. Trapézio com dois lados congruentes.

8. A figura abaixo é um detalhe de um mosaico encontrado em Casablanca, Marrocos. Observe-a e escreva o nome dos polígonos que você reconhece nesse mosaico.

Philip Lange/Shutterstock

9. Identifique e classifique os quadriláteros destacados nas figuras abaixo, justificando.

a)

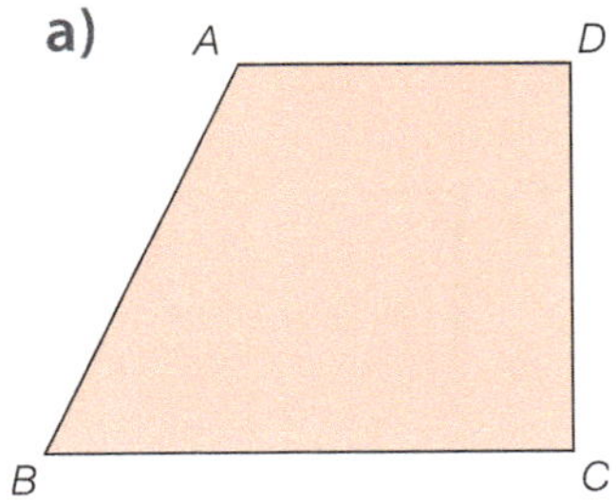

b)

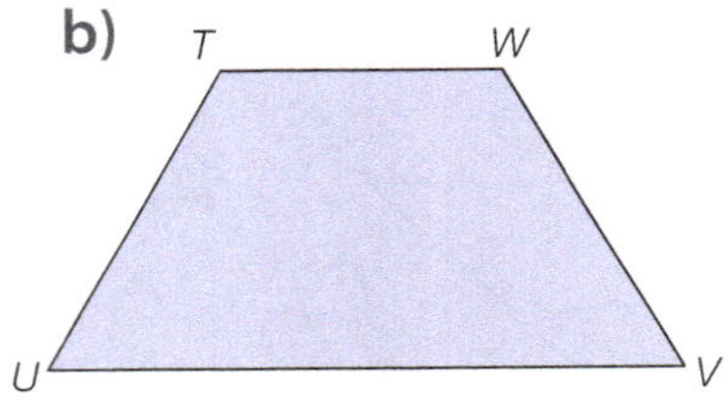

c)

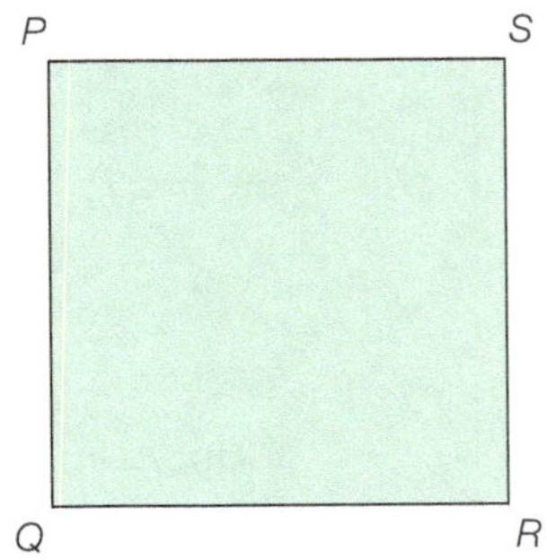

d)

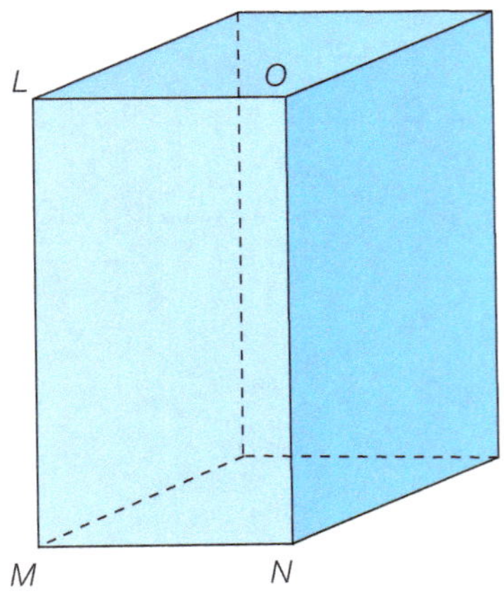

e)

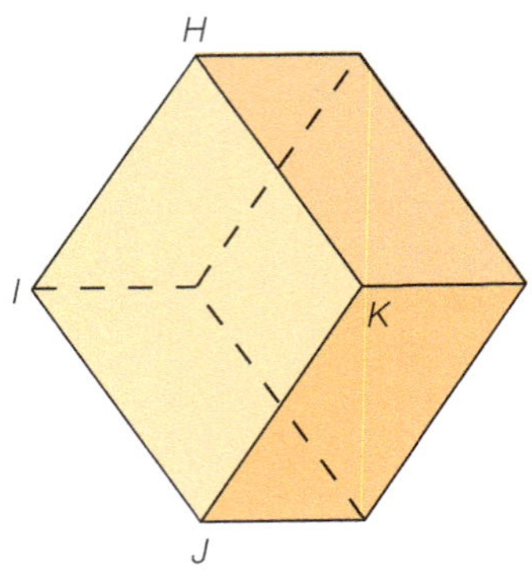

10 Sabendo que $\overline{AQ}$ e $\overline{PM}$ são as diagonais de um polígono, desenhe-o e classifique-o, indicando suas características.

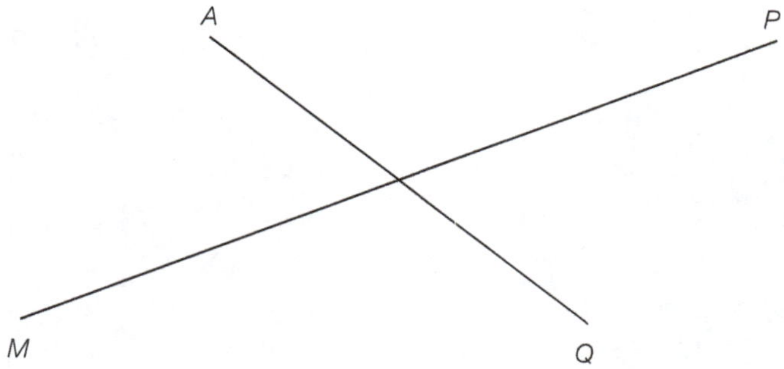

....

....

....

....

11 Vamos recordar o conceito de **simetria**? Pegue uma folha de papel sulfite e faça conforme indicado abaixo.

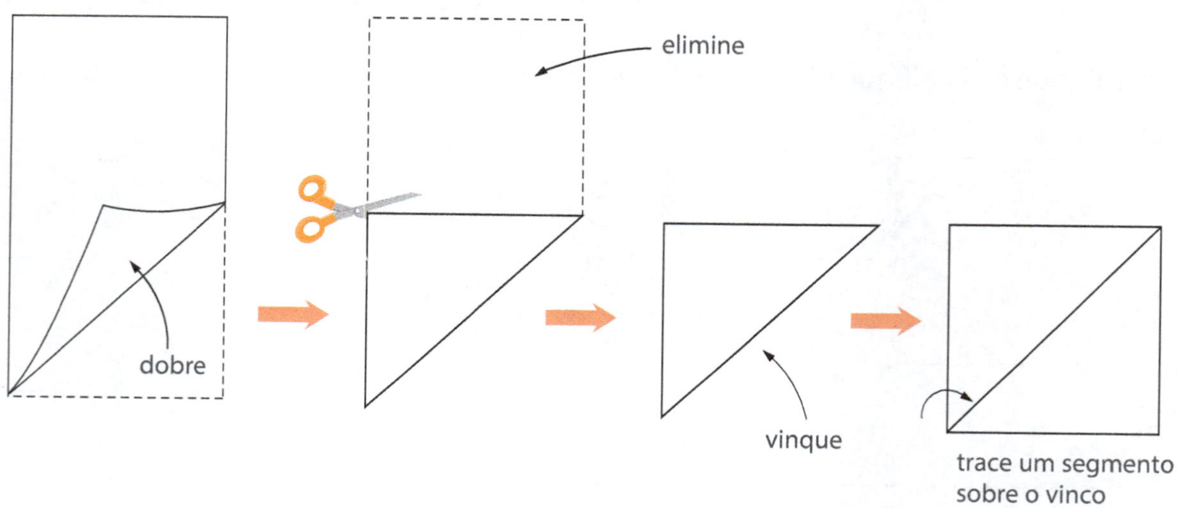

Agora, complete:

- Dobrando o quadrado pela diagonal, as duas partes ficaram exatamente uma sobre a outra? ....
- A diagonal é um dos eixos de .... do ....
- Há outros eixos de simetria no quadrado? .... Se houver, desenhe-os nos quadrados abaixo.

12 Trace todos os eixos de simetria possíveis em cada polígono.

13 Desenhe os polígonos pedidos.

a) Losango *FGHO*, dados três vértices.

b) Triângulo *CDE*, dado *C* e sendo $d = 4{,}5$ cm e $e = 5$ cm.

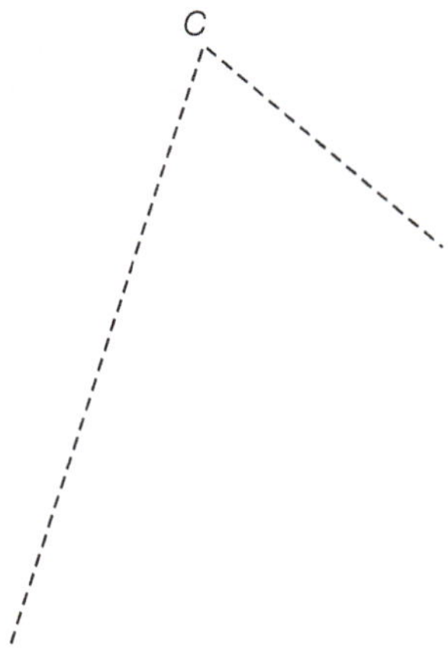

c) Quadrado *MSRT*, dado um lado.

d) Trapézio isósceles *PNQY*, dados dois lados e sabendo-se que $\overline{PY} \parallel \overline{NQ}$ e $\overline{YQ} \cong \overline{PN}$.

Olhando ao redor

1 É possível observar elementos que lembram polígonos na natureza e nas produções da humanidade. Reconheça-os nos exemplos.

As imagens não estão representadas em proporção.

a) No casco da tartaruga e no corpo da girafa você observa elementos que lembram quais polígonos?

....

Delfim Martins/Pulsar Imagens

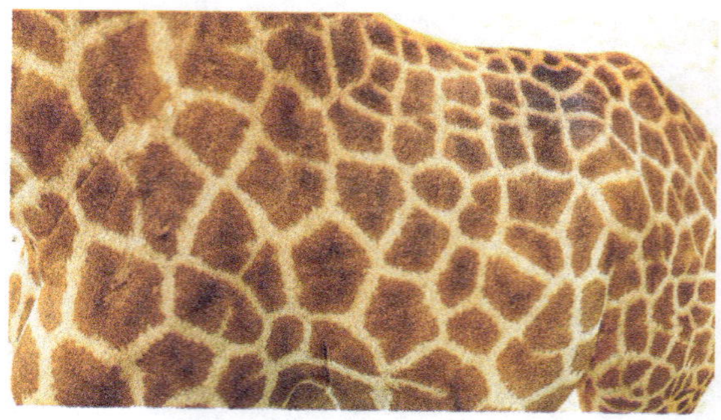

KoBu21/Shutterstock

b) O prédio que vemos na fotografia ao lado é a sede das Forças Armadas dos Estados Unidos da América. É conhecido em todo o mundo pelo nome de .... Por quê?

....

....

....

AP Photo/Glow Images

c) Qual é o nome destes objetos e para que eles servem?

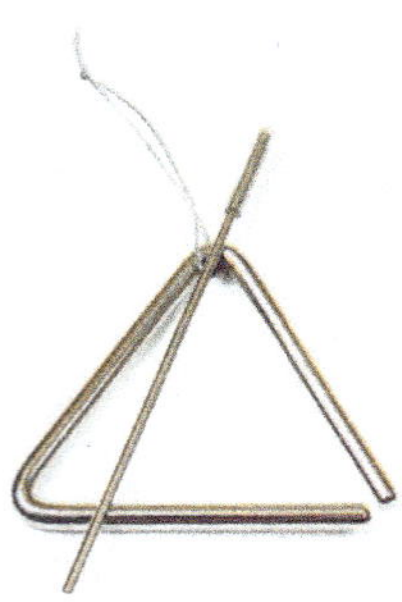

tkemot/Shutterstock

New Africa/Shutterstock

....

....

....

....

....

....

2 A dobradura é uma atividade que pode começar com uma simples figura geométrica e ir se transformando, possibilitando a construção de diversos objetos.

Vamos fazer uma dobradura?

Pegue uma folha de papel sulfite e siga as instruções.

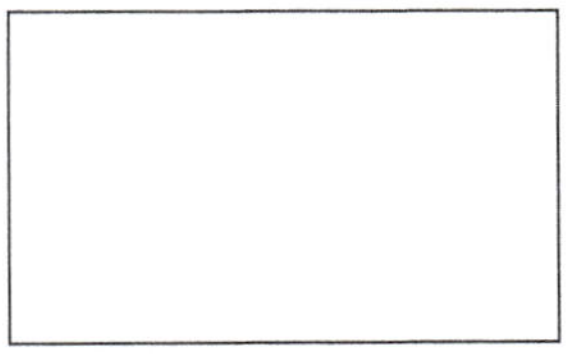
Retângulo de sulfite.

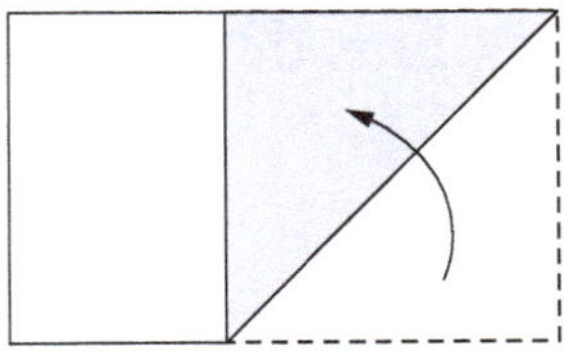
Dobre uma ponta, formando um triângulo.

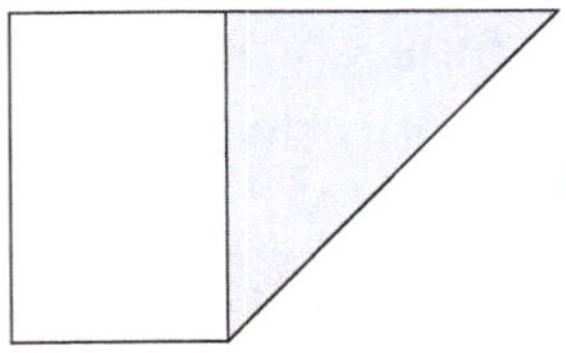
Elimine o retângulo que sobrou.

Quadrado resultante.

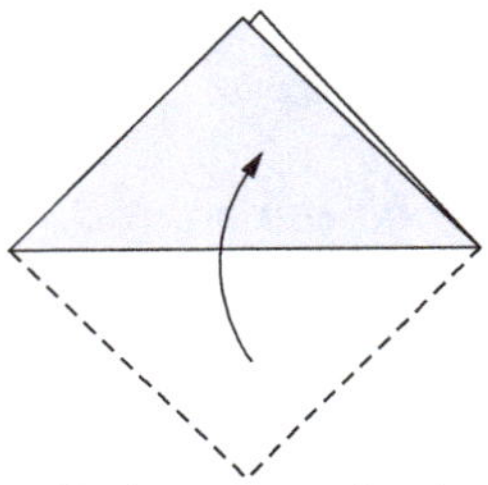
Dobre o quadrado pela diagonal.

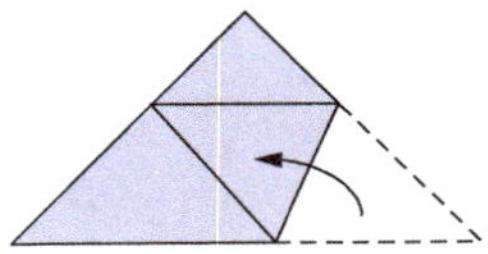
Dobre uma ponta, formando um triângulo.

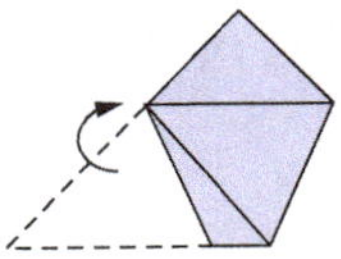
Dobre outra ponta para trás.

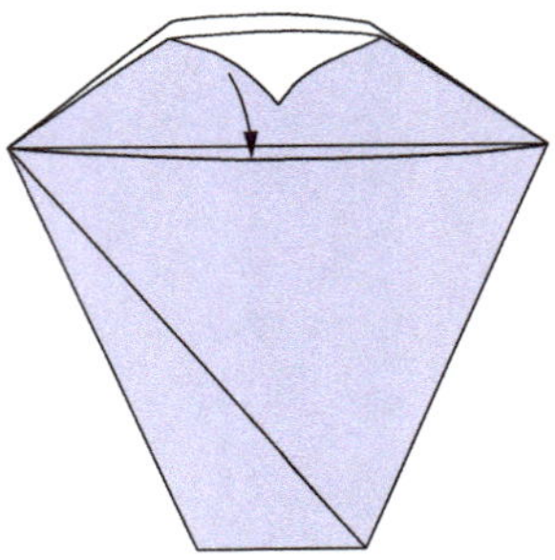
Dobre as duas abas de cima, uma para a frente e uma para trás, encaixando-as nas aberturas.

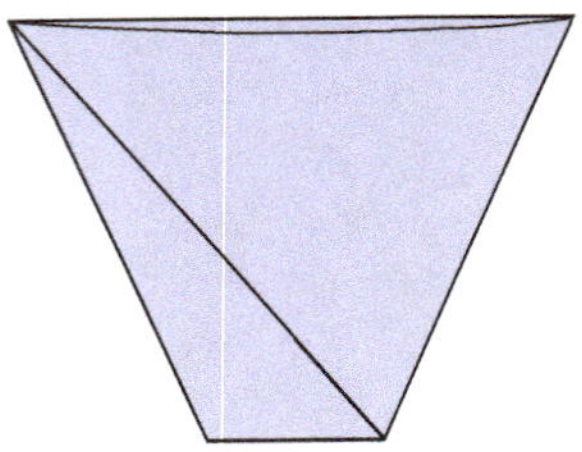
Forma resultante: trapézio.

Abra e terá um copo!

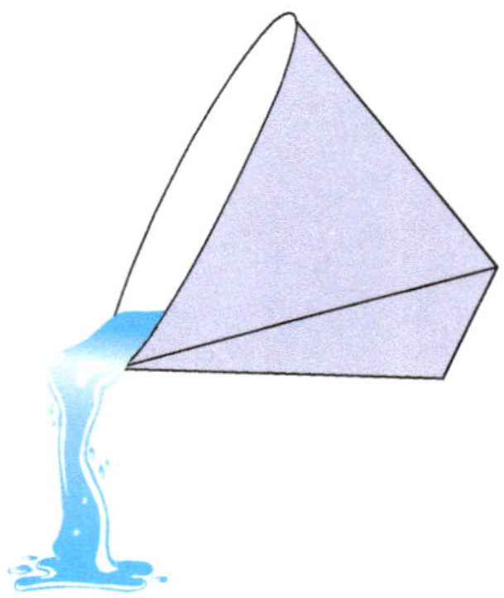

3 O artista holandês Piet Mondrian (1872-1944) buscou simplificar o seu modo de fazer arte, reduzindo o mundo à racionalidade das retas e formas retangulares e quadrangulares. Ele considerava o quadrado a figura perfeita e o usava para representar equilíbrio e harmonia, pois acreditava que o artista deveria guiar a humanidade para um mundo melhor que, como seus quadros, deveria estar em equilíbrio perfeito. Examine com atenção estas três obras de Mondrian. Quantos quadrados estão aí representados?

Album/Fotoarena/Museu Nacional, Belgrado, Sérvia

Composição II, 1929.

Album/akg-images/ Fotoarena/ Galeria Nacional de Arte, Washington, DC.

Losango; composição em vermelho, cinza, azul, amarelo e preto, 1921.

Album/Fotoarena/Museu Ludwig, Colônia, Alemanha

Tableau I, 1921.

....

4 Vamos brincar com polígonos?

a) Mudando a posição de apenas três palitos, é possível formar oito triângulos. Quer tentar?

Reprodução/Arquivo da editora

b) Você consegue montar um quadrado com quatro peças como esta?

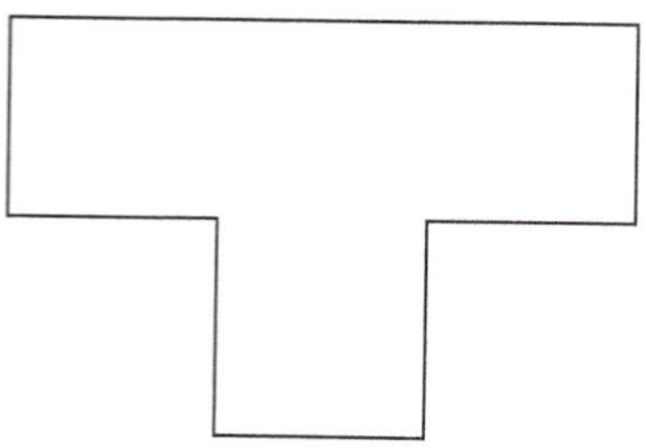

c) Para quebrar a cabeça: desenhe estes quatro hexágonos em cartolina, recorte-os e tente montar hexágonos usando todas as peças.

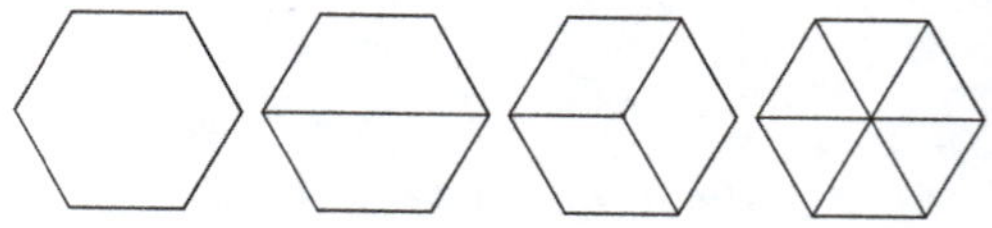

d) Quantos e quais polígonos convexos existem na figura?

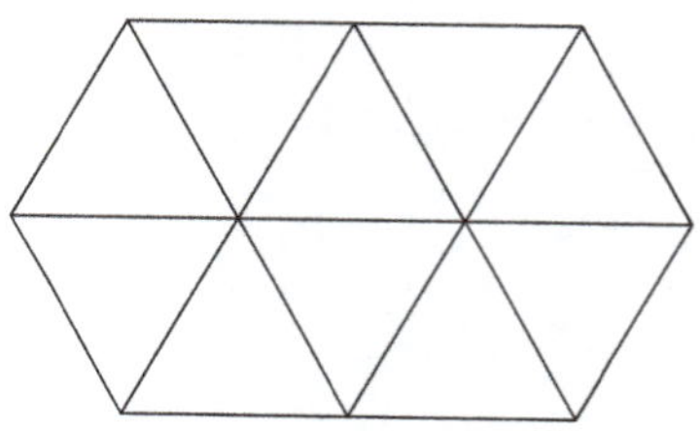

De olho na mídia

Como a geometria pode influenciar a nossa forma de ver os filmes?

Acredite, ela diz muito sobre os personagens.

[...] Tudo bem, círculos, triângulos e quadrados não são coisas que esperamos ver em um longa-metragem, mas, acredite, cineastas têm usado essas formas para sutilmente influenciar a emoção em relação a personagens por um longo tempo. [...]

[...] A fórmula é simples: círculos são adoráveis, triângulos são maus e quadrados são chatos.

Pense em Malévola de *A Bela Adormecida*, em Darth Vader de *Guerra nas Estrelas*, por exemplo [...]. Eles têm suas aparências circulares, triangulares ou quadradas? Pois é, um vilão geralmente é tratado com características pontudas e triangulares para representar a sua dureza.

Walt Disney Productions/Collection Christophel/AGB Photo Library

Lucas Film/Walt Disney/Collection Christophel/AGB Photo Library

Os personagens bonzinhos são suaves e arredondados para parecerem mais adoráveis e "abraçáveis". Não acredita? É sério, não tem como achar ameaçador o Mickey Mouse ou o Baloo de *Mogli – O Menino Lobo*.

Album/Fotoarena

Walt Disney/Everett Collection / Fotoarena

Já quadrados são usados para personagens chatos e "quadrados", ou seja, conservadores e antiquados, como Carl Fredrickesen de *Up – Altas Aventuras* ou o Raiva de *Divertida Mente*.

Album/Fotoarena

Album/Fotoarena

Disponível em: http://www.adorocinema.com/noticias/filmes/noticia-125038/ Acesso em: 8 mar. 2019.

5 Crie dois personagens que exemplifiquem os conceitos apresentados na notícia da página anterior.

6 **Leia as regras do Jogo dos polígonos.**

- O jogador deve ligar dois pontos seguidos, desenhando um só segmento por rodada, podendo ser horizontal, vertical ou inclinado.
- Ao fechar um polígono, o jogador deve dizer corretamente o nome desse polígono para ganhar um ponto. Se errar, perde um ponto.
- Cada jogador deverá traçar polígonos de formas variadas, de três a oito lados, e só poderá repetir um deles quando todos já tiverem sido traçados.
- O jogo termina quando todos os pontos estiverem ligados e vence quem tiver o maior saldo positivo de pontos.

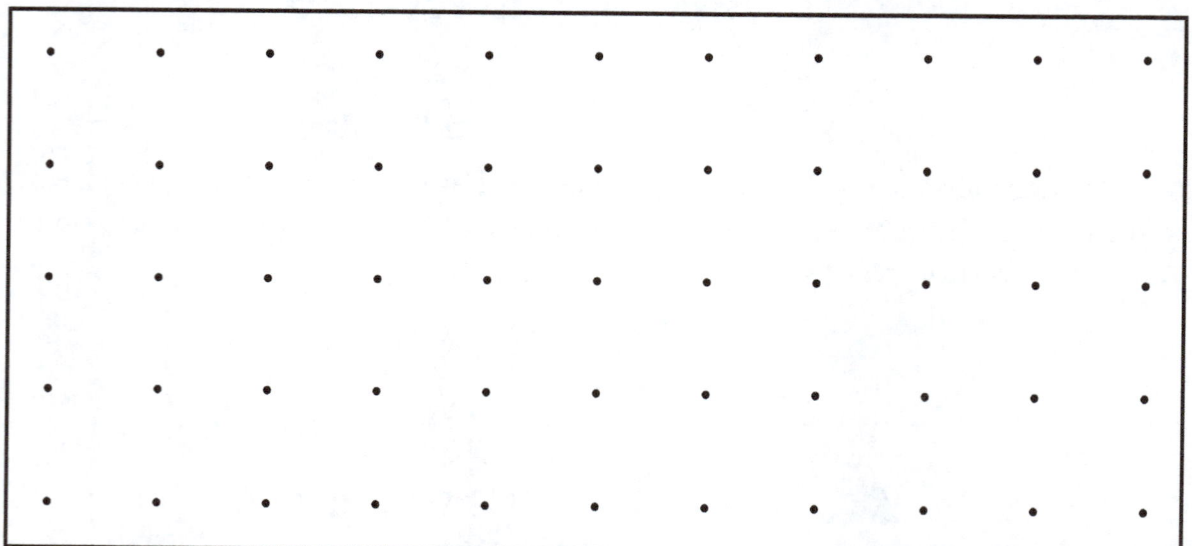

Agora, junte-se a um colega para jogar.

7 Produzido primeiro na Mesopotâmia, em 2500 a.C., o mosaico é até hoje uma arte bastante apreciada. A arte do mosaico consiste em revestir superfícies com pequenas peças de cores e texturas variadas, colocadas uma a uma. É aplicado em paredes, pisos, móveis e objetos de decoração, e os desenhos podem ser abstratos ou figurativos como este ao lado.

Kizel Cotiw-an/Shutterstock

Uma criatura mítica conhecida como grifo pode ser vista neste mosaico do século V, em Ravena (Itália).

As peças do mosaico, chamadas tesselas, são geralmente de cerâmica, vidro, mármore ou outras pedras, mas também é possível fazer mosaico com outros materiais: borracha, papel, madeira, plástico, couro, casca de coco, etc.

Vamos criar e produzir um mosaico usando seus conhecimentos sobre polígonos?

Sugerimos que você o faça com E. V. A. sobre um suporte de papelão bem duro ou uma placa de madeira, ou mesmo sobre algum objeto de sua casa, como: bandeja, porta-chaves, moldura de espelho, vaso, caixa, entre outros.

Você vai precisar de: E.V.A. em diversas cores, cola branca extra, tesoura com pontas arredondadas, régua e cola colorida.

Como proceder?

Depositphotos/Fotoarena

1º) Crie o desenho e o reproduza sobre o suporte.

2º) Corte o E.V.A. em pequenas peças poligonais nas cores desejadas. (Se preferir riscar as peças antes de cortá-las, desenhe com lápis no verso do E.V.A.)

3º) Monte primeiro as figuras, passando cola branca em cada peça e fixando-as no suporte de modo a deixar uns 2 mm de distância entre elas.

4º) Preencha os espaços que sobraram com peças da cor escolhida para o fundo.

5º) Deixe secar bem.

6º) Aplique a cola colorida diretamente com o tubo nos espaços vazios, cuidando para não invadir a área das peças.

8 O esquema a seguir mostra como construir uma caixinha fazendo uma dobradura. Mas os passos a serem seguidos estão fora de ordem! Apenas o primeiro e o último estão indicados. Descubra a ordem correta e construa sua caixinha.

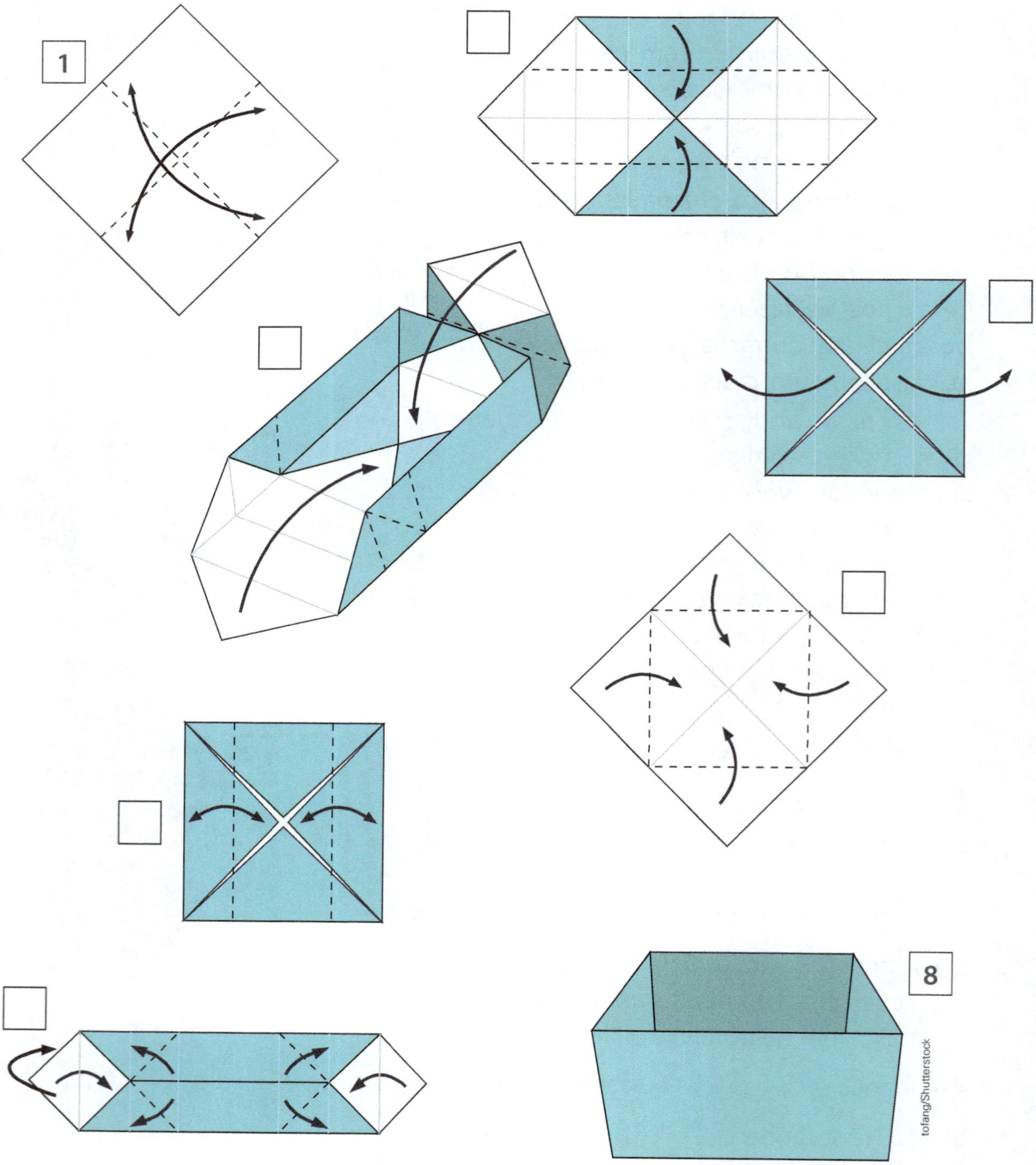

tofang/Shutterstock

Glossário

$A, B, C, ...$	Pontos (qualquer letra latina maiúscula).
$a, b, c, ...$	Retas (qualquer letra latina minúscula).
$\alpha, \beta, \gamma, ...$	Planos (qualquer letra grega minúscula).
$\overleftrightarrow{AB}$	Reta que passa pelos pontos A e B.
$\vec{A}$	Semirreta de origem no ponto A.
$\overrightarrow{AB}$	Semirreta de origem no ponto A e que passa por B.
$\overline{AB}$	Segmento de reta de extremidades nos pontos A e B.
$\text{m}(\overline{AB})$ ou AB	Medida do segmento AB.
$\hat{A}$	Ângulo de vértice no ponto A.
$A\hat{B}C$	Ângulo de vértice em B e de lados $\overrightarrow{BA}$ e $\overrightarrow{BC}$.
$\text{m}(A\hat{B}C)$	Medida do ângulo $A\hat{B}C$.
∟	Ângulo reto (90°).
$\alpha = 60°$	A medida do ângulo, representada por α, é 60 graus.
$0° < \gamma < 90°$	A medida γ é maior que 0° e menor que 90°.
$A = B$	Os pontos A e B são coincidentes.
$\sphericalangle$	Ângulo.
$\Rightarrow$	Implica.
/	Tal que
$\overline{AB} \not\subset x$	O segmento AB não está contido na reta x.
$\{A\}$	Conjunto dos pontos A.
{ } ou $\varnothing$	Conjunto vazio.
$x = y$	x é igual a y (ou a reta x é coincidente com a reta y).
$x \neq y$	x é diferente de y.
$x > y$	x é maior do que y.
$x \geqslant y$	x é maior ou igual a y.
$x < y$	x é menor do que y.

$x \leqslant y$	x é menor ou igual a y.
$x \simeq y$	x é aproximadamente igual a y.
$\overline{AB} \cong \overline{CD}$	O segmento AB é congruente ao segmento CD.
$\overline{AB} \not\cong \overline{CD}$	O segmento AB não é congruente ao segmento CD.
$P \in r$	O ponto P pertence à reta r.
$P \notin r$	O ponto P não pertence à reta r.
$r \times s$	A reta r é concorrente com a reta s.
$r \perp s$	A reta r é perpendicular à reta s.
$r /\!/ s$	A reta r é paralela à reta s.
$r \angle s$	A reta r é oblíqua à reta s.
$r = s$	A reta r é coincidente com a reta s.
$r \cup s$	Reta r união com a reta s.
$r \cap s$	Reta r intersecção com a reta s.
$\alpha \supset r$	O plano α contém a reta r.
$r \subset \alpha$	A reta r está contida no plano α.
$\triangle ABC$	Triângulo de vértices nos pontos A, B e C.
d(A, B)	Distância entre os pontos A e B.
d(P, r)	Distância do ponto P à reta r.
d(r, s)	Distância entre as retas r e s.
btz	Bissetriz.
mtz	Mediatriz.

Letras gregas

α = alfa
β = beta
γ = gama
φ = fi
ω = ômega
∂ = théta

Atividades para revisão

Testes

1. **Os pontos que pertencem a uma mesma reta são chamados de:**

   a) consecutivos. b) comuns. c) colineares. d) coplanares.

2. **Segmentos congruentes são os que:**

   a) pertencem a uma mesma reta.
   b) têm um ponto comum.
   c) têm a mesma medida.
   d) formam ângulo reto.

3. **Ângulo obtuso é aquele que mede:**

   a) 90°. b) mais do que 90°. c) menos do que 90°. d) 180°.

4. **Quando a soma das medidas de dois ângulos é igual a 180°, dizemos que eles são:**

   a) suplementares. b) complementares. c) replementares. d) congruentes.

5. **Ângulos adjacentes são:**

   a) ângulos O.P.V. que não têm a mesma medida.
   b) ângulos consecutivos que não têm pontos internos comuns.
   c) ângulos concorrentes que não são congruentes.
   d) ângulos maiores que 90° que têm um lado comum.

6. **As retas concorrentes podem ser:**

   a) paralelas e horizontais.
   b) paralelas e verticais.
   c) perpendiculares e inclinadas.
   d) perpendiculares e oblíquas.

7. **Instrumento usado para traçar retas paralelas e perpendiculares:**

   a) transferidor. b) esquadro de 45°. c) régua. d) par de esquadros.

8. **Quantos eixos tem a simetria de reflexão?**

   a) depende da forma. b) somente um. c) até três. d) sempre dois.

9. **Polígono é:**

   a) uma linha poligonal fechada simples.
   b) região do plano, interna a uma linha poligonal.
   c) o conjunto da linha poligonal fechada simples com sua região interna.
   d) o conjunto de uma linha poligonal fechada com sua região interna.

10. **Diagonal de um polígono é:**

    a) a reta que passa por dois vértices não consecutivos.
    b) o segmento de reta que passa por dois vértices não consecutivos.
    c) o segmento de reta que passa por dois vértices não colineares.
    d) o segmento de reta que une dois vértices vizinhos.

Desafio

Jogo do conhecimento em Desenho Geométrico

Este é um jogo de duplas que deve ser jogado no tabuleiro das páginas 182 e 183. Um jogador segue a pista amarela e o outro, a pista azul.

Para jogar:

- Providencie dois pinos (tampinha de creme dental ou similar) e um dado.
- Cada jogador deve ter em mãos um cartão para anotar as respostas de seu adversário.

Como jogar:

1º) Cada jogador anda com seu pino o número de casas sorteado no dado e deve responder à pergunta da casa em que cair. Se não souber, volta até a próxima casa vazia e o adversário dá a resposta.

2º) Se cair em uma casa vazia, está livre de responder à pergunta.

3º) Se cair em uma casa Bônus, fará o que ela determinar.

4º) Se cair em uma casa surpresa (?), deverá responder a uma pergunta criada pelo adversário.

5º) Vence quem alcançar primeiro a casa de nº 45.

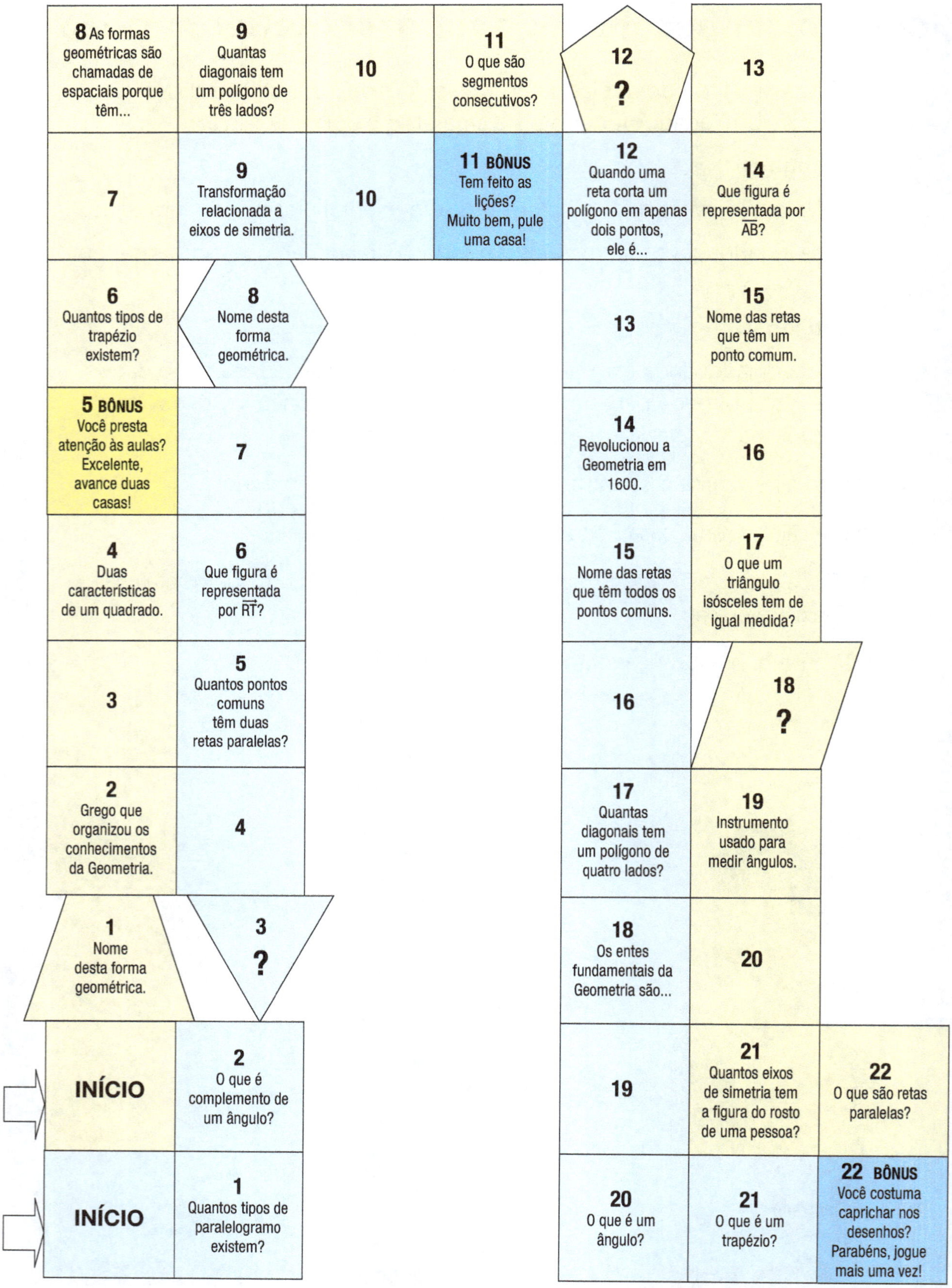
INÍCIO
1 Nome desta forma geométrica.
2 Grego que organizou os conhecimentos da Geometria.
3
4 Duas características de um quadrado.
5 BÔNUS Você presta atenção às aulas? Excelente, avance duas casas!
6 Quantos tipos de trapézio existem?
7
8 As formas geométricas são chamadas de espaciais porque têm...
9 Quantas diagonais tem um polígono de três lados?
10
11 O que são segmentos consecutivos?
12 ?
13
14 Que figura é representada por $\overline{AB}$?
15 Nome das retas que têm um ponto comum.
16
17 O que um triângulo isósceles tem de igual medida?
18 ?
19 Instrumento usado para medir ângulos.
20
21 Quantos eixos de simetria tem a figura do rosto de uma pessoa?
22 O que são retas paralelas?
INÍCIO
1 Quantos tipos de paralelogramo existem?
2 O que é complemento de um ângulo?
3 ?
4
5 Quantos pontos comuns têm duas retas paralelas?
6 Que figura é representada por $\overrightarrow{RT}$?
7
8 Nome desta forma geométrica.
9 Transformação relacionada a eixos de simetria.
10
11 BÔNUS Tem feito as lições? Muito bem, pule uma casa!
12 Quando uma reta corta um polígono em apenas dois pontos, ele é...
13
14 Revolucionou a Geometria em 1600.
15 Nome das retas que têm todos os pontos comuns.
16
17 Quantas diagonais tem um polígono de quatro lados?
18 Os entes fundamentais da Geometria são...
19
20 O que é um ângulo?
21 O que é um trapézio?
22 BÔNUS Você costuma caprichar nos desenhos? Parabéns, jogue mais uma vez!

- **23** O que quer dizer a palavra **polígono**?
- **24 BÔNUS** Tem feito as lições? Muito bem, pule uma casa!
- **25**
- **26** Quantos lados tem um octodecágono?
- **27** Quanto mede um ângulo agudo?
- **28**
- **29** O que é bissetriz?
- **30** Quantos lados tem um icoságono?
- **31**
- **32** Nome desta forma geométrica.
- **33** O que caracteriza um triângulo acutângulo?
- **34**
- **35** Características de dois ângulos consecutivos.
- **36** Diferença entre o quadrado e o losango.
- **37** O que são retas perpendiculares?
- **38**
- **39 BÔNUS** Você costuma caprichar nos desenhos? Parabéns, jogue mais uma vez!
- **40** Por que um triângulo se chama equilátero?
- **41**
- **42** Nome desta forma geométrica.
- **43** O que é equidistância?
- **44** Por que um triângulo se chama retângulo?
- **45** FIM

- **23**
- **24** O que um triângulo escaleno tem de igual medida?
- **25** O que é distância?
- **26**
- **27** Quantos lados tem um heptadecágono?
- **28** Nome desta forma geométrica.
- **29**
- **30** Características de dois ângulos O.P.V.
- **31** O que é um paralelogramo?
- **32** Nome desta forma geométrica.
- **33**
- **34** Como se chama o ângulo de 90º?
- **35** Polígono com todos os ângulos congruentes.
- **36** Quantas retas passam por dois pontos distintos?
- **37**
- **38** Quantos lados tem um eneágono?
- **39** O que é mediatriz?
- **40** ?
- **41 BÔNUS** Presta atenção às aulas? Excelente, avance duas casas!
- **42**
- **43** O que são retas oblíquas?
- **44** O que caracteriza um triângulo obtusângulo?
- **45** FIM

Referências bibliográficas

ADONIAS FILHO. *Leonardo da Vinci*: o homem da Renascença. São Paulo: Ediouro, [s.d.] (Coleção Os Grandes Personagens e a História).

BARBOSA, Ruy Madsen. *Descobrindo padrões em mosaicos*. São Paulo: Atual, 1993.

BECK, Sergio. *O livro de estrelas do excursionista sonhador*. São Paulo: Edição do Autor, 2001.

BIENBENGUT, Maria Salett. *Número de ouro e secção áurea*. Blumenau: FURB, 1996.

BIENBENGUT, Maria Salett; SILVA, Viviane Clotilde da; HEIN, Nelson. *Ornamentos × criatividade*: uma alternativa para ensinar geometria plana. Blumenau: FURB, 1996.

BONGIOVANNI, Vincenzo Campos; SADDO, Tânia M. M. Almouloud. *Descobrindo o Cabri-Gèométre*. São Paulo: FTD, 1997.

BOYER, C. *História da Matemática*. São Paulo: Blucher, 2010.

BRASIL. Ministério da Educação. *Base Nacional Comum Curricular*. Brasília: 2017. Disponível em: <http://basenacionalcomum.mec.gov.br/abase>. Acesso em: 29 mar. 2019.

______. Secretaria de Educação Básica. Diretoria de Currículos e Educação Integral. *Diretrizes Curriculares Nacionais da Educação Básica*. Brasília: MEC/SEB/Dicei, 2013.

CÂNDIDO, Suzana Laino. *Formas num mundo de formas*. São Paulo: Moderna, 1997.

COLL, Cesar; TEBEROSKY, Ana. *Aprendendo personagens*. São Paulo: Ática, 2000.

DUARTE, Ruth de Gouvea. *A água nossa de cada dia*. São Paulo: Ícone, 1998. (Coleção Voando Alto).

FORSLIND, Ann. *Desenhos*: jogos e experiências. São Paulo: Callis, 1998.

FUNARI, Raquel dos Santos. *O Egito dos faraós e sacerdotes*. São Paulo: Atual, 2001. (Coleção A vida no tempo).

HOWARD, Eves. *Tópicos da história da Matemática para uso em sala de aula – Geometria*. São Paulo: Atual, 1996.

IMENES, Luiz Márcio. *Geometria das dobraduras*. São Paulo: Scipione, 1992.

IMENES, Luiz Márcio Pereira; JAKUBO, José; LELLIS, Marcelo Cestari Terra. *Geometria*. São Paulo: Atual, 1992. (Coleção Pra que serve a Matemática?).

______. *Semelhança*. São Paulo: Atual, 1992. (Coleção Pra que serve a Matemática?).

______. *Proporções*. São Paulo: Atual, 1992. (Coleção Pra que serve a Matemática?).

______. *Ângulos*. São Paulo: Atual, 2002. (Coleção Pra que serve a Matemática?).

MACHADO, Nilson José. *Polígonos, centopeias e outros bichos*. São Paulo: Scipione, 1994. (Coleção Vivendo a Matemática).

______. *Medindo comprimentos*. São Paulo: Scipione, 1994. (Coleção Vivendo a Matemática).

______. *Semelhança não é mera coincidência*. São Paulo: Scipione, 1999. (Coleção Vivendo a Matemática).

PUTNOKI, José Carlos. *Geometria e Desenho Geométrico*. São Paulo: Scipione, 1991.

SMOLE, Katia; DINIZ, M. Ignez. *O conceito de ângulo e o ensino da Geometria*. São Paulo: IME/USP, 1996.

SMOOTHEY, Marion. *Atividades e jogos com círculos*. São Paulo: Scipione, 1998.

______. *Atividades e jogos com ângulos*. São Paulo: Scipione, 1997.

______. *Atividades e jogos com formas*. São Paulo: Scipione, 1997.

______. *Atividades e jogos com quadriláteros*. São Paulo: Scipione, 1997.

______. *Atividades e jogos com triângulos*. São Paulo: Scipione, 1997.

______. *Atividades e jogos com escalas*. São Paulo: Scipione, 1998.

ZASLAVSKY, Claudia. *Jogos e atividades matemáticas do mundo inteiro*. Porto Alegre: Artmed, 2000.